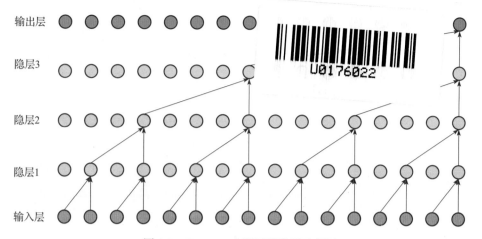

图 1-7　WaveNet 空洞因果卷积示意图

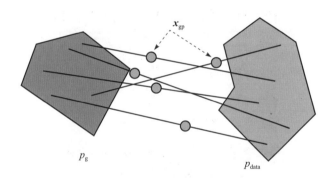

图 2-20　惩罚样本示意图

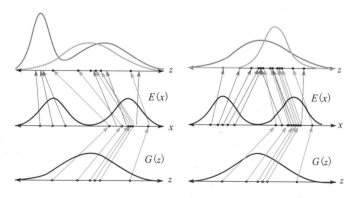

图 3-29　编码器探测模式崩溃示意图

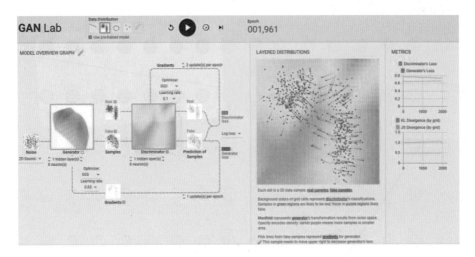

图 4-9　GAN Lab 主体界面

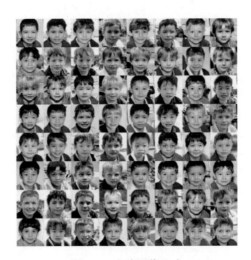

图 5-1　人脸图像生成

图 5-42　第 0、10、100 个 epoch 的生成结果

图 5-44　截断权重为 0 的生成结果

图 5-45　截断权重为 0.7 的生成结果

图 5-46　StyleGAN 样式混合结果

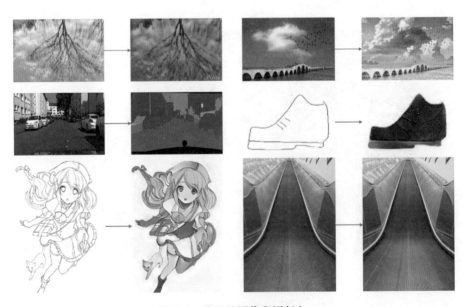

图 6-2　常见的图像翻译任务

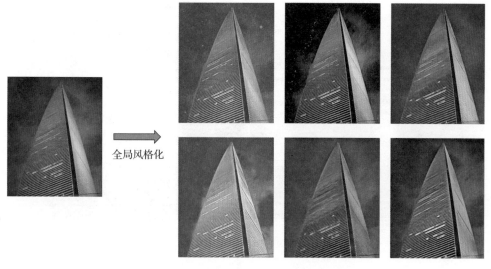

图 6-3　全局的图像翻译（图像风格化）

图 6-4　局部的图像编辑

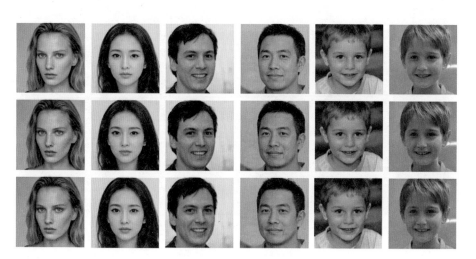

图 6-25　人像图上色结果

图 6-26　植物图上色结果

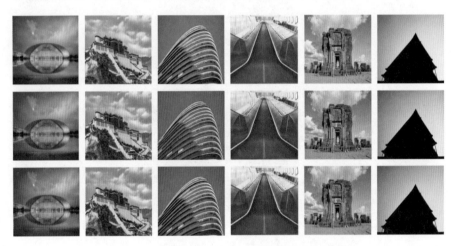

图 6-27　建筑图上色结果

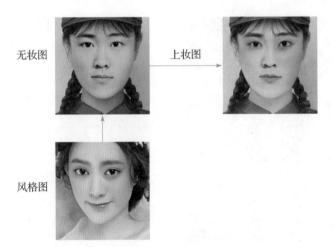

图 7-12　人脸妆造迁移

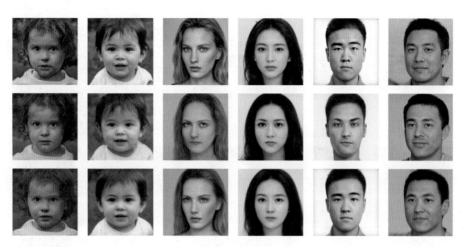

图 7-19　人脸重建

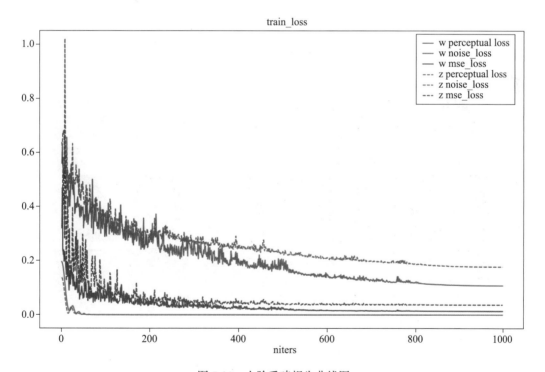

图 7-20　人脸重建损失曲线图

图 7-21　人脸样式混合

图 7-22　基于向量 Z 的人脸样式插值

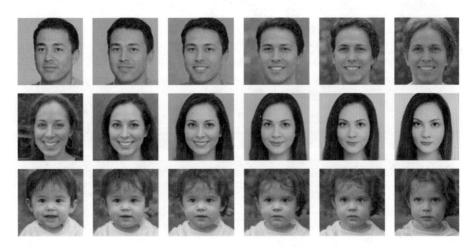

图 7-23　基于向量 W 的人脸样式插值

图 7-27　基于向量 Z 的人脸微笑属性编辑，$\alpha = 0.5$

图 7-28　基于向量 W 的人脸微笑属性编辑，$\alpha = 0.05$

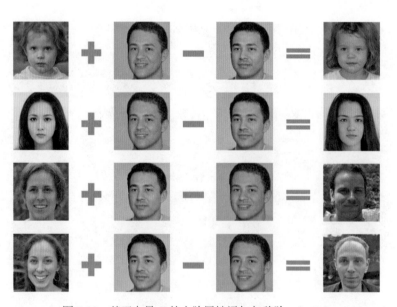

图 7-29　基于向量 Z 的人脸属性添加与移除，$\lambda = 1.5$

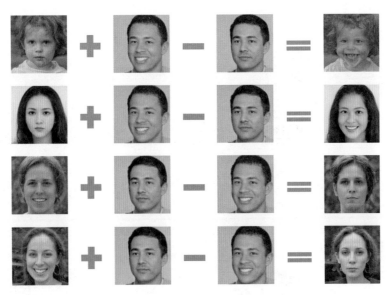

图 7-30 基于向量 W 的人脸属性添加与移除，$\lambda = 1$

a)   b)

图 8-3 失焦与运动模糊

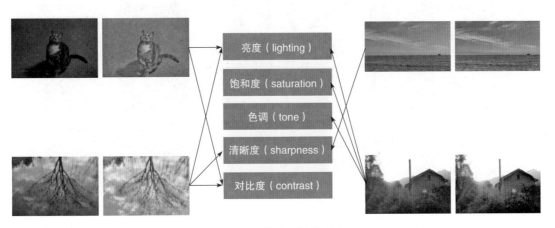

亮度（lighting）

饱和度（saturation）

色调（tone）

清晰度（sharpness）

对比度（contrast）

图 8-6 图像增强操作案例

图 8-14 需要修复的图像

图 8-15 Photoshop 对图 8-14 中图像的修复结果

图 8-20 JPEG 噪声样本图

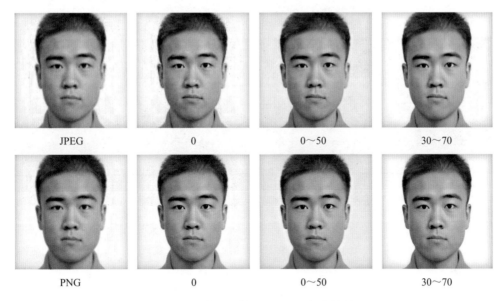

图 8-23　真人图像的 SRGAN 超分结果

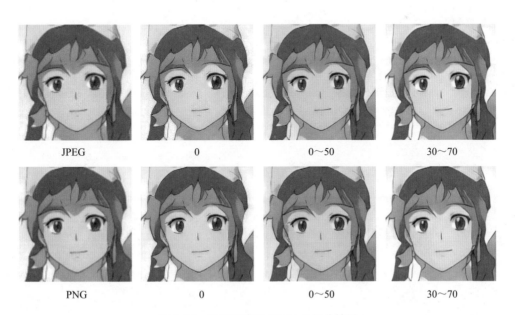

图 8-24　动漫图像的 SRGAN 超分结果

静态图   预测的视频帧

图 9-3　视频预测

图 10-3　浅景深案例

图 10-4　大景深案例

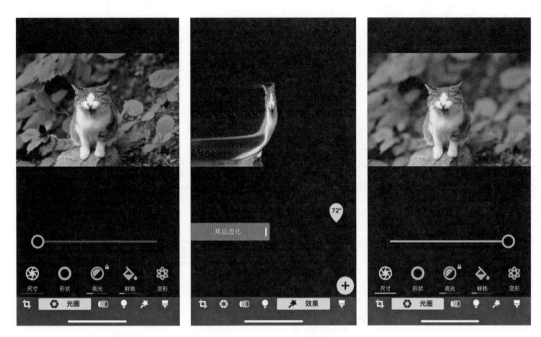

图 10-5 Focos 后期虚化工具

图 10-9 泊松图像融合案例

图 10-11　基于简单的输入，生成复杂的高质量图像

图 10-14　指定风格输出

智能系统与技术丛书

生成对抗网络GAN

原理与实践

言有三　郭晓洲◎著

Deep Generative
Adversarial Network
Principle and Practice

机械工业出版社
China Machine Press

图书在版编目（CIP）数据

生成对抗网络 GAN：原理与实践 / 言有三，郭晓洲著 . 一北京：机械工业出版社，2022.7
（智能系统与技术丛书）
ISBN 978-7-111-71223-7

I. ①生… II. ①言… ②郭… III. ①机器学习 IV. ① TP181

中国版本图书馆 CIP 数据核字（2022）第 124275 号

生成对抗网络 GAN：原理与实践

出版发行：机械工业出版社（北京市西城区百万庄大街 22 号　邮政编码：100037）

责任编辑：董惠芝　　　　　　　　　　　　　　　责任校对：郑　婕　王　延

印　　刷：三河市宏达印刷有限公司　　　　　　　版　　次：2022 年 10 月第 1 版第 1 次印刷

开　　本：186mm×240mm　1/16　　　　　　　　印　　张：21.75　　插　　页：8

书　　号：ISBN 978-7-111-71223-7　　　　　　　定　　价：99.00 元

客服电话：（010）88361066　68326294

前　言

为何写作本书

这不是笔者写的第一本书，也不会是最后一本书，但可能是笔者创作时间最长的一本书，之前写过几本书后就变得特别忙碌，以至于本书的写作时间超过了一年。以前写的几本书，都是笔者一个人写的，工作量特别大，而本书是我与实验室的博士师弟一起完成的。师弟本科是物理专业，数学基础比我好，读博时做了 GAN 以及语音处理方面的工作，所以主要负责本书基础部分和语音应用部分的撰写，而我则负责撰写 GAN 在计算机视觉领域中的各类典型框架和应用部分。

说起与 GAN 的结缘，要回溯到 2015 年。那时候我在 360 人工智能研究院做算法工程师。那时我刚接触深度学习不久，处于快速学习的阶段，有一天翻到了关于 GAN 的内容，觉得特别新奇。但在 360 工作的时候特别忙，没有机会深入研究和持续关注 GAN，而且那时候的 GAN 离应用落地确实还有很大的距离。

2017 年，我换工作到了陌陌深度学习实验室，其早期的产品中关于 GAN 的内容其实不多，但是产品对 GAN 的需求越来越大，比如超分辨率、人像美颜与美妆，所以我开始真正重视 GAN，有时间就会关注 GAN，慢慢地整理和输出了一些与 GAN 相关的内容，包括博客和视频课程。那两年，每年都有上千篇与 GAN 相关的文章出现，让我很苦恼。一方面研究 GAN 理论的文章特别多，看起来很费脑；另一方面，千奇百怪的应用都开始出现，好像每一个领域 GAN 都能插一脚，给人一种一天看 1 篇论文都不够的感觉。

就这样，我大概在焦虑中追踪了两年与 GAN 相关的内容，直到 2019 年左右，我发现 GAN 在业界突然开始大规模商业化。诸如人脸技术中的美妆、风格化、换脸，到图像质量提升技术中的超分辨，GAN 已经不再是"玩具式"算法，而是真正成为很多领域的基础技术。在这段时间，我同时在创作《深度学习之人脸图像处理》和《深度学习之摄影图像处理》，其中也穿插了许多关于 GAN 的内容。但因为不是专注于讲解 GAN，所以许多基础知识只能略讲，基础不好的读者不太容易掌握。

后来，杨福川编辑邀请我写一本关于 GAN 的书，正好师弟郭晓洲在我们平台创作了一些有关 GAN 的理论基础的文章，所以我就邀请师弟扬长补短，一起开始了本书的创作。在创作完这本书之后（其实内容已经不少了），我仍然觉得意犹未尽，因为 GAN 可以输出的内容真的是太多了。本书权当是一个开篇，它适合所有对 GAN 技术感兴趣的朋友阅读。后续我们应该还会创作更多相关图书，敬请大家期待。

本书主要特点

1. 理论基础知识完善

相比基础的卷积神经网络（Convolutional Neural Network，CNN），生成对抗网络（Generative Adversarial Network，GAN）是一个数学味比较浓厚的创新式架构，它的优化目标设计、定量评估指标等都涉及许多比较底层的数学概念，因此为了让本书区别于市面上类似的图书，我们不仅将其定位为模型应用图书，而且花了 4 章来专门阐述 GAN 的优化目标与训练、评估等内容，提供了丰富的理论知识。

2. 内容丰富与前沿

本书共 12 个章，其中前 4 章是基础知识，后 8 章都是 GAN 在各个垂直领域中的应用，包括图像生成、视频生成、图像翻译、人脸图像编辑、图像质量提升、通用图像编辑、对抗攻击、语音信号处理等，基本覆盖了 GAN 在视觉和语音中的绝大部分应用场景。

3. 实践充分

本书后 8 章都是 GAN 的应用，一共有 9 个案例，其中视觉相关案例有 6 个，语音信号处理相关案例有 3 个。案例部分都对核心的代码进行了讲解，对实验结果进行了分析，并提供了所有的源代码（基于 PyTorch 编写）和数据以供读者对本书的实验进行复现（相关资源可到"有三 AI"公众号获取）。通过理论结合实践的方式让读者加深对 GAN 的理解。

4. 图表清晰丰富

本书笔者绘制了大量的原创插图，既保证了内容的原创性，又保证了图像的质量。

本书读者对象

本书是一本系统讲解 GAN 原理与实践的书，适合的读者对象主要分为下面几类：

❑ 人工智能、深度学习、计算机视觉等专业的师生；

❑ 对 GAN 技术感兴趣的初学者；

❑ 深度学习领域从业者等。

如何阅读本书

本书一共 12 章，前 4 章是理论基础，后 8 章是应用实践。

第 1 章介绍了无监督生成模型的基本理论，包括无监督生成模型的研究范畴和常用的生成模型原理，例如以完全可见置信网络、流模型、变分自编码器、玻尔兹曼机为代表的显式生成模型和以 GAN 为代表的隐式生成模型。

第 2 章介绍了 GAN 的目标函数及其数学原理，包括原始 GAN、LSGAN、EBGAN、fGAN、WGAN、Loss-sensitive GAN、WGAN-GP、IPM、相对 GAN 以及 BEGAN 等内容。

第 3 章介绍 GAN 在训练中的常见问题和相应解决方案，其中常见问题包括梯度消失问题、目标函数不稳定问题以及模式崩溃问题，解决方案包括退火噪声、谱正则化、一致优化、unrolledGAN、DRAGAN、MADGAN 等。

第 4 章介绍了 GAN 的评价指标和可视化，其中评价指标包括 IS、FID、MMD、Wasserstein 距离、最近邻分类器、NRDS 等，可视化部分介绍了 GAN Lab 工具。

第 5 章介绍了图像生成 GAN 的各类模型与应用，包括全卷积 GAN、条件 GAN、多尺度 GAN、属性 GAN、多判别器与生成器 GAN、数据增强与仿真 GAN，并介绍了 DC-GAN 与 StyleGAN 图像生成任务的实践。

第 6 章介绍了图像翻译 GAN 的各类模型与应用，包括有监督图像翻译 GAN、无监督图像翻译 GAN、多领域图像翻译 GAN 等，并介绍了 Pix2Pix 图像上色任务的实践。

第 7 章介绍了人脸图像编辑 GAN 的各类模型与应用，包括人脸表情编辑 GAN、人脸年龄编辑 GAN、人脸姿态编辑 GAN、人脸风格编辑 GAN、人脸换脸编辑 GAN 等，并介绍了基于 StyleGAN 的人脸图像重建与属性编辑任务的实践。

第 8 章介绍了图像质量增强 GAN 的各类模型与应用，包括图像去噪 GAN、图像去模糊 GAN、图像色调映射 GAN、图像超分辨 GAN、图像修复 GAN 等，并介绍了基于 SRGAN 的人脸图像超分辨任务的实践。

第 9 章介绍了三维图像与视频生成 GAN 的各类模型和应用，包括三维图像生成 GAN、视频生成与预测 GAN 等。

第 10 章介绍了更通用的图像编辑 GAN 框架，包括深度编辑 GAN、图像融合 GAN、交互式图像编辑 GAN 等。

第 11 章介绍了对抗攻击以及 GAN 在其中的应用，包括对抗攻击的常见范式，用于攻击的 Perceptual-Sensitive GAN、Natural GAN、AdvGAN 等，用于防御的 APEGAN、DefenseGAN 等，并介绍了对抗工具包 AdvBox 的实践。

第 12 章介绍了 GAN 在语音信号处理中的应用，包括用于语音增强的 SEGAN、用于语音风格转换的 CycleGAN-VC、用于语音生成的 WaveGAN。

致谢

感谢机械工业出版社的杨福川编辑，他联系我写作本书，并在后续的编辑校稿中完成了很多工作。

感谢有三 AI 公众号、有三 AI 知识星球的忠实粉丝，是他们的支持让我有了继续前行的力量。

感谢本书中涉及的 GitHub 开源项目的贡献者，是他们无私的技术分享，让更多人因此受益，这是这个技术时代里最伟大的事情。感谢前赴后继提出了书中方法的研究人员，因为他们的辛勤工作才有了本书的内容。

最后，感谢我的家人的宽容，因为忙于事业，我给他们的时间非常少，希望以后能做点改变。

言有三

于长沙

2022 年 9 月 1 日

2017 年，我在研究生进修期间首次接触到了 GAN，那段时间正是 GAN 研究热度高涨之时。可能是由于物理学本科出身，我对相关的模型、理论有一些"执念"，总希望把它的每个细节、每个设计逻辑都理解透彻。在学习过程中，我发现 GAN 的涉及面非常宽泛，因而做了大量的学习记录。彼时，龙鹏师兄(即言有三)正在做 AI 知识公众号，我觉得非常有趣，便顺带将自己积累的一部分内容分享到公众号。之后，龙鹏师兄收到杨福川编辑的 GAN 图书写作邀请，我恰好对 GAN 的理论部分比较熟悉，就自然而然地参与其中。通过本书，我希望能帮助更多的人认识 GAN。另外，由于笔者自身水平的限制，书中难免存在疏漏，敬请广大读者批评指正。

郭晓洲

于北京

2022 年 9 月 1 日

CONTENTS

目　　录

第 1 章

生 成 模 型

对无监督生成模型的深入研究极大地促进了深度学习的发展，现在人们广泛讨论的生成对抗网络（GAN）、变分自编码器（VAE）、流模型等均是无监督生成模型的典型代表。第 1 章先对本书的讨论范畴和核心内容进行介绍。1.1.1 节对无监督学习、监督学习以及半监督学习做了相关介绍，包括不同学习方式的定义、本质以及常见场景和常用模型；1.1.2 节在监督学习的范围内分别介绍生成模型和判别模型，包括二者的定义、区别、常见模型等；1.1.3 节对本书的核心——无监督生成模型的概念和学习方式做了介绍。根据生成模型处理概率密度函数的方式可分为显式生成模型和隐式生成模型两种类型。1.2.1 节首先详细描述了极大似然估计法的原理，这是所有显式模型的基本原理；然后又根据计算似然函数的精确推断或近似推断方式，将显式生成模型分为精确法和近似法两类。1.2.2 节介绍了第一类方法中的完全可见置信网络（FVBN）系列模型，包括 PixelRNN、PixelCNN、WaveNet；1.2.3 节对第一类方法中以 NICE 为代表的流模型进行了讲解；1.2.4 节对第二类方法中以变分自编码器为代表的隐变量生成模型进行了详细的讲解；1.2.5 节介绍了玻尔兹曼机的建模方式；1.2.6 节以 GAN 为实例对隐式生成模型的建模特点进行介绍，并将 GAN 与其他生成模型进行了比较。本章在介绍各种模型原理的同时提供了相关代码，相信可以帮助读者对生成模型建立基本的了解和认识。

1.1 无监督学习与生成模型

在介绍无监督学习与生成模型之前，我们先来了解什么是监督学习，什么是无监督学习。

1.1.1 监督学习与无监督学习

监督学习的任务是学习一个模型（也可以理解为一个映射函数），使模型能够对任意给定的输入生成一个相应的预测输出。模型的输入为随机变量 X，输出为一个随机变量 Y。每个具体的输入都是一个实例，由一个特征向量 x 表示，实例对应的输出由向量 y 表示。我们将所有可能的输入特征向量构成的集合称为特征空间（输入空间），将所有可能的输出向量构成的集合称为输出空间。一般输出空间的大小远远小于输入空间。监督学习的本质是学习从输入到输出的映射的统计规律。

我们列举 3 种常见的监督学习任务——回归、分类和标注，它们主要的区别在于变量的取值类型。

1）当输入变量和输出变量均为连续值变量时对应回归任务，它主要用于学习输入变量和输出变量之间的数值映射关系。常见的回归任务有价格预测、趋势预测等。常见的处理回归任务的机器学习模型有最小二乘回归、非线性回归等。

2）无论输入变量是离散值还是连续值，当输出变量为有限个离散值时对应分类任务。分类任务是人们讨论和应用得最广泛的任务，它通常用于分门别类。常见的分类任务有图像类别识别、音频分类、文本分类等。常见的处理分类任务的机器学习模型有 k 近邻、朴素贝叶斯、决策树、逻辑回归、支持向量机、神经网络等。

3）当输入变量和输出变量均为变量序列时对应标注任务，它是分类问题的一种推广，用于学习输入序列和输出序列的映射关系。典型的标注任务有自然语言处理中的词性标注、信息抽取等。常见的处理标注任务的机器学习模型有隐马尔可夫模型和条件随机场等。

无监督学习和监督学习最大的区别就是有无标签信息。在监督学习中，训练模型的任务是学习输入特征 x 到标签 y 的映射，而无监督学习中只有样本的特征向量 x，故无监督学习的任务是对数据进行深入"挖掘"，其本质是学习数据中的统计规律或潜在结构。对于无监督学习的深入研究对深度学习的复兴起到了关键的作用。

我们列举 3 种常见的无监督学习任务：降维、聚类、概率模型估计。

1）降维任务主要用于处理数据的高维度问题。真实数据的特征维度过大容易造成模型的拟合度与可用性降低，我们可以通过降维算法对高维度数据进行"压缩"，使之变成低维度向量，从而提高数据的可用性。常用的算法有主成分分析、因子分析、隐含狄利克雷分布等，早期的自编码器也可用于数据降维。

2）聚类任务主要用于将样本依据一定的规则进行类别分配，即通过衡量样本之间的距离、密度等指标，将关系"近"的样本聚为同一类，以此实现样本的自动分类。常用的算法有层次聚类、k-means 聚类、谱聚类等。

3）在概率模型估计任务中，对于一个可以生成样本的概率模型，我们使用样本对概率模型的结构、参数进行学习，使得概率模型生成的样本与训练样本最相似。其中概率密度估计任务便是对随机变量 X 的概率密度函数 $p(X)$ 进行学习，常用的算法有极大似然估计、生成对抗网络、变分自编码器等。这部分内容非常丰富，是本书关注的核心内容。

与无监督学习相比，监督学习除了拥有额外的标签信息外，还需要有测试样本。也就是说，机器学习模型在训练集中学习"规律"，然后对测试集使用这种"规律"来评价模型的效果。另外，无监督学习拥有比监督学习更好的拓展性，它能够在完成训练目标的同时，额外学习到样本的表示，而这些表示可以直接用于其他任务。

半监督学习是介于监督学习和无监督学习之间的一种方式，即只有小部分训练样本带有标签信息，而大多数训练样本的标签信息空缺。半监督学习包括直推和归纳两类模式。两者的区别在于需要预测标签的样本是否出现在训练集中。直推半监督学习只对给定的训练数据进行处理，它使用训练数据集中有类别标签和无类别标签的样本进行训练，预测其中无标签样本的标签信息；归纳半监督学习不仅预测训练数据集中无标签样本的标签，还预测未知样本的标签。半监督学习一般用于四类学习场景：半监督分类、半监督回归、半监督聚类、半监督降维。

1.1.2　判别模型与生成模型

为了避免读者对几个常见概念产生混淆，本节我们仅限于在监督学习的范围内介绍判别模型与生成模型。根据 1.1.1 节可知，监督学习是指学习一个模型，然后利用该模型对给定的输入预测相应的输出。我们可将模型写成函数形式 $Y = f(X)$ 或条件概率分布形式 $p(Y|X)$，并根据条件概率分布的计算方式将其分为判别模型与生成模型。

在判别模型中，我们直接对 $p(Y|X)$ 进行建模，试图描述在给定输入特征 X 的情况下标签信息 Y 的分布。典型的判别模型包括 k 近邻法、感知机、决策树、逻辑回归和条件随机场等。判别模型对条件概率模型直接建模，无法反映训练数据本身的概率特性，但是以分类问题为例，判别模型在寻找最优分类面的过程中，学习了不同类别数据之间的差异。另外，判别模型可以对数据进行各种程度上的抽象、降维，因此可以简化学习问题，提高学习准确率。

在生成模型中，对数据特征 X 和标签 Y 的联合分布 $p(X,Y)$ 进行建模，然后利用条件概率公式，即可计算 $p(Y|X)$，如下所示：

$$p(Y|X) = \frac{p(X,Y)}{p(X)} \tag{1.1}$$

实际上，我们通常将联合分布变换成易于求解的形式：

$$p(Y|X) = \frac{p(X|Y)P(Y)}{p(X)} \tag{1.2}$$

其中，$p(Y)$ 为标签信息 Y 的先验概率，描述了在对样本特征 X 一无所知的情况下 Y 的概率分布。$p(Y|X)$ 为标签 Y 的后验概率，描述了在明确样本特征 X 后 Y 的概率分布。典型的生成模型有朴素贝叶斯方法和隐马尔可夫模型等。在朴素贝叶斯方法中，我们通过训练集学习到先验概率分布 $p(Y)$ 和条件概率分布 $p(X|Y)$，即可得到联合概率分布 $p(X,Y)$；在隐马尔可夫模型中，我们通过训练集学习到初始概率分布、状态转移

概率矩阵和观测概率矩阵，即可得到一个表示状态序列与观测序列联合分布的马尔可夫模型。

　　生成模型直接学习联合分布，可以更好地表示数据的分布，反映同类数据的相似度。当样本数量比较大时，生成模型往往可以更快、更好地收敛到真实模型上。另外，生成模型可以处理含有隐变量的情况，而判别模型对此无能为力。生成模型也可以通过计算边缘分布 $P(X)$ 来检测某些异常值。但在实践中，生成模型的计算开销一般比较大，而且多数情况下其效果不如判别模型。

1.1.3　无监督生成模型

　　根据前两节内容可知，生成模型意味着对输入特征 X 和标签信息 Y 的联合分布进行建模，无监督学习意味着不存在标签信息，所以无监督生成模型是对输入特征 X 的概率密度函数 $p(X)$ 建模。假设存在一个由 N 个训练样本 $\{x^{(1)}, x^{(2)}, \cdots, x^{(N)}\}$ 构成的训练集（N 足够大），则可以使用训练集训练一个概率模型 $\hat{p}(X)$，训练完成后，概率模型 $\hat{p}(X)$ 应接近于 X 的概率密度函数 $p(X)$，接着我们就可以从概率模型 $\hat{p}(X)$ 中采样来"生成"高质量的样本了。

　　无监督生成模型是近些年深度学习的热门方向，其具有较长的发展历史[2]。在经典的统计机器学习中，对生成模型的主要问题——概率密度函数的估计有着丰富的讨论。概率密度函数的估计方法主要分为参数估计和非参数估计。参数估计通常对研究的问题已知某种数学模型（例如混合高斯分布、伯努利分布等），然后利用样本估计模型中的未知参数，常用的估计方法有极大似然估计、贝叶斯估计、最大后验估计等；非参数估计对数学模型没有先验知识，直接使用样本估计数学模型，常见的方法有直方图估计、核概率密度估计（Parzen 窗）、k 近邻估计等。

　　同样地，基于神经网络方法的生成模型也已被研究许久，例如 20 世纪 80 年代 Hinton 已经使用玻尔兹曼机[3]学习二值向量的任意概率分布。截至目前，已经涌现出许多非常优秀的深度生成模型，例如深度信念网络[4]、神经自回归网络[5-6]、深度玻尔兹曼机[7]、流模型等，其中 2013 年提出的变分自编码器模型和 2014 年提出的生成对抗网络是里面最优秀的两个代表。需要说明的是，包括生成对抗网络在内的大多数深度生成模型仍属于参数估计的范畴，即使用样本估计神经网络模型的权重参数。

　　生成模型的研究对人工智能技术的发展具有重要的意义。它不仅可以产生逼真的图像、视频、文本或语音等，在图像转换、超分辨率图像、目标检测、文本转图像等领域也取得了满意的效果。生成模型和强化学习、半监督学习、多模输出问题等均有密切联系，另外，生成模型的训练和采样是对我们表达和处理高维概率分布问题能力的非常好的测试。本书将围绕生成对抗网络展开。

1.2　显式与隐式生成模型

生成模型内容丰富多彩，我们可以按照概率密度函数的处理方式对其进行分类。总体而言，把对概率密度函数进行显式处理的模型称为显式生成模型，而把隐式处理概率密度函数的模型称为隐式生成模型，如图 1-1 所示。显式生成模型出于训练模型的原因，需要精确或者近似给出样本的似然函数表达式，而隐式生成模型通过样本间接控制概率分布，训练过程不出现似然函数，是一种间接控制概率密度的方式。无论是显式还是隐式生成模型，其核心均是对 $p(x)$ 进行建模，只是显式生成模型直接优化 $p(x)$，其建模难度比较大，而隐式生成模型避开了直面 $p(x)$ 的困难，通过 $p(x)$ 生成的样本间接优化 $p(x)$。在本节，我们将从最基本的极大似然估计法开始，顺着脉络深入、详细地介绍一些具有代表性的显式和隐式生成模型，例如完全可见置信网络、变分自编码器、生成对抗网络等。

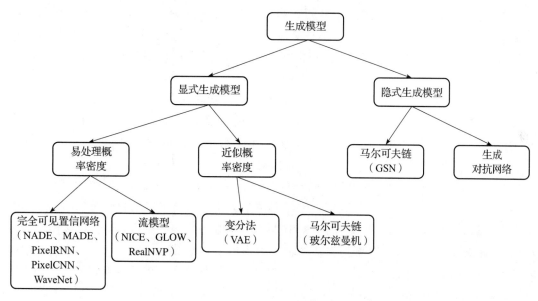

图 1-1　生成模型分类

在生成模型中，概率密度函数 $p(x)$ 一直处于核心的位置。对于一批从 $p_{data}(x)$ 中独立采样得到的训练样本集 $\{x^{(1)}, x^{(2)}, \cdots, x^{(N)}\}$（注意，我们要求训练样本集的数据是独立同分布的），我们希望用训练数据来训练一个生成模型 $p_g(x)$，这个生成模型可以显式或隐式地学习数据的分布 $p_{data}(x)$ 或者获得 $p_{data}(x)$ 的（近似）表达式，即 $p_{data}(x) \approx p_g(x)$。那么接下来在前向推断过程中，可以通过在 $p_g(x)$ 上显式或隐式地采样而得到一批样本，并且使获得的样本（近似）符合概率分布 $p_{data}(x)$。

1.2.1 极大似然估计法

既然生成模型的核心是求解 $p(x)$，那么我们来考虑一个简单的问题，对于一批样本集合，是否可以通过直接统计样本的个数来对 $p(x)$ 进行估计？这听起来是可行的，我们只需要对每一个样本统计频次，然后除以样本集合的总样本数进行概率归一化，即可得到关于 $p(x)$ 的柱状分布图，如图 1-2 所示。但是当样本维度较大时，便会出现维数灾难问题。例如对于 MNIST 数据集中的图像，其维度为 $28 \times 28 = 784$，每个像素

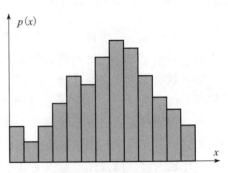

图 1-2 概率分布柱状图

位置的可取数值为 0 或 1，即概率分布共包含 $2^{784} \approx 10^{236}$ 个样本点，也对应了大约 10^{236} 个需要估计的概率数值。实际上，任何一个训练数据集都只能包含全部样本空间中的极小一部分样本点，并且每一张图像只能影响一个样本点的概率，对其他内容相似的样本点概率则不能产生任何影响，故这种计数统计模型不具备泛化性能。在实际操作中，我们不可能保存每一个样本点的概率数值，而是会使用参数化的概率密度函数 $p_\theta(x)$，其中 θ 为模型的参数。

我们先介绍使用极大似然估计法的生成模型，充分理解极大似然原理对理解生成模型有非常重要的意义。注意，并不是所有的生成模型都使用极大似然估计法，有些生成模型默认不使用，但是也可以做一些修改令其使用极大似然估计法，GAN 就属于这一类。

极大似然估计法是对概率模型参数进行估计的一种方法，例如有一个包含 N 个样本的数据集 $\{x^{(1)}, x^{(2)}, \cdots, x^{(N)}\}$，数据集中每个样本都是从某个未知的概率分布 $p_{\text{data}}(x)$ 中独立采样获得的，若我们已经知道 $p_g(x)$ 的形式，但是 $p_g(x)$ 的表达式里仍包含未知参数 θ，那问题就变成如何使用数据集来估算 $p_g(x)$ 中的未知参数 θ。例如 $p_g(x)$ 是一个均值和方差参数还未确定的正态分布，那么如何用样本估计均值和方差的准确数值？

在极大似然估计法中，首先计算所有样本的似然函数 $L(\theta)$ 为：

$$L(\theta) = \prod_{i=1}^{N} p_g(x^{(i)}; \theta) \tag{1.3}$$

似然函数是一个关于模型参数 θ 的函数，当选择不同的参数 θ 时，似然函数的值是不同的，它描述了在当前参数 θ 下，使用模型分布 $p_g(x; \theta)$ 产生数据集中所有样本的概率。一个朴素的想法是：在最好的模型参数 θ_{ML} 下，产生数据集中的所有样本的概率是最大的，即

$$\theta_{\text{ML}} = \text{argmax} L(\theta) \tag{1.4}$$

实际上，在计算机中，多个概率的乘积结果并不方便存储，例如计算过程中可能会

出现数值下溢的问题，即对比较小的、接近于 0 的数进行四舍五入后成为 0。我们可以对似然函数取对数（即 $\log[L(\theta)]$）来解决该问题，并且仍然通过求解最好的模型参数 θ_{ML} 使对数似然函数最大，即

$$\theta_{\mathrm{ML}} = \mathrm{argmax}\log\big[L(\theta)\big] \tag{1.5}$$

可以证明两者是等价的，但是将似然函数取对数后会把概率乘积形式转换为对数求和的形式，大大方便了计算。继续将其展开后，有

$$\theta_{\mathrm{ML}} = \mathrm{argmax}\sum_{i=1}^{N}\log p_{\mathrm{g}}(x^{(i)};\theta) \tag{1.6}$$

可以发现，使用极大似然估计法时，每个样本 x_i 都希望拉高它所对应的模型概率值 $p_{\mathrm{g}}(x^{(i)};\theta)$，如图 1-3 所示。但是由于所有样本的密度函数 $p_{\mathrm{g}}(x^{(i)};\theta)$ 的总和必须是 1，所以我们不可能将所有样本点都拉高到最大的概率。换句话说，一个样本点的概率密度函数值被拉高将不可避免地使其他点的函数值被拉低，最终达到一个平衡态。

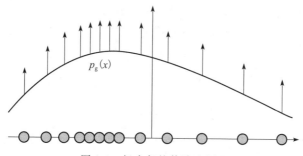

图 1-3 极大似然估计法原理

我们也可以将上式除以 N，此时极大似然估计最大化的目标是在经验分布 $\hat{p}_{\mathrm{data}}$ 下使得概率对数的期望值最大，即

$$\theta_{\mathrm{ML}} = \mathrm{argmax}\,\mathbb{E}_{\hat{p}_{\mathrm{data}}}\big[\log p_{\mathrm{g}}(x;\theta)\big] \tag{1.7}$$

另一种对极大似然估计的理解是：极大似然估计本质是最小化训练集上的经验分布 $\hat{p}_{\mathrm{data}}(x)$ 和模型分布 $p_{\mathrm{g}}(x;\theta)$ 之间的 KL 散度值，即

$$\theta_{\mathrm{ML}} = \mathrm{argmin}D_{\mathrm{KL}}(\hat{p}_{\mathrm{data}}\|p_{\mathrm{g}}) \tag{1.8}$$

而 KL 散度的表达式为：

$$D_{\mathrm{KL}}(\hat{p}_{\mathrm{data}}\|p_{\mathrm{g}}) = E_{\hat{p}_{\mathrm{data}}}\big[\log\hat{p}_{\mathrm{data}}(x) - \log p_{\mathrm{g}}(x;\theta)\big] \tag{1.9}$$

由于 θ 值与第一项无关，故只考虑第二项，有

$$\theta_{\mathrm{ML}} = \mathrm{argmax}\,\frac{1}{N}\sum_{i=1}^{N}\log p_{\mathrm{g}}(x^{(i)};\theta) \tag{1.10}$$

可以发现两者是完全一样的，也就是说极大似然估计就是希望 $p_{\mathrm{g}}(x;\theta)$ 和 $p_{\mathrm{data}}(x)$ 尽量相似，最好无任何差异（KL 散度值为 0），这与生成模型的思想是一致的。但实际的生成模型一般不可能提前知道 $p_{\mathrm{g}}(x;\theta)$ 的表达式形式，只需要估计表达式中的参数，因为

实际样本数据非常复杂，往往对 $p_g(x;\theta)$ 无任何先验知识，只能对其进行一些形式上的假设或近似。

很多生成模型可以使用最大似然的原理进行训练，在得到关于参数 θ 的似然函数 $L(\theta)$ 后，我们只需最大化似然函数即可，只是不同模型的差异在于如何表达或者近似表达似然函数 $L(\theta)$。图 1-1 的左边分支均为显式生成模型，其中完全可见置信网络模型对 $p_g(x;\theta)$ 做出了形式上的假设，而流模型则通过定义一系列非线性变换给出了 $p_g(x;\theta)$ 的表达式，这两个模型其实都给出了似然函数 $L(\theta)$ 的确定表达式；变分自编码器模型则采用近似的方法，只获得了对数似然函数 $\log[L(\theta)]$ 的一个下界，通过最大化该下界近似地实现极大似然；玻尔兹曼机使用马尔可夫链对似然函数的梯度进行了近似。接下来，我们将分别介绍这些模型，并讨论它们的优缺点。

1.2.2　完全可见置信网络

完全可见置信网络(FVBN)中不存在不可观察的潜在变量(隐变量)，高维度的观察变量的概率表达式被链式法则从维度上进行分解，即对于 n 维观察变量 $\boldsymbol{x}$，其概率表达式为：

$$p(\boldsymbol{x}) = \prod_{i=1}^{n} p(x_i \mid x_{i-1}, x_{i-2}, \cdots, x_1) \tag{1.11}$$

自回归网络是最简单的完全可见置信网络，其中每一个维度的观察变量 x_i 都构成概率模型的一个节点，而所有这些节点 $\{x_1, x_2, \cdots, x_n\}$ 共同构成一个完全有向图，图中任意两个节点都存在连接关系，如图 1-4 所示。

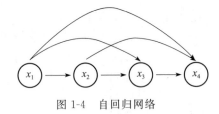

图 1-4　自回归网络

因为自回归网络中已经有了随机变量的链式分解关系，所以核心问题便成为如何表达条件概率 $p(x_i \mid x_{i-1}, x_{i-2}, \cdots, x_1)$。最简单的模型是线性自回归网络，即每个条件概率均被定义为线性模型，对实数值数据使用线性回归模型(例如定义 $p(x_i \mid x_{i-1}, x_{i-2}, \cdots, x_1) = w_1 x_1 + w_2 x_2 + \cdots + w_{i-1} x_{i-1}$)，对二值数据使用逻辑回归模型，而对离散数据使用 softmax 回归模型，具体计算过程如图 1-5 所示。但线性模型容量有限，拟合函数的能力不足。在神经自回归网络中，我们使用神经网络代替线性模型，该模型可以任意增加容量，理论上可以拟合任意联合分布。神经自回归网络还使用了特征重用的技巧，例如神经网络从观察变量 x_i 学习到的隐藏抽象特征 h_i 不仅会在计算 $p(x_{i+1} \mid x_i, x_{i-1}, \cdots, x_1)$ 时使用，也会在计算 $p(x_{i+2} \mid x_{i+1}, x_i, \cdots, x_1)$ 时进行重用，其计算图如图 1-6 所示。同时，该模型不需要分别使用不同神经网络表示每个条件概率的计算，而是可以整合为一个神经网络，因此只要设计成抽象特征 h_i 只依赖于 x_1，$x_2, \cdots, x_i$ 即可。目前，神经自回归密度估计器是神经自回归网络中比较具有代表性的方案，它引入了参数共享的方案，即从观察变量 x_i 到任意隐藏抽象特征 $h_{i+1}, h_{i+2}, \cdots$ 的权值参数是共享的。总之，使用了特征重用、参数共享等深度学习技巧的神经自回归密度估计器具有更优秀的性能。

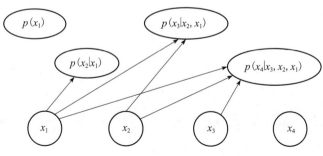

图 1-5 线性自回归网络计算图

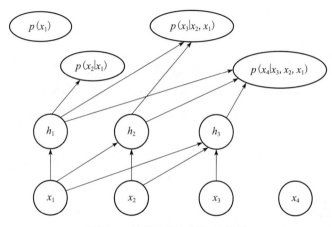

图 1-6 神经自回归网络计算图

WaveNet[1] 是谷歌提出的一个语音生成模型，用于自回归地生成语音序列。它所采用的主要计算模块是空洞因果卷积，核心思想是基于之前时间节点的语音信息生成当前时间节点的语音信息。空洞因果卷积如图 1-7 所示，在每一层的一维卷积神经网络中，其输出依赖于前一层的第 t 个和第 $t-d$ 个时间节点的信息，其中 d 为空洞因子，例如第 1、2、3 个隐层的空洞因子分别为 1、2、4。需要说明的是，当前时间节点的语音不会与之前所有时间节点的语音建立某种联系，故样本概率的表达式与式(1.11)有所出入，具体的依赖关系由卷积层的设定决定。在输出语音信息时，先通过 μ-law 量化方法获得 256 维的概率分布，每一个维度表示一个语音信号数值，然后从概率分布中采样获得当前时间节点的信号。

PixelRNN 和 PixelCNN[2] 也属于完全可见置信网络。从名字可以看出，这两个模型一般用于图像的生成。它们将图像 x 的概率 $p(x)$ 按照像素分解为 n 个条件概率的乘积，其中 n 为图像的像素点个数，即在每一个像素点上定义了一个条件概率，用以表达像素

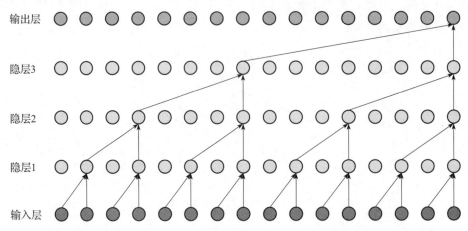

图 1-7   WaveNet 空洞因果卷积示意图（见彩插）

之间的依赖关系，该条件概率分别使用循环神经
网络（RNN）或者卷积神经网络（CNN）进行学习。
为了将输出离散化，通常将 RNN 或 CNN 的最后
一层设置为 softmax 层，用以表示其输出不同像
素值的概率。在 PixelRNN 中，我们一般定义从
左上角开始沿着右方和下方依次生成每一个像素
点，如图 1-8 所示。当设定了节点依赖顺序后，
便可以得到样本的对数似然的表达式，后续在训
练模型时只需要将其极大化即可。

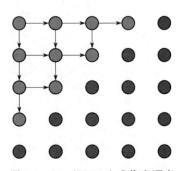

图 1-8   PixelRNN 生成像素顺序

    PixelRNN 在其感受野内可能具有无边界的
依赖范围，因为待求位置的像素值依赖之前所有
已知像素点的像素值，这将需要极大的计算代
价。PixelCNN 使用标准卷积层来捕获有界的感
受野，其训练速度要快于 PixelRNN。在 PixelC-
NN 中，每个位置的像素值仅与其周围已知像素
点的值有关，如图 1-9 所示。上部分为已知像素，
而下部分为未知像素，计算当前位置的像素值
时，需要把方框区域内的所有已知像素值传递给
CNN，由 CNN 最后的 softmax 输出层来表达在
中间矩形位置取不同像素值的概率，这里可以使
用由 0 和 1 构成的掩膜矩阵将方框区域内的灰色
位置像素抹掉。PixelRNN 和 PixelCNN 此后进

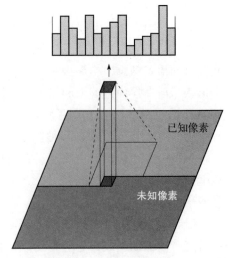

图 1-9   PixelCNN 原理

行了非常多改进，例如为了在生成像素时消除盲点，Gated PixelCNN[3] 将感受野拆分为水平和垂直两个方向，进一步提升了生成质量。但由于它是逐个像素点地生成图像，像素点前后存在依赖关系，具有串行性，故在实际应用中采样效率难以保证，这也是诸多 FVBN 类模型经常出现的问题。

　　PixelCNN 模型是完全可见置信网络中比较易于理解的模型，以下为 PixelCNN 模型的核心代码：

```python
# 二维掩膜卷积
class MaskedConv2d(nn.Conv2d):
    def __init__(self, mask_type, * args, * * kwargs):
        super(MaskedConv2d, self).__init__(* args, * * kwargs)
        assert mask_type in {'A', 'B'}
        self.register_buffer('mask', self.weight.data.clone())
        bs, o_feature_dim, kH, kW = self.weight.size()
        self.mask.fill_(1)
        self.mask[:, :, kH // 2, kW // 2 + (mask_type == 'B'):] = 0
        self.mask[:, :, kH // 2 + 1:] = 0

    def forward(self, x):
        self.weight.data * = self.mask
        return super(MaskedConv2d, self).forward(x)
# PixelCNN
network = nn.Sequential(
    MaskedConv2d('A', 1, feature_dim, 7, 1, 3, bias=False), nn.BatchNorm2d(feature_dim),
        nn.ReLU(True),
    MaskedConv2d('B', feature_dim, feature_dim, 7, 1, 3, bias=False), nn.BatchNorm2d
        (feature_dim), nn.ReLU(True),
    MaskedConv2d('B', feature_dim, feature_dim, 7, 1, 3, bias=False), nn.BatchNorm2d
        (feature_dim), nn.ReLU(True),
    MaskedConv2d('B', feature_dim, feature_dim, 7, 1, 3, bias=False), nn.BatchNorm2d
        (feature_dim), nn.ReLU(True),
    MaskedConv2d('B', feature_dim, feature_dim, 7, 1, 3, bias=False), nn.BatchNorm2d
        (feature_dim), nn.ReLU(True),
    MaskedConv2d('B', feature_dim, feature_dim, 7, 1, 3, bias=False), nn.BatchNorm2d
        (feature_dim), nn.ReLU(True),
    MaskedConv2d('B', feature_dim, feature_dim, 7, 1, 3, bias=False), nn.BatchNorm2d(feature
        _dim), nn.ReLU(True),
    MaskedConv2d('B', feature_dim, feature_dim, 7, 1, 3, bias=False), nn.BatchNorm2d(feature
        _dim), nn.ReLU(True),
    nn.Conv2d(feature_dim, 256, 1))
network.to(device)

train_data = data.DataLoader(datasets.MNIST('data',train=True,download=True, transform=
        transforms.ToTensor()),
                batch_size=train_batch_size,shuffle=True,num_workers=1, pin_memory=True)
test_data = data.DataLoader(datasets.MNIST('data',train=False,download=True, transform=
        transforms.ToTensor()),
```

```
                batch_size=train_batch_size,shuffle=False,num_workers=1, pin_memory=True)

optimizer = optim.Adam(network.parameters())
if __name__ == "__main__":
    for epoch in range(epoch_number):
        # 训练
        cuda.synchronize()
        network.train(True)

        for input_image, _ in train_data:
            time_tr = time.time()

            input_image = input_image.to(device)
            output_image = network(input_image)
            target = (input_image.data[:, 0] * 255).long().to(device)
            loss = F.cross_entropy(output_image, target)

            optimizer.zero_grad()
            loss.backward()
            optimizer.step()
            print("train: {} epoch, loss: {}, cost time: {}".format(epoch, loss.item(),
                time.time() - time_tr))
        cuda.synchronize()

        # 测试
        with torch.no_grad():
            cuda.synchronize()
            time_te = time.time()
            network.train(False)
            for input_image, _ in test_data:
                input_image = input_image.to(device)
                target = (input_image.data[:, 0] * 255).long().to(device)
                loss = F.cross_entropy(network(input_image), target)
            cuda.synchronize()
            time_te = time.time() - time_te
            print("test: {} epoch, loss: {}, cost time: {}".format(epoch, loss.item(), time_te))

        # 生成样本
        with torch.no_grad():
            image = torch.Tensor(generation_batch_size, 1, 28, 28).to(device)
            image.fill_(0)
            network.train(False)
            for i in range(28):
                for j in range(28):
                    out = network(image)
                    probs = F.softmax(out[:, :, i, j]).data
                    image[:, :, i, j] = torch.multinomial(probs, 1).float() / 255.
            utils.save_image(image, 'generation- image_{:02d}.png'.format(epoch), nrow=12,
                padding=0)
```

1.2.3　流模型

流模型是一种想法比较直接但实际不容易构造的生成模型，它通过可逆的非线性变换等技巧使得似然函数可以被精确计算出来。相较于 FVBN，流模型添加了隐变量的概念，并通过某种确定性的映射关系建立了隐变量到观察变量之间的联系。

我们首先介绍流模型的基本思想。对于一个分布比较简单（例如高斯分布）的隐变量 z，其概率密度分布记为 $p_z(z)$，这时若存在一个连续、可微、可逆的非线性变换 $g(z)$，将简单的隐变量 z 的分布转换成关于样本 x 的一个复杂分布，我们将非线性变换 $g(z)$ 的逆变换记为 $f(x)$，即有 $x=g(z)$ 和 $z=f(x)$，则可得到样本 x 的准确的概率密度函数 $p_x(x)$：

$$p_x(x)=p_z(z)\left|\det\frac{\partial f}{\partial x}\right| \tag{1.12}$$

注意，非线性变换 $g(z)$ 会引起空间的变形，即 $p_x(x)\neq p_z(f(x))$，但有 $p_z(z)\mathrm{d}z=p_x(x)\mathrm{d}x$。对于可逆矩阵有 $\det(A^{-1})=\det(A)^{-1}$，故 $p_x(x)$ 也可写为：

$$p_x(x)=p_z(z)\left|\det\frac{\partial g}{\partial z}\right|^{-1} \tag{1.13}$$

若上述模型构建成功，则生成样本时只需从简单分布 $p_z(z)$ 中随机采样然后使用非线性变换将其变换为 $x=g(z)$ 即可。

为了使用极大似然估计法训练上述生成模型，我们必须计算样本的概率密度函数 $p_x(x)$。分析上式，要计算概率密度函数 $p_x(x)$，就需要计算 $p_z(z)$ 和雅可比矩阵的行列式绝对值。$p_z(z)$ 理论上可以具备任意的形式，但是通常设计为简单的分布，例如高斯分布 $N(0,I)$，这样便于进行计算和采样。我们将 $p_z(z)$ 为标准高斯分布的流模型称为标准流模型（normalizing flow model）；对于雅可比矩阵，要将 $f(x)$ 设计为某种特殊的形式，使得雅可比矩阵的行列式易于计算。另外，变换的可逆性要求样本 x 和隐变量 z 具有相同的维度。综上，我们需要将上述模型精心设计成一种易于处理且灵活的双射模型，使其逆变换 $f(x)$ 存在，且对应的雅可比矩阵的行列式可高效计算。

在实际的流模型中，非线性映射 $f(x)$ 是由多个映射函数 $f_1,f_2,\cdots,f_k$ 组合而成的，即 $z=f_k\circ\cdots\circ f_1(x)$ 和 $x=f_1^{-1}\circ\cdots\circ f_k^{-1}(z)$，一个变量连续流过多个变换最终"形成"另一个变量，这就是流模型中流的意义。相应地，雅可比矩阵的行列式可分解为：

$$\left|\det\left(\frac{\partial f}{\partial x}\right)\right|=\left|\det\left(\frac{\partial f_k}{\partial f_{k-1}}\right)\right|\left|\det\left(\frac{\partial f_{k-1}}{\partial f_{k-2}}\right)\right|\cdots\left|\det\left(\frac{\partial f_1}{\partial x}\right)\right| \tag{1.14}$$

此处，我们介绍两种非常基本的流：仿射流（affine flow）和元素流（element-wise flow）。在仿射流中，非线性映射 $f(\boldsymbol{x})=\boldsymbol{A}^{-1}(\boldsymbol{x}-\boldsymbol{b})$ 将样本 $\boldsymbol{x}$ 映射到标准正态分布，其中可学习参数 $\boldsymbol{A}$ 为非奇异方阵，$\boldsymbol{b}$ 为偏置向量，采样过程为先采样获得 z，再根据 $\boldsymbol{x}=\boldsymbol{Az}+\boldsymbol{b}$ 获得样本。仿射流模型中的雅可比矩阵为 $\boldsymbol{A}^{-1}$，即行列式的计算难度源于矩阵的维度数

目是多少。在元素流中，映射是逐元素进行的，即 $f(x_1,\cdots,x_n)=(f(x_1),\cdots,f(x_n))$，则雅可比矩阵为对角矩阵：

$$\begin{bmatrix} f'(x_1) & \cdots & \\ \vdots & \ddots & \vdots \\ & \cdots & f'(x_n) \end{bmatrix}$$

其行列式也容易计算，即：

$$\left| \det\left(\frac{\partial f}{\partial \boldsymbol{x}}\right) \right| = \prod_{i=1}^{n} f'(x_i) \tag{1.15}$$

为了使读者对流模型有更深刻的理解，我们对 NICE 模型[4]进行详细的介绍。NICE 模型的逆变换 $f(\boldsymbol{x})$ 由多个加性耦合层和一个尺度变换层构成。在每个加性耦合层中，首先将 n 维样本 $\boldsymbol{x}$ 分解为两部分，$\boldsymbol{x}_1$ 和 $\boldsymbol{x}_2$，例如可以将 $\boldsymbol{x}$ 的第 $1,3,5,\cdots$ 个元素划入 $\boldsymbol{x}_1$ 部分，将第 $2,4,6,\cdots$ 个元素划入 $\boldsymbol{x}_2$ 部分，每个部分的维度均为 $n/2$；也可以将 $\boldsymbol{x}$ 的第 $2,4,6,\cdots$ 个元素划入 $\boldsymbol{x}_1$ 部分，将第 $1,3,5,\cdots$ 个元素划入 $\boldsymbol{x}_2$ 部分；还可以使用其他划分方式。然后对两部分进行变换：

$$\begin{aligned} \boldsymbol{h}_1 &= \boldsymbol{x}_1 \\ \boldsymbol{h}_2 &= \boldsymbol{x}_2 + m(\boldsymbol{x}_1) \end{aligned} \tag{1.16}$$

其中 $m()$ 为任意函数，注意这里要保证 $m()$ 的输出结果维度与 $\boldsymbol{x}_2$ 一致，NICE 模型使用多层全连接网络和 ReLU 激活函数来构建 $m()$。容易发现，使用加性耦合层作为逆变换 $f(\boldsymbol{x})$ 的一部分，它是可逆的，并且雅可比矩阵的行列式也是容易计算的。当已知 $\boldsymbol{h}_1$ 和 $\boldsymbol{h}_2$ 时，可得其逆变换：

$$\begin{aligned} \boldsymbol{x}_1 &= \boldsymbol{h}_1 \\ \boldsymbol{x}_2 &= \boldsymbol{h}_2 - m(\boldsymbol{h}_1) \end{aligned} \tag{1.17}$$

其雅可比矩阵为：

$$\begin{bmatrix} \boldsymbol{I} & \\ \dfrac{\partial m}{\partial \boldsymbol{h}_1} & \boldsymbol{I} \end{bmatrix}$$

根据三角矩阵的性质，其行列式为对角元素的乘积，故加性耦合层雅可比矩阵的行列式绝对值为 1。当将多个加性耦合层串联时，NICE 模型结构如图 1-10 所示。由于每层的逆变换是容易计算的，因此串联后的逆变换仍然是容易计算的。此时的雅可比矩阵为：

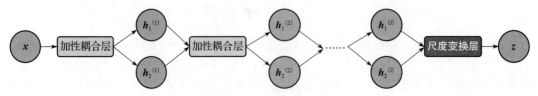

图 1-10　NICE 模型结构

$$\frac{\partial f}{\partial \boldsymbol{x}} = \frac{\partial \boldsymbol{h}^{(l)}}{\partial \boldsymbol{h}^{(l-1)}} \frac{\partial \boldsymbol{h}^{(l-1)}}{\partial \boldsymbol{h}^{(l-2)}} \cdots \frac{\partial \boldsymbol{h}^{(1)}}{\partial \boldsymbol{x}} \tag{1.18}$$

根据矩阵行列式的性质，有：

$$\det\left|\frac{\partial f}{\partial \boldsymbol{x}}\right| = \det\left|\frac{\partial \boldsymbol{h}^{(l)}}{\partial \boldsymbol{h}^{(l-1)}}\right| \det\left|\frac{\partial \boldsymbol{h}^{(l-1)}}{\partial \boldsymbol{h}^{(l-2)}}\right| \cdots \det\left|\frac{\partial \boldsymbol{h}^{(1)}}{\partial \boldsymbol{x}}\right| = 1 \tag{1.19}$$

需要说明的是，必须注意在不同的加性耦合层使用不同的划分策略，使得样本不同维度的信息充分混淆。在尺度变换层，定义了一个包含 n 个非负参数的向量 $\boldsymbol{s} = [s_1, s_2, \cdots, s_n]$，将加性耦合层的输出结果 $\boldsymbol{h}^{(l)}$ 与 $\boldsymbol{s}$ 逐元素相乘可得到对应的隐变量 $\boldsymbol{z}$。这里 $\boldsymbol{s}$ 用于控制每个维度的特征变换的尺度，可以表征维度的重要性，对应维度的数值越大，表明这一维度的重要性越低。显然，尺度变换层的逆变换只需逐元素乘 $1/\boldsymbol{s}$，因此生成样本时隐变量需要先经过尺度变换层，需要逐元素乘 $1/\boldsymbol{s}$。尺度变换层作为一种元素流，其雅可比矩阵为：

$$\begin{bmatrix} s_1 & \cdots & \\ \vdots & \ddots & \vdots \\ & \cdots & s_n \end{bmatrix}$$

由此，其雅可比矩阵的行列式为 $s_1 s_2 \cdots s_n$。现在，我们就构造了可逆的、雅可比矩阵的行列式绝对值易于计算的逆变换 $f(\boldsymbol{x})$。对于隐变量 $\boldsymbol{z}$，NICE 模型假设其 n 个维度彼此独立，即

$$p_z(\boldsymbol{z}) = \prod_{i=1}^{n} p_z(z_i) \tag{1.20}$$

若选择 $\boldsymbol{z}$ 为高斯分布，则样本 $\boldsymbol{x}$ 的似然函数为：

$$\log p(\boldsymbol{x}) = \log\left(\prod_{i=1}^{n} \frac{1}{\sqrt{2\pi}} e^{-\frac{f(\boldsymbol{x})_i^2}{2}} \prod_{i=1}^{n} s_i\right) = -\frac{n}{2}\log 2\pi - \sum_{i=1}^{n} \frac{f(\boldsymbol{x})_i^2}{2} + \sum_{i=1}^{n} \log(s_i) \tag{1.21}$$

若选择 $\boldsymbol{z}$ 为 logistic 分布，即：

$$p_z(\boldsymbol{z}) = \prod_{i=1}^{n} \frac{1}{(1 + e^{z_i})(1 + e^{-z_i})} \tag{1.22}$$

则样本 $\boldsymbol{x}$ 的似然函数为：

$$\log p(\boldsymbol{x}) = \log\left(\prod_{i=1}^{n} \frac{1}{(1 + e^{f(\boldsymbol{x})_i})(1 + e^{-f(\boldsymbol{x})_i})} \prod_{i=1}^{n} s_i\right) \tag{1.23}$$

$$= -\sum_{i=1}^{n} \log(1 + e^{f(\boldsymbol{x})_i}) - \sum_{i=1}^{n} \log(1 + e^{-f(\boldsymbol{x})_i}) + \sum_{i=1}^{n} \log(s_i)$$

此时，我们可以使用极大似然法对 NICE 模型进行训练，训练完成后也得到了生成模型 $g(\boldsymbol{z})$。若 $\boldsymbol{z}$ 为高斯分布，则直接从高斯分布中采样可得到 $\boldsymbol{z}$；若选择 $\boldsymbol{z}$ 为 logistic 分布，则可先在 0-1 之间的均匀分布中采样得到 ε，然后使用变换 $\boldsymbol{z} = t(\varepsilon)$ 得到隐变量。根

据两个随机变量的映射关系

$$p(z) = p(\varepsilon) \left| \det \frac{\partial t^{-1}}{\partial z} \right| \tag{1.24}$$

则有 $t(\varepsilon) = \log\varepsilon - \log(1-\varepsilon)$。对隐变量 z 进行非线性变换 $g(z)$，即经过尺度变换层的逆变换、多个加性耦合层的逆变换可得到生成样本 x。

NICE 模型的核心代码如下所示：

```python
# 加性耦合层
class Coupling(nn.Module):
    def __init__(self, in_out_dim, mid_dim, hidden, mask_config):
        super(Coupling, self).__init__()
        self.mask_config = mask_config

        self.in_block = nn.Sequential(
            nn.Linear(in_out_dim//2, mid_dim),
            nn.ReLU())
        self.mid_block = nn.ModuleList([
            nn.Sequential(
                nn.Linear(mid_dim, mid_dim),
                nn.ReLU()) for _ in range(hidden - 1)])
        self.out_block = nn.Linear(mid_dim, in_out_dim//2)

    def forward(self, x, reverse=False):
        [B, W] = list(x.size())
        x = x.reshape((B, W//2, 2))
        if self.mask_config:
            on, off = x[:, :, 0], x[:, :, 1]
        else:
            off, on = x[:, :, 0], x[:, :, 1]
        off_ = self.in_block(off)
        for i in range(len(self.mid_block)):
            off_ = self.mid_block[i](off_)
        shift = self.out_block(off_)
        if reverse:
            on = on - shift
        else:
            on = on + shift
        if self.mask_config:
            x = torch.stack((on, off), dim=2)
        else:
            x = torch.stack((off, on), dim=2)
        return x.reshape((B, W))

# 尺度变换层
class Scaling(nn.Module):
    def __init__(self, dim):
        super(Scaling, self).__init__()
```

```
        self.scale = nn.Parameter(
            torch.zeros((1, dim)), requires_grad=True)

    def forward(self, x, reverse=False):
        log_det_J = torch.sum(self.scale)
        if reverse:
            x = x * torch.exp(- self.scale)
        else:
            x = x * torch.exp(self.scale)
        return x, log_det_J

# NICE 模型
class NICE(nn.Module):
    def __init__(self, prior, coupling,
        in_out_dim, mid_dim, hidden, mask_config):
        self.prior = prior
        self.in_out_dim = in_out_dim

        self.coupling = nn.ModuleList([
            Coupling(in_out_dim=in_out_dim,
                    mid_dim=mid_dim,
                    hidden=hidden,
                    mask_config=(mask_config+ i)% 2) \
            for i in range(coupling)])
        self.scaling = Scaling(in_out_dim)

    def g(self, z):
        x, _ = self.scaling(z, reverse=True)
        for i in reversed(range(len(self.coupling))):
            x = self.coupling[i](x, reverse=True)
        return x

    def f(self, x):
        for i in range(len(self.coupling)):
            x = self.coupling[i](x)
        return self.scaling(x)

    def log_prob(self, x):
        z, log_det_J = self.f(x)
        log_ll = torch.sum(self.prior.log_prob(z), dim=1)
        return log_ll + log_det_J

    def sample(self, size):
        z = self.prior.sample((size, self.in_out_dim)).cuda()
        return self.g(z)

    def forward(self, x):
        return self.log_prob(x)
```

Real NVP[5]模型和 Glow[6]模型在 NICE 模型的基础上进行了改进，例如在耦合层中引入了卷积操作，添加了多尺度结构等，进一步提升了生成样本的质量。此外，在自回归模型中引入非线性映射可构建为自回归流模型，主要包括掩膜自回归流（Masked Autoregressive Flow，MAF）、以及逆自回归流（Inverse Autoregressive Flow，IAF）两大类，它们由于设计方法存在较大差异，故在计算似然函数的速度上分别具有不同的优势。总体而言，流模型通过精巧的设计使得样本的概率密度函数可以精确计算，具有非常优雅的理论支撑，但不足之处在于运算过程复杂，并且训练时间过长，实践效果与 GAN 等模型仍有差距。

1.2.4 变分自编码器

自编码器（autoencoder）在深度学习中占有重要地位，它最开始只是用于降维或者特征学习。一般的自编码器由编码器（encoder）和解码器（decoder）两个神经网络构成，如图 1-11 所示。

图 1-11　自编码器结构

样本 x 经过编码器得到它的某种编码表示 z，而且 z 的维度一般小于 x，再将编码向量 z 送入解码器则可得到样本 x 的重构 x'。如果重构的效果比较好，则认为编码器成功地学到了样本的抽象特征，也可以理解为实现了降维。当学习到数据的抽象特征 z 后，我们不仅可以用于样本的重构，也可以把提取到的抽象特征用于分类问题，只需要在编码器后接一个分类器即可，如图 1-12 所示。隐变量在生成模型中具有非常重要且广泛的应用，一方面它可以对样本进行某种"有意义"的表示；另一方面，基于隐变量的模型相对于 FVBN 模型具有更高的采样速度。因为 FVBN 模型中只包含观察变量，且观察变量被建立前后依赖关系，所以我们可以将其中的部分观察变量修改为隐变量（隐变量是指不可观测到的变量，但它与模型中可观察变量存在某种相关关系），并建立两者的条件概率关系，从而获得更快的采样速度。

图 1-12　将自编码器用于分类任务

VAE[7]将自编码器构建成一个生成模型。它将 z 视为生成样本的隐变量，并对编码器和解码器进行了一些修改，最终实现了一个性能卓越的生成模型。与 FVBN 和 GAN 等生成模型不同，VAE 希望定义一个通过隐变量来生成样本的生成模型：

$$p_\theta(\boldsymbol{x}) = \int_z p_\theta(\boldsymbol{x}\,|\,\boldsymbol{z})\,p_\theta(\boldsymbol{z})\,\mathrm{d}\boldsymbol{z} \tag{1.25}$$

这个生成模型生成样本的方式十分简洁优雅：先从隐变量的分布 $p_\theta(\boldsymbol{z})$ 中采样得到 $\boldsymbol{z}$，然后在条件分布 $p_\theta(\boldsymbol{x}\,|\,\boldsymbol{z})$ 中采样即可生成样本，但是这个生成模型无法被直接搭建出来！因为训练生成模型通常需要将对数似然函数极大化来求解模型参数 θ，即对 N 个独立同分布的训练样本 $\{x^{(1)},x^{(2)},\cdots,x^{(N)}\}$ 来说，要求：$\max\limits_{\theta}\sum\limits_{i=1}^{N}\log[p_\theta(x^{(i)})]$。这里必然要计算 $p_\theta(\boldsymbol{x})$，分析 $p_\theta(\boldsymbol{x})$ 的计算式子。积分号内部是相对容易求解的，对于隐变量 $\boldsymbol{z}$ 的先验分布 $p_\theta(\boldsymbol{z})$，可以将其设计为简单的高斯分布，对于 $p_\theta(\boldsymbol{x}\,|\,\boldsymbol{z})$，可使用一个神经网络来学习，难以解决的地方是求积分时需要遍历所有的隐变量 $\boldsymbol{z}$，因为 $\boldsymbol{z}$ 在理论上是不可能被精确地遍历的。另外，隐变量 $\boldsymbol{z}$ 的后验分布为：

$$p_\theta(\boldsymbol{z}\,|\,\boldsymbol{x}) = \frac{p_\theta(\boldsymbol{x}\,|\,\boldsymbol{z})\,p_\theta(\boldsymbol{z})}{p_\theta(\boldsymbol{x})} \tag{1.26}$$

它也是难以求解的。训练生成模型必须先求解对数似然函数（也就是说以似然函数作为损失函数），然后使其最大。VAE 的想法是：虽然无法求解准确的对数似然函数，但可以设法得到对数似然函数的下界，然后令其下界极大化，这就相当于近似地令对数似然函数达到极大。具体做法是，VAE 引入一个新的概率分布 $q_\phi(\boldsymbol{z}\,|\,\boldsymbol{x})$ 来逼近后验分布 $p_\theta(\boldsymbol{z}\,|\,\boldsymbol{x})$，这时的对数似然函数为：

$$
\begin{aligned}
\log[p_\theta(x^{(i)})] &= \mathbb{E}_{\boldsymbol{z}\sim q_\phi(\boldsymbol{z}|\boldsymbol{x})}\log[p_\theta(x^{(i)})] \\
&= \mathbb{E}_z\left[\log\frac{p_\theta(x^{(i)}\,|\,\boldsymbol{z})\,p_\theta(\boldsymbol{z})}{p_\theta(\boldsymbol{z}\,|\,x^{(i)})}\right] \\
&= \mathbb{E}_z\left[\log\frac{p_\theta(x^{(i)}\,|\,\boldsymbol{z})\,p_\theta(\boldsymbol{z})}{p_\theta(\boldsymbol{z}\,|\,x^{(i)})}\frac{q_\phi(\boldsymbol{z}\,|\,x^{(i)})}{q_\phi(\boldsymbol{z}\,|\,x^{(i)})}\right] \\
&= \mathbb{E}_z[\log p_\theta(x^{(i)}\,|\,\boldsymbol{z})] - \mathbb{E}_z\left[\frac{q_\phi(\boldsymbol{z}\,|\,x^{(i)})}{p_\theta(\boldsymbol{z})}\right] + \mathbb{E}_z\left[\frac{q_\phi(\boldsymbol{z}\,|\,x^{(i)})}{p_\theta(\boldsymbol{z}\,|\,x^{(i)})}\right] \\
&= \mathbb{E}_z[\log p_\theta(x^{(i)}\,|\,\boldsymbol{z})] - D_{\mathrm{KL}}(q_\phi(\boldsymbol{z}\,|\,x^{(i)})\,\|\,p_\theta(\boldsymbol{z})) + D_{\mathrm{KL}}(q_\phi(\boldsymbol{z}\,|\,x^{(i)})\,\|\,p_\theta(\boldsymbol{z}\,|\,x^{(i)}))
\end{aligned}
\tag{1.27}
$$

最终的式子由三项组成，前两项是可以计算的，第三项无法计算，但是根据 KL 散度的性质可知第三项必定大于或等于 0，也就是说

$$\log[p_\theta(x^{(i)})] \geqslant \mathbb{E}_z[\log p_\theta(x^{(i)}\,|\,\boldsymbol{z})] - D_{\mathrm{KL}}(q_\phi(\boldsymbol{z}\,|\,x^{(i)})\,\|\,p_\theta(\boldsymbol{z})) \tag{1.28}$$

我们将上述不等式右侧称为一个变分下界（ELBO），记为 $l(x^{(i)};\theta,\phi)$，这时只需要最大化变分下界即可，即将变分下界作为模型的损失函数：

$$\max\limits_{\theta,\phi} l(x^{(i)};\theta,\phi) \tag{1.29}$$

至此，VAE 的最核心的想法已实现，接下来将描述一些细节，例如，如何将数学模型转换到神经网络上？即如何计算变分下界 EBLO？首先来看 EBLO 的第二项

$D_{KL}(q_{\phi}(z|x^{(i)})\|p_{\theta}(z))$，计算隐变量 z 的后验分布的近似分布 $q_{\phi}(z|x^{(i)})$ 和隐变量的先验分布 $p_{\theta}(z)$ 的 KL 散度。基于实际经验，我们做出两个基本假设：①隐变量的先验分布 $p_{\theta}(z)$ 为 D 维标准高斯分布 $N(0,I)$，注意这时的 $p_{\theta}(z)$ 将不包含任何未知参数，重新记为 $p(z)$；②隐变量的后验分布的近似分布 $q_{\phi}(z|x^{(i)})$ 为各分量彼此独立的高斯分布 $N(\mu,\Sigma;x^{(i)})$，也就是说，每一个样本 $x^{(i)}$ 均对应一个 D 维高斯分布 $N(\mu,\Sigma;x^{(i)})$。现在只需要再知道 $\mu(x^{(i)})$、$\Sigma(x^{(i)})$ 就可以计算 KL 散度了。我们用两个神经网络（即编码器，参数为 ϕ）来求解均值、方差的对数（因为方差的对数的值域为全体实数，而方差的值域为全体正实数，使用神经网络拟合方差的对数不需要精确限定激活函数，相对方便）。由于 D 维隐变量 z 的每个维度彼此独立，则均值为 D 维向量，而方差为 D 维对角矩阵，即

$$\begin{bmatrix} \sigma_1^2 & & & \\ & \sigma_2^2 & & \\ & & \cdots & \\ & & & \sigma_D^2 \end{bmatrix}$$

此时，方差其实也只有 D 个需要学习的参数，而不是 D^2 个。那么这里的编码器的输入为样本 $x^{(i)}$，第一个编码器输出 D 维向量 $[\mu_1,\mu_2,\cdots,\mu_D]$，第二个编码器的输出也为 D 维向量 $[\log\sigma_1^2,\log\sigma_2^2,\cdots,\log\sigma_D^2]$，即

$$\mu(x^{(i)})=\mathrm{enc}_{1,\phi}(x^{(i)}) \tag{1.30}$$

$$\log\sigma^2(x^{(i)})=\mathrm{enc}_{2,\phi}(x^{(i)}) \tag{1.31}$$

由于两个高斯分布的每个维度彼此独立，KL 散度可分开计算，其中第 d 维的 KL 散度值为：

$$D_{KL}(q_{\phi}(z|x^{(i)})_d\|p_{\theta}(z)_d)=D_{KL}(N(\mu_d,\sigma_d^2)\|N(0,1))=\frac{1}{2}(-\log\sigma_d^2+\mu_d^2+\sigma_d^2-1) \tag{1.32}$$

上述计算过程比较简单，在此不展开。易知总 KL 散度为：

$$D_{KL}(q_{\phi}(z|x^{(i)})\|p_{\theta}(z))=\sum_{d=1}^{D}D_{KL}(q_{\phi}(z|x^{(i)})_d\|p_{\theta}(z)_d) \tag{1.33}$$

在计算上，通过让编码器学习隐变量后验分布的近似分布的均值和方差，我们得到了隐变量后验分布的近似分布的概率密度表达式，从而可以计算 KL 散度。本质上，VAE 训练编码器是希望 KL 散度值达到最小，即令后验近似分布趋近于标准高斯分布，也就是说，对每个样本 $x^{(i)}$，$q_{\phi}(z|x^{(i)})$ 都向高斯分布靠拢。

现在来看 ELBO 的第一项 $\mathbb{E}_z[\log p_{\theta}(x^{(i)}|z)]$。为了计算这一项，我们需要使用一个经验上的近似：

$$\mathbb{E}_z[\log p_{\theta}(x^{(i)}|z)]\approx\log p_{\theta}(x^{(i)}|z) \tag{1.34}$$

计算这一项时并不需要采样所有不同 z 再计算 $\log p_\theta(x^{(i)} \mid z)$，而只需要从中采样一次即可。这样的做法看似不合理，但实际效果证明约等于的关系是成立的，另外，联想到一般的自编码器中是一一映射的，即一个样本 x 对应一个隐变量 z，可认为 $q_\phi(z \mid x^{(i)})$ 是一个非常锐利的单峰分布，故多次采样计算均值和一次采样效果相差不大。接下来，为了计算 $\log p_\theta(x^{(i)} \mid z)$，我们再次做出假设，假设 $p_\theta(x \mid z)$ 是伯努利分布或高斯分布。当假设为伯努利分布时，对应的 x 为二值$(0-1)$、Q 个维度彼此独立的向量，将伯努利分布的 Q 个参数$[\rho_1, \rho_2, \cdots, \rho_Q]$ 交给神经网络学习，这个神经网络即解码器，它由 θ 来参数化，其输入为隐变量 z，输出为$[\rho_1, \rho_2, \cdots, \rho_Q]$，即

$$\rho(z) = \mathrm{dec}_\theta(z) \tag{1.35}$$

现在可以计算样本的似然为：

$$p_\theta(x^{(i)} \mid z) = \prod_{q=1}^{Q} (\rho_q(z))^{x_q^{(i)}} (1 - \rho_q(z))^{1 - x_q^{(i)}} \tag{1.36}$$

相应的对数似然函数为：

$$\log p_\theta(x^{(i)} \mid z) = \sum_{q=1}^{Q} x_q^{(i)} \log(\rho_q(z)) + (1 - x_q^{(i)}) \log(1 - \rho_q(z)) \tag{1.37}$$

所以只需要把编码器的最后一层激活函数设计为 sigmoid 函数，并使用二分类交叉熵作为解码器的损失函数即可。若假设 $p_\theta(x^{(i)} \mid z)$ 为高斯分布，对应的 x 为实值、Q 个维度彼此独立的向量，将该高斯分布每个维度的方差固定为某个常数 σ^2，而 Q 个均值参数$[\mu_1, \mu_2, \cdots, \mu_Q]$ 交给神经网络学习，这个神经网络即解码器，它同样由 θ 来参数化，输入为隐变量 z，输出为$[\mu_1, \mu_2, \cdots, \mu_Q]$，即

$$\mu(z) = \mathrm{dec}_\theta(z) \tag{1.38}$$

现在可以计算样本的似然函数为：

$$p_\theta(x^{(i)} \mid z) = \frac{1}{\prod_{q=1}^{Q} \sqrt{2\pi\sigma^2}} \exp\left(-\frac{1}{2\sigma^2} \|x^{(i)} - \mu(z)\|_2^2\right) \tag{1.39}$$

相应的对数似然为：

$$\log p_\theta(x^{(i)} \mid z) \sim -\frac{1}{2\sigma^2} \|x^{(i)} - \mu(z)\|_2^2 \tag{1.40}$$

所以需要把编码器的最后一层激活函数设计为值域为全体实值的激活函数，并使 MSE 作为损失函数。在计算上，我们基于经验知识使用了一次采样的近似操作，并依靠编码器学习 $p_\theta(x \mid z)$ 的参数，最后计算条件概率下样本的似然。VAE 希望将解码器部分对应的损失函数的值最大，本质上是希望样本的重构误差最小，这在伯努利分布中非常明显，而在高斯分布中，MSE 损失希望编码器的输出(高斯分布的均值)与样本尽可能接近。

回顾上面的过程，训练流程是这样的：将样本 $x^{(i)}$ 送入解码器可计算得到隐变量后验近似分布的各项参数(即高斯分布的均值和方差)，这时需要从分布中采样一个隐变量 z，

然后将 z 送入解码器，最后计算损失函数，并反向传播更新参数。其实这里有一个小问题，从分布中采样的过程是不可导的，即编码器计算的均值和方差参数在采样得到隐变量后就被"淹没"了，解码器面对的只是一个孤立的、不知从哪个高斯分布采样得到的 z。我们需要把 $\mu(x^{(i)})$、$\sigma(x^{(i)})$ 与编码器建立计算上的联系，否则反向传播时，梯度传播到采样得到 z 的环节就会中断。重参数技巧（Reparameterization Trick）做了一个简单的处理，它直接在标准正态分布中采样 $N(0, I)$ 得到 ε，然后令 $z = \mu + \varepsilon \times \sigma$，这样，反向传播的环节被打通，如图 1-13 所示。

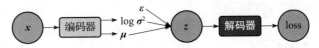

图 1-13　变分自编码器正向计算

训练完成后，直接从 $p(z)$ 中采样得到隐变量 z，然后送入解码器，在伯努利分布中解码器输出样本每个维度取值的概率；在高斯分布中解码器输出均值，即生成的样本。

VAE 与 GAN 经常被用来进行比较，GAN 属于隐式概率生成模型，在 GAN 中没有显式出现过似然函数，而 VAE 属于显式概率生成模型，它也试图最大化似然函数，但是不像 FVBN 模型中存在精确的似然函数以供其最大化，而是得到了似然函数的下界，近似地实现了极大似然。在图像生成问题上，VAE 的一个比较明显的缺点是，生成图像模糊，这可能是使用极大似然的模型的共同问题，因为极大似然的本质是最小化 $D_{KL}(p_{data} \| p_{model})$，这个问题的解释涉及 KL 散度的性质，在此不再展开。

VAE 模型的核心代码如下：

```
# VAE 模型
class VAE(nn.Module):
    def __init__(self, encoder_layer_sizes, latent_size, decoder_layer_sizes,
                 conditional=False, num_labels=0):
        super().__init__()
        if conditional:
            assert num_labels > 0
        assert type(encoder_layer_sizes) == list
        assert type(latent_size) == int
        assert type(decoder_layer_sizes) == list
        self.latent_size = latent_size
        self.encoder = Encoder(
            encoder_layer_sizes, latent_size, conditional, num_labels)
        self.decoder = Decoder(
            decoder_layer_sizes, latent_size, conditional, num_labels)

    def forward(self, x, c=None):
        if x.dim() > 2:
            x = x.view(-1, 28 * 28)
        means, log_var = self.encoder(x, c)
```

```python
        z = self.reparameterize(means, log_var)
        recon_x = self.decoder(z, c)
        return recon_x, means, log_var, z

    def reparameterize(self, mu, log_var):
        std = torch.exp(0.5 * log_var)
        eps = torch.randn_like(std)

        return mu + eps * std

    def inference(self, z, c=None):
        recon_x = self.decoder(z, c)

        return recon_x

# 编码器
class Encoder(nn.Module):
    def __init__(self, layer_sizes, latent_size, conditional, num_labels):
        super().__init__()
        self.conditional = conditional
        if self.conditional:
            layer_sizes[0] += num_labels
        self.MLP = nn.Sequential()

        for i, (in_size, out_size) in enumerate(zip(layer_sizes[:-1], layer_sizes[1:])):
            self.MLP.add_module(
                name="L{:d}".format(i), module=nn.Linear(in_size, out_size))
            self.MLP.add_module(name="A{:d}".format(i), module=nn.ReLU())

        self.linear_means = nn.Linear(layer_sizes[-1], latent_size)
        self.linear_log_var = nn.Linear(layer_sizes[-1], latent_size)

    def forward(self, x, c=None):
        if self.conditional:
            c = idx2onehot(c, n=10)
            x = torch.cat((x, c), dim=-1)
        x = self.MLP(x)
        means = self.linear_means(x)
        log_vars = self.linear_log_var(x)

        return means, log_vars

# 解码器
class Decoder(nn.Module):
    def __init__(self, layer_sizes, latent_size, conditional, num_labels):
        super().__init__()

        self.MLP = nn.Sequential()
        self.conditional = conditional
```

```python
if self.conditional:
    input_size = latent_size + num_labels
else:
    input_size = latent_size

for i, (in_size, out_size) in enumerate(zip([input_size]+ layer_sizes[:- 1],
    layer_sizes)):
    self.MLP.add_module(
        name="L{:d}".format(i), module=nn.Linear(in_size, out_size))
    if i+ 1 <  len(layer_sizes):
        self.MLP.add_module(name="A{:d}".format(i), module=nn.ReLU())
    else:
        self.MLP.add_module(name="sigmoid", module=nn.Sigmoid())

def forward(self, z, c):
    if self.conditional:
        c = idx2onehot(c, n=10)
        z = torch.cat((z, c), dim=- 1)
    x = self.MLP(z)

    return x
```

1.2.5 玻尔兹曼机

玻尔兹曼机属于另一种显式概率模型，是一种基于能量的模型。训练玻尔兹曼机同样需要基于极大似然的思想，但在计算极大似然梯度时，还需要运用一种不同于变分法的近似算法。玻尔兹曼机已经较少引起关注，故在此我们只简述。

在能量模型中，通常将样本的概率 $p(x)$ 建模成如下形式：

$$p(x)=\frac{\mathrm{e}^{-E(x)}}{Z} \tag{1.41}$$

其中，$Z = \sum_{x} \mathrm{e}^{-E(x)}$ 为配分函数。为了增强模型的表达能力，通常会在可见变量 v 的基础上增加隐变量 h，以最简单的受限玻尔兹曼机（RBM）为例，RBM 中的可见变量和隐变量均为二值离散随机变量（当然也可推广至实值）。它定义了一个无向概率图模型，并且为二分图，其中可见变量 v 组成一部分，隐藏变量 h 组成另一部分，可见变量之间不存在连接，隐藏变量之间也不存在连接（"受限"即来源于此），可见变量与隐藏变量之间实行全连接，结构如图 1-14 所示。

在 RBM 中，可见变量和隐藏变量的联合概率分布由能量函数给出，即

$$p(v,h)=\frac{\exp(-E(v,h))}{Z} \tag{1.42}$$

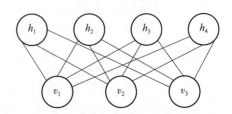

图 1-14 受限玻尔兹曼机结构图

其中能量函数的表达式为：

$$E(v,h) = -h^{\mathrm{T}}Wv - b^{\mathrm{T}}v - c^{\mathrm{T}}h \tag{1.43}$$

配分函数 Z 可写为：

$$Z = \sum_v \sum_h \exp\{-E(v,h)\} \tag{1.44}$$

考虑到二分图的特殊结构，当隐藏变量已知时，可见变量之间彼此独立；当可见变量已知时，隐藏变量之间也彼此独立，即有 $p(h\,|\,\boldsymbol{v}) = \prod_i p(h_i\,|\,\boldsymbol{v})$ 以及 $p(v\,|\,h) = \prod_i p(v_i\,|\,h)$，进一步地，我们可得到离散概率的具体表达式：

$$p(h_i = 1\,|\,\boldsymbol{v}) = \mathrm{sigmoid}(c_i + W_i v) \tag{1.45}$$

$$p(\boldsymbol{v}_j = 1\,|\,h) = \mathrm{sigmoid}(b_j + W_j^{\mathrm{T}}h) \tag{1.46}$$

为了使 RBM 与能量模型有一致的表达式，定义可见变量 v 的自由能 $f(v)$ 为：

$$f(v) = -b^{\mathrm{T}}v - \sum_i \log(1 + \mathrm{e}^{(c_i + W_i v)}) \tag{1.47}$$

其中 h_i 为第 i 个隐藏变量，此时可见变量的概率为：

$$p(v) = \frac{\mathrm{e}^{-f(v)}}{Z} \tag{1.48}$$

配分函数 Z 为 $\sum_v \mathrm{e}^{-f(v)}$。使用极大似然法训练 RBM 模型时，我们需要计算似然函数的梯度，记模型的参数为 θ，则

$$\frac{\partial \log p(\boldsymbol{v})}{\partial \theta} = -\frac{\partial f(\boldsymbol{v})}{\partial \theta} + \mathbb{E}_v\left[\frac{\partial f(\boldsymbol{v})}{\partial \theta}\right] \tag{1.49}$$

可以看出，RBM 明确定义了可见变量的概率密度函数，但它并不易求解，因为计算配分函数 Z 时需要对所有的可见变量 v 和隐藏变量 h 求积分，所以无法直接求解对数似然函数 $\log p(v)$，故无法直接使用极大似然的思想训练模型。但是，若跳过对数似然函数的求解而直接求解对数似然函数的梯度，也可完成模型的训练。对于 θ 中的权值、偏置参数有

$$\frac{\partial \log p(\boldsymbol{v})}{\partial W_{ij}} = -\mathbb{E}_v[p(h_i\,|\,v) \cdot v_j] + v_j^{(i)} \cdot \mathrm{sigmoid}(W_i \cdot v^{(i)} + c_i) \tag{1.50}$$

$$\frac{\partial \log p(\boldsymbol{v})}{\partial c_i} = -\mathbb{E}_v[p(h_i\,|\,v)] + \mathrm{sigmoid}(W_i \cdot v^{(i)}) \tag{1.51}$$

$$\frac{\partial \log p(\boldsymbol{v})}{\partial b_j} = -\mathbb{E}_v[p(h_i\,|\,v)] + v_j^{(i)} \tag{1.52}$$

分析其梯度表达式，其中不易计算的部分在于对可见变量 v 的期望的计算。RBM 通过采样的方法来对梯度进行近似，然后使用近似得到的梯度进行权值更新。为了采样得到可见变量 v，我们可以构建一个马尔可夫链并使其最终收敛到 $p(v)$，即设置马尔可夫链的平稳分布为 $p(v)$。初始随机给定样本，迭代运行足够次数后达到平稳分布，这时可根据转移矩阵从分布 $p(v)$ 连续采样得到样本。我们可使用吉布斯采样方法完成该过程，

由于两部分变量的独立性，当可见变量（或隐藏变量）固定时，隐藏变量（可见变量）的分布分别为 $h^{(n+1)} \sim \mathrm{sigmoid}(W^{\mathrm{T}} v^{(n)} + c)$ 和 $v^{(n+1)} \sim \mathrm{sigmoid}(W h^{(n+1)} + b)$，即先采样得到隐藏变量，再采样得到可见变量，这样，我们便可以使用"随机极大似然估计法"完成生成模型的训练了。

玻尔兹曼机依赖马尔可夫链来训练模型或者使用模型生成样本，但是这种技术现在已经很少使用了，这很可能是因为马尔可夫链近似技术不能被适用于样本维度较大的生成问题。并且，即便马尔可夫链方法可以很好地用于训练，但是使用一个基于马尔可夫链的模型生成样本需要花费很大的计算代价。

受限玻尔兹曼机[8]的核心代码如下所示：

```python
# 受限玻尔兹曼机模型
class RBM(nn.Module):
    def __init__(self, n_vis=784, n_hin=500, k=5):
        super(RBM, self).__init__()
        self.W = nn.Parameter(torch.randn(n_hin, n_vis) * 1e-2)
        self.v_bias = nn.Parameter(torch.zeros(n_vis))
        self.h_bias = nn.Parameter(torch.zeros(n_hin))
        self.k = k

    def sample_from_p(self, p):
        return F.relu(torch.sign(p - Variable(torch.rand(p.size()))))

    def v_to_h(self, v):
        p_h = F.sigmoid(F.linear(v, self.W, self.h_bias))
        sample_h = self.sample_from_p(p_h)
        return p_h, sample_h

    def h_to_v(self, h):
        p_v = F.sigmoid(F.linear(h, self.W.t(), self.v_bias))
        sample_v = self.sample_from_p(p_v)
        return p_v, sample_v

    def forward(self, v):
        pre_h1, h1 = self.v_to_h(v)

        h_ = h1
        for _ in range(self.k):
            pre_v_, v_ = self.h_to_v(h_)
            pre_h_, h_ = self.v_to_h(v_)

        return v, v_

    def free_energy(self, v):
        vbias_term = v.mv(self.v_bias)
        wx_b = F.linear(v, self.W, self.h_bias)
        hidden_term = wx_b.exp().add(1).log().sum(1)
```

```
        return (-hidden_term -vbias_term).mean()

rbm = RBM(k=1)

train_op = optim. SGD(rbm. parameters(),0. 1)

# 训练
for epoch in range(10):
    loss_ = []
    for _, (data, target) in enumerate(train_loader):
        data = Variable(data. view(-1, 784))
        sample_data = data. bernoulli()
        v, v1 = rbm(sample_data)
        loss = rbm. free_energy(v) -rbm. free_energy(v1)
        train_op. zero_grad()
        loss. backward()
        train_op. step()
```

1.2.6　隐式生成模型

隐式生成模型通常也是使用隐变量 z 来辅助构建的，即首先在一个固定的概率分布 $p_z(z)$（例如高斯分布、均匀分布等）中采样获得噪声 z，然后利用神经网络将其映射为样本 x。这类想法与流模型、VAE 是一致的，但是不同之处在于流模型之类的训练方法为极大似然法，需要对概率密度函数 $p(x)$ 或者似然函数 $\log p(x)$ 进行某种处理。隐式生成模型的核心目的同样是使 $p_g(x)$ 接近 $p_{data}(x)$，它并没有显式对概率密度函数或似然函数进行建模或近似，但依旧可以通过训练数据与 $p_{data}(x)$ 间接交互，典型代表有 GSN[9]（生成随机网络）和 GAN[10]。在隐式生成模型中，我们无法获得 $p(x)$ 的（近似）表达式，表达式是隐藏在神经网络中的，模型只能生成样本。

实践表明，即使模型具有非常高的似然函数值但它仍旧可能生成质量不高的样本。一个极端的例子是模型只记住了训练集中的样本，显式生成模型不会总那么可靠。避开似然函数而获得生成模型的另一条路线是使用两组样本检验(two sample test)。例如，生成模型可以生成大量样本 S_1，训练数据集存在大量样本 S_2，我们可以检查 S_1 和 S_2 是否来自同一概率分布，然后不断优化生成模型使得两组样本能够检验通过。与上述想法类似，实际上的隐式生成模型是先计算比较 $p_g(x)$ 和 $p_{data}(x)$ 的某种差异，然后使得两者的差异尽可能最小。在选择这种比较差异时，可以分为基于密度比 $p(x)/q(x)$ 和密度差 $p(x)-q(x)$ 两类方法。前一类可进一步分为概率类别估计（标准 GAN）、散度最小化(fGAN)和比例匹配(b-GAN)等 3 种方法；第二类方法主要以 IPM 类方法为代表，包括 WGAN、MMDGAN 等模型。不同的比较差异方法则对应不同的损失函数，例如 MMD、JS 散度、最优传输距离等。需要说明的是，当选择 KL 散度时，则得到了之前的极大似然法的优化目标 $\mathbb{E}_x[\log p_\theta(x)]$。对于该优化目标的计算，显式生成模型的做法是对其做分解、近似等计算上的处理，而隐式生成模型则通过两类样本和神经网络直接拟合距离的数值。

以 GAN 为例，由于不存在显式的概率密度函数 $p_g(x)$，故 GAN 无法直接写出似然函数而使用极大似然法。它直接使用生成器从噪声中采样并直接输出样本，然后借助判别器学习 $p_{\text{data}}(x)$ 和 $p_g(x)$ 的距离，再训练生成器使上述距离最小。可以看出，GAN 是通过控制生成器来间接控制 $p_g(x)$ 的。相比完全可见置信网络，GAN 可以并行产生样本，效率更高；玻尔兹曼机因为需要使用马尔可夫链进行近似，故对概率分布有一定的要求。同样地，流模型也要求变换函数 $x = g(z)$ 可逆，噪声与样本维度相同，虽然雅可比矩阵的行列式容易求解，但 GAN 使用生成器作为生成函数则没有可逆和维度上的限制，也没有概率分布的限制；此外，GAN 不需要马尔可夫链的参与，不需要花很多精力产生一个样本，相比于玻尔兹曼机和生成随机网络效率较高；GAN 相比于变分自编码器，也不需要对似然函数的变分下界进行处理。总体来看，GAN 是一个非常简洁、高效的模型，但不足之处在于难以训练，理论上全局纳什均衡几乎不可能达到，并且容易模式崩溃，产生样本的多样性较差。

参考文献

［1］ OORD A, DIELEMAN S, ZEN H, et al. Wavenet: A generative model for raw audio [J]. arXiv preprint arXiv: 1609. 03499, 2016.

［2］ OORD A, KALCHBRENNER N, KAVUKCUOGLU K. Pixel Recurrent Neural Networks [J]. arXiv preprint arXiv: 1601. 06759, 2016.

［3］ OORD A, KALCHBRENNER N, VINYALS O, et al. Conditional image generation with pixelcnn decoders [J]. arXiv preprint arXiv: 1606. 05328, 2016.

［4］ DINH L, KRUEGER D, BENGIO Y. Nice: Non-linear independent components estimation [J]. arXiv preprint arXiv: 1410. 8516, 2014.

［5］ DINH L, SOHL-DICKSTEIN J, BENGIO S. Density estimation using real nvp [J]. arXiv preprint arXiv: 1605. 08803, 2016.

［6］ KINGMA D P, DHARIWAL P. Glow: Generative flow with invertible 1x1 convolutions [J]. arXiv preprint arXiv: 1807. 03039, 2018.

［7］ KINGMA D P, WELLING M. Auto-encoding variational bayes [J]. arXiv preprint arXiv: 1312. 6114, 2013.

［8］ SMOLENSKY P. Information processing in dynamical systems: Foundations of harmony theory [R]. Colorado Univ at Boulder Dept of Computer Science, 1986.

［9］ BENGIO Y, LAUFER E, ALAIN G, et al. Deep generative stochastic networks trainable by back-prop [C]//International Conference on Machine Learning. PMLR, 2014: 226-234.

［10］ GOODFELLOW I J, POUGET-ABADIE J, MIRZA M, et al. Generative Adversarial Networks [J]. arXiv preprint arXiv: 1406. 2661, 2014.

第 2 章

目标函数优化

第 2 章主要对 GAN 的目标函数进行介绍。2.1 节首先对标准 GAN 进行了详细介绍，包括其基本思想、数学原理和算法流程等内容。接下来 2.2 节和 2.3 节介绍了基于 f 散度的两种不同的目标函数，分别为 LSGAN 和以能量模型为基础的 EBGAN，2.4 节对基于任意 f 散度的 fGAN 进行了推导和总结。在另一大类基于 IPM 的目标函数中，我们首先在 2.5 节对 Wasserstein 距离以及 WassersteinGAN 的目标函数推导做了非常详细的讲解，然后在 2.6 节讲解了一种和 WGAN 殊途同归的 Loss-sensitive GAN，并在 2.7 节介绍了一种通过正则项处理 Lipschitz 限制的方法 WGAN-GP。在 2.8 节，我们对 IPM 进行了总结，并对以此为基础而构建的 McGAN、MMDGAN 等进行展示。最后在 2.9 节，我们对其他种类的目标函数进行了讲解，包括重构损失函数、相对损失函数等。

关于 GAN 的目标函数，内容浩如烟海，由于篇幅和作者水平限制，本章只选取一些具有代表性的内容做介绍，希望读者能对 GAN 的原理和目标函数的功能、本质有更深刻的认识。

2.1 GAN

GAN（生成对抗网络）是一种深度生成模型，由 Goodfellow 于 2014 年首次提出，现已发展成时下最火热的模型之一。其设计灵感来自博弈论，一般由生成器 G（Generator）和判别器 D（Discriminator）两个神经网络构成，如图 2-1 所示，通过对抗方式进行训练，最后得到一个性能优异的样本生成器。

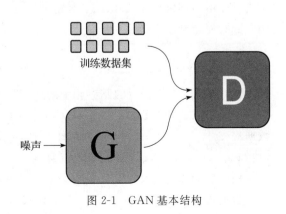

图 2-1　GAN 基本结构

2.1.1 GAN 概述

我们先从博弈论的角度来通俗描述 GAN 的基本原理。生成器的功能是随机产生一些样本，而判别器的功能是判断给定的输入样本的真伪，即断定判别器的输入样本是否来源于训练数据集。例如，有一个关于苹果图像的训练数据集，假设此时生成器生成了一张香蕉的图像，但香蕉图像不太可能来源于苹果数据集，故训练成功的判别器应当判定出香蕉图像是伪造的。在训练过程中，生成器和判别器进行博弈，其中生成器不断提高生成能力，使其产生的样本越来越"像"训练数据集中的样本，从而可以"骗过"判别器；而判别器不断提高鉴定能力，尽可能区分出输入样本是否来源于训练数据集。

比如，生成器开始生成的是香蕉的图像，因为香蕉和苹果的形状有很大差异，判别器学习到形状差异信息后，便可判定香蕉图像是生成器伪造的，而不是来源于训练数据集；接下来生成器根据判别器的反馈信息来自我改进，生成器必须生成与苹果形状一样的图像，例如改进后的生成器生成的是橘子的图像，这时的判别器仅仅根据形状特征无法分辨橘子和苹果；判别器开始自我改进，从训练数据集的苹果图像和生成器生成的橘子图像中寻找新的分类特征，它可能会选择将颜色添加为新的特征作为分类依据，此时判别器又可以将橘子和苹果鉴定出来了，生成器继续改进。此过程交替进行，直到生成器可以生成与训练数据集一样的苹果的图像。

生成器和判别器的能力在初始时均比较弱，但随着不断地自我学习和博弈，最终进入一个纳什均衡状态，即生成器产生的样本与训练数据集中的样本完全一样；判别器的鉴定能力也达到最佳，只要输入的样本与训练数据集中的样本有任何不同，都可以被检测出来。

在纳什均衡状态，两者已无法做出任何提升，生成器的任何改变都预示着生成能力的下降，判别器的任何改变都预示着判别能力的下降，而且无论生成器（判别器）如何改变，判别器（生成器）也不会做出任何调整，此时博弈训练过程完成。显然，由于生成器生成的样本与训练数据集中的样本完全一样，判别器将无法判定生成器产生的样本的真伪，此时便得到了一个完美生成器。

2.1.2 GAN 模型

在对 GAN 有了一定的基本印象后，我们再用数学完整描述 GAN 的工作原理。

假设生成器和判别器均为最简单的全连接网络，其参数分别表示为 θ 和 ϕ，假设训练数据集 $\{x^{(1)}, x^{(2)}, \cdots, x^{(N)}\}$ 独立同分布采样于概率分布 $p_{\text{data}}(x)$，生成器生成的样本集 $\{x_G^{(1)}, x_G^{(2)}, \cdots, x_G^{(N)}\}$ 满足的概率分布为 $p_g(x)$。

判别器的输入为样本 x，输出为 0 至 1 之间的概率值 $p = D(x)$，表示样本 x 来源于训练数据集分布 p_{data} 的概率，$1-p$ 表示样本 x 来源于生成样本分布 p_g 的概率。$D(x) =$

1 表示样本 x 完全来源于训练数据集，而 $D(x)=0$ 表示样本 x 完全不来源于训练数据集，即完全来源于生成样本分布。注意，实际中的判别器的输出是一个"软"结果，而非之前所述的非真即假的"硬"分类结果，判别器最后一层的激活函数大多使用 sigmoid 函数。

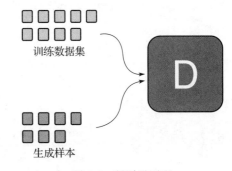

图 2-2　判别器原理

在训练判别器时，我们面对的是一个监督学习的二分类问题：对于训练数据集中的样本，判别器应输出 1；而对于生成器生成的样本，判别器应输出 0，如图 2-2 所示。使用二分类交叉熵作为损失函数可得判别器的目标函数为：

$$\max_{\boldsymbol{\theta}} \mathbb{E}_{x \sim p_{\text{data}}}\big[\log D(x)\big] + \mathbb{E}_{z \sim p_z}\big[\log(1-D(G(z)))\big] \tag{2.1}$$

在实际训练时，两类样本训练数据为 $\{(x^{(1)},1),(x^{(2)},1),\cdots,(x^{(N)},1),(G(z^{(1)}),0),(G(z^{(2)})),0),\cdots(G(z^{(N)}),0)\}$，则目标函数为：

$$\max_{\boldsymbol{\theta}} \frac{1}{N}\sum_{i=1}^{N}\big[\log D(x^{(i)}) + \log(1-D(G(z^{(i)})))\big] \tag{2.2}$$

在训练生成器时，训练数据为 $\{z^{(1)},z^{(2)},\cdots,z^{(N)}\}$，如图 2-3 所示。

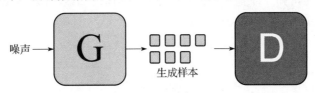

噪声

生成样本

图 2-3　生成器原理

对于生成器，其目标函数为：

$$\max_{\phi} \mathbb{E}_{x \sim p_{\text{data}}}\big[\log D(x)\big] + \mathbb{E}_{z \sim p_z}\big[\log(1-D(G(z)))\big] \tag{2.3}$$

而第一项相对于生成器而言为常数，故可简化为：

$$\max_{\phi} \mathbb{E}_{z \sim p_z}\log(1-D(G(z))) \tag{2.4}$$

实际使用样本训练时，目标函数为：

$$\min_{\phi} \frac{1}{N}\sum_{i=1}^{N}\log(1-D(G(z^{(i)}))) \tag{2.5}$$

GAN 采用交替训练判别器和生成器的方式进行训练，通常先训练 k 次判别器，再训练 1 次生成器，直至目标函数收敛。整个算法流程如下所示。

GAN 训练算法

for 训练次数 do

　for 判别器训练次数

从 $p_z(z)$ 中采样得到 $\{z^{(1)}, z^{(2)}, \cdots, z^{(N)}\}$

从 $p_{\text{data}}(x)$ 中采样得到 $\{x^{(1)}, x^{(2)}, \cdots, x^{(N)}\}$

根据目标函数 $\max\limits_{\theta} \dfrac{1}{N} \sum\limits_{i=1}^{N} \left[\log D(x^{(i)}) + \log(1 - D(G(z^{(i)}))) \right]$ 训练判别器

end for

从 $p_z(z)$ 中采样得到 $\{z^{(1)}, z^{(2)}, \cdots, z^{(N)}\}$

根据目标函数为 $\min\limits_{\phi} \dfrac{1}{N} \sum\limits_{i=1}^{N} \log(1 - D(G(z^{(i)})))$ 训练生成器

end for

实际上，在训练早期，生成器的生成能力一般比较差，而判别器的判别能力往往比较强，即 $D(G(z))$ 的值普遍很小，导致生成器的梯度比较小，如图 2-4 中下面的曲线所示，故有时生成器会使用能在初始时提供较大梯度的目标函数：

$$\max_{\phi} \mathbb{E}_{z \sim p_z} - \log D(G(z)) \tag{2.6}$$

我们称之为非饱和形式（上文使用的生成器损失函数称为饱和形式）。根据图 2-4 在两条曲线上的样本对比可知，非饱和形式目标函数（上面的曲线）在早期能提供更多的梯度。实际使用样本训练时，目标函数为：

$$\min_{\phi} \frac{1}{N} \sum_{i=1}^{N} - \log D(G(z^{(i)})) \tag{2.7}$$

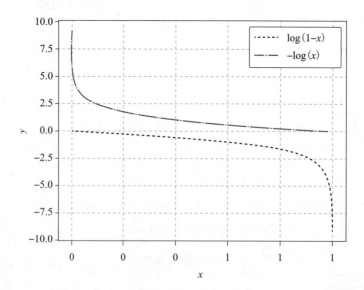

图 2-4　饱和形式与非饱和形式函数曲线

2.1.3　GAN 的本质

为了深入探究 GAN 的本质，我们对其进行理论上的分析。首先，在每次迭代的过程中，我们都可以计算出最优判别器 D^*，只需令目标函数的一阶导数为 0，可得

$$D^*(x) = \frac{p_{\text{data}}(x)}{p_{\text{data}}(x) + p_{\text{g}}(x)} \tag{2.8}$$

具体证明过程如下所示。

首先，我们对目标函数中的项进行变换：

$$p_{\text{g}}(G(z))\mathrm{d}x = p_z(z)\mathrm{d}z \tag{2.9}$$

则判别器的目标函数变为：

$$\max_{\theta} \mathbb{E}_{x \sim p_{\text{data}}}[\log D(x)] + \mathbb{E}_{x \sim p_{\text{g}}}[\log(1 - D(x))] \tag{2.10}$$

使其一阶导数为 0，则

$$
\begin{aligned}
& \frac{\partial \mathbb{E}_{x \sim p_{\text{data}}}[\log D(x)] + \mathbb{E}_{x \sim p_{\text{g}}}[\log(1 - D(x))]}{\partial \theta} = 0 \\
\Leftrightarrow{} & \frac{\partial \left\{ \int_x p_{\text{data}}(x)[\log D(x)]\mathrm{d}x + \int_x p_{\text{g}}(x)[\log(1 - D(x))]\mathrm{d}x \right\}}{\partial \theta} = 0 \\
\Leftrightarrow{} & \frac{\partial \left\{ \int_x p_{\text{data}}(x)[\log D(x)] + p_{\text{g}}(x)[\log(1 - D(x))]\mathrm{d}x \right\}}{\partial \theta} = 0 \\
\Leftrightarrow{} & \int_x \frac{\partial \{ p_{\text{data}}(x)[\log D(x)] + p_{\text{g}}(x)[\log(1 - D(x))]\mathrm{d}x \}}{\partial \theta} = 0 \\
\Leftrightarrow{} & \int_x \frac{\partial \{ p_{\text{data}}(x)[\log D(x)] + p_{\text{g}}(x)[\log(1 - D(x))]\mathrm{d}x \}}{\partial D} \frac{\partial D}{\partial \theta} = 0 \\
\Leftrightarrow{} & \frac{\partial \{ p_{\text{data}}(\boldsymbol{x})[\log D(x)] + p_{\text{g}}(x)[\log(1 - D(x))]\mathrm{d}x \}}{\partial D} = 0 \\
\Leftrightarrow{} & D^*(x) = \frac{p_{\text{data}}(x)}{p_{\text{data}}(x) + p_{\text{g}}(x)}
\end{aligned}
\tag{2.11}
$$

当判别器达到最优时，生成器的目标函数为：

$$\min_{\phi} \mathbb{E}_{x \sim p_{\text{data}}}[\log D(x)] + \mathbb{E}_{z \sim p_z}[\log(1 - D(G(z)))] \tag{2.12}$$

可改写为：

$$\min_{\phi} 2D_{\text{JS}}(p_{\text{data}}(x) \| p_{\text{g}}(x)) - \log 4 \tag{2.13}$$

具体的计算步骤为：

$$
\begin{aligned}
& \min_{\phi} \mathbb{E}_{x \sim p_{\text{data}}}[\log D^*(x)] + \mathbb{E}_{z \sim p_z}[\log(1 - D^*(G(z)))] \\
= {} & \min_{\phi} \mathbb{E}_{x \sim p_{\text{data}}}[\log D^*(x)] + \mathbb{E}_{x \sim p_{\text{g}}}[\log(1 - D^*(x))]
\end{aligned}
$$

$$= \min_{\phi} \mathbb{E}_{x \sim p_{\text{data}}} \left[\log \frac{p_{\text{data}}(x)}{\frac{p_{\text{data}}(x) + p_{\text{g}}(x)}{2}} \right] + \mathbb{E}_{x \sim p_{\text{g}}} \left[\log \frac{p_{\text{g}}(x)}{\frac{p_{\text{data}}(x) + p_{\text{g}}(x)}{2}} \right] - \log 4 \quad (2.14)$$

$$= \min_{\phi} D_{\text{KL}} \left(p_{\text{data}}(x) \middle\| \frac{p_{\text{data}}(x) + p_{\text{g}}(x)}{2} \right) + D_{\text{KL}} \left(p_{\text{g}}(x) \middle\| \frac{p_{\text{data}}(x) + p_{\text{g}}(x)}{2} \right) - \log 4$$

$$= \min_{\phi} 2 D_{\text{JS}} (p_{\text{data}}(x) \| p_{\text{g}}(x)) - \log 4$$

JS 散度是一种度量两个概率分布之间的差异的常用方式。为了加深理解，我们对 JS 散度稍作解释。我们非常熟悉这样一件事：在一个二维平面上，每个点便是一个元素，点与点之间的距离即欧氏距离，可通过勾股定理计算，如 (3, 0) 与 (1, 0) 的距离肯定要比 (0, 1) 与 (1, 0) 的距离大。其实元素是一个抽象的概念，平面上的点可视为元素，矩阵、多项式、函数也均可视为元素，类似刚才的例子，若将每一个概率分布 $p(x)$ 也视为一个元素（如图 2-5 所示），则概率分布之间的距离可使用 JS 散度计算，有

$$\text{JS}(p_1(x) \| p_2(x)) = \frac{1}{2} \int p_1(x) \log \frac{2 p_1(x)}{p_1(x) + p_2(x)} \, \mathrm{d}x + \frac{1}{2} \int p_2(x) \log \frac{2 p_2(x)}{p_1(x) + p_2(x)} \, \mathrm{d}x$$

$$(2.15)$$

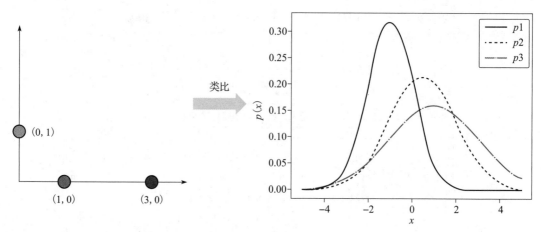

图 2-5　JS 散度解释

相应地，JS 散度越小，表示两个概率分布越相似；JS 散度越大，表示两个概率分布差异越多；两个分布完全相同时，JS 散度为 0。对于图 2-5 中的例子，计算可知 JS($p_1(x)$ $\|$ $p_2(x)$)>JS($p_2(x)$ $\|$ $p_3(x)$)。

可以看出，GAN 本质上是先通过训练判别器得到 p_{data} 和 p_{g} 的 JS 散度，然后训练生成器使 JS 散度达到最小，当 JS 散度为 0 时，生成器达到全局最优，即 $p_{\text{data}} = p_{\text{g}}$。理论上也可以证明，当生成器和判别器具有足够的容量，并且在给定生成器时，如果判别器能够达到最优解，则 GAN 可以实现全局最优，当然这在实践中几乎是不可能的。

另外，对于生成器的非饱和形式目标函数，同样在最优判别器 D^* 的条件下，目标函

数变为：

$$\min_{\phi} D_{\mathrm{KL}}(p_{\mathrm{g}}(x) \| p_{\mathrm{data}}(x)) - 2D_{\mathrm{JS}}(p_{\mathrm{data}}(x) \| p_{\mathrm{g}}(x)) \qquad (2.16)$$

具体的计算步骤：

$$\begin{aligned}
&\min_{\phi} -\mathbb{E}_{z \sim p_z} \log[D^*(G(z))] \\
&= \min_{\phi} -\mathbb{E}_{x \sim p_{\mathrm{g}}} \log[D^*(x)] \\
&= \min_{\phi} -\mathbb{E}_{x \sim p_{\mathrm{g}}} \log\left[\frac{p_{\mathrm{g}}(x)}{p_{\mathrm{data}}(x) + p_{\mathrm{g}}(x)}\right] + \mathbb{E}_{x \sim p_{\mathrm{g}}} \log \frac{p_{\mathrm{g}}(x)}{p_{\mathrm{data}}(x)} \\
&= \min_{\phi} -\mathbb{E}_{x \sim p_{\mathrm{g}}} \log\left[\frac{p_{\mathrm{g}}(x)}{p_{\mathrm{data}}(x) + p_{\mathrm{g}}(x)}\right] + D_{\mathrm{KL}}(p_{\mathrm{g}}(x) \| p_{\mathrm{data}}(x)) - \\
&\quad 2D_{\mathrm{JS}}(p_{\mathrm{data}}(x) \| p_{\mathrm{g}}(x)) + \log 4 \\
&= \min_{\phi} -\mathbb{E}_{x \sim p_{\mathrm{g}}} \log[D^*(x)] + D_{\mathrm{KL}}(p_{\mathrm{g}}(x) \| p_{\mathrm{data}}(x)) - 2D_{\mathrm{JS}}(p_{\mathrm{data}}(x) \| p_{\mathrm{g}}(x)) \\
&\Leftrightarrow \min_{\phi} D_{\mathrm{KL}}(p_{\mathrm{g}}(x) \| p_{\mathrm{data}}(x)) - 2D_{\mathrm{JS}}(p_{\mathrm{data}}(x) \| p_{\mathrm{g}}(x))
\end{aligned} \qquad (2.17)$$

可以看出这里存在理论上的矛盾，即非饱和形式的生成器在最小化 KL 散度的同时也在最大化 JS 散度，这是两个方向相反的优化方向，但从实际效果上看，它确实在一定程度上避免了训练梯度饱和的问题。

2.2　LSGAN

GAN 的训练过程中经常出现生成器的梯度消失问题。一般而言，在深度学习中，我们需要根据损失函数计算的误差通过反向传播的方式，指导深度网络参数的更新优化。例如，对于一个含有多个隐藏层的简单神经网络来说，当梯度消失发生时，接近于输出层的隐藏层由于其梯度相对正常，所以权值更新时也就相对正常。但是当靠近输入层时，由于梯度消失现象会导致靠近输入层的隐藏层权值更新缓慢或者更新停滞，从而导致在训练该网络时，学习效果只等价于对后面几层浅层网络的权重更新。

GAN 中的梯度消失问题与上述梯度消失问题有一点区别。因为 GAN 中包括生成器 G 和判别器 D 两个神经网络，它采用生成器 G 和判别器 D 交替训练的方式，当固定判别器 D 的参数而训练生成器 G 时，生成器 G 的参数的梯度几乎为 0，即判别器 D 没有向生成器提供任何改进信息，导致生成器 G 无法成长，训练过程停滞。这便是 GAN 中的梯度消失问题。综上，一般的梯度消失问题讨论的是靠近输入层的浅层网络无法获得梯度信息(图 2-6 中的多层全连接网络的框内部分产生梯度消失)，而在 GAN 中多指判别器无法向生成器提供梯度信息(图 2-7 的生成器产生梯度消失，即虚线部分)。

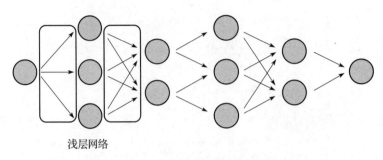

浅层网络

图 2-6　深度网络的梯度消失

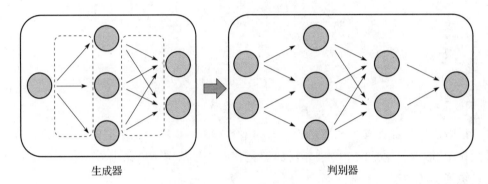

生成器　　　　　　　　　　　　　　　判别器

图 2-7　GAN 的梯度消失

为什么生成器 G 会产生梯度消失的现象？LSGAN 认为：这是因为我们没有对那些分类正确却远离真实分布 p_{data} 的样本施加任何惩罚措施。下面从两个角度来描述这个观点[1]。

如图 2-8 所示，当固定判别器时，决策面 $D(x)=0.5$ 是固定的，简单起见，我们使用直线表示决策面。对于决策面左上方的样本，$D(x)$ 小于 0.5，而对于决策面右下方的

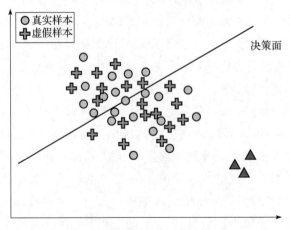

图 2-8　判别器固定时样本分布

样本，$D(x)$ 大于 0.5，并且距离决策面越远，$D(x)$ 的数值与 0.5 的偏差越大。故对于当前的判别器，如果样本越在左上方，$D(x)$ 的数值越靠近 0，则认为该样本来源于训练数据集的概率越低；如果样本越往右下方，$D(x)$ 的数值越靠近 1，则认为该样本来源于训练数据集的概率越高。这时，考虑右下角的三角样本，这几个由生成器生成的样本距离决策面很远，故判别器对其具有很高的置信程度，但同时这几个样本也明显与训练数据集有很大的距离。当我们使用三角样本训练生成器时，这些样本可以成功欺骗判别器，导致判别器不会向生成器传达任何改进信息，这便产生了梯度消失，此时 p_g 和 p_{data} 还有较大的差距。

另外，我们也可以从目标函数的角度来描述这个问题。在标准形式的 GAN 中，判别器 D 的最后一层使用的是 sigmoid 激活函数：

$$f(y) = \frac{1}{1+e^{-y}} \tag{2.18}$$

如图 2-9 所示，这里我们需要将判别器 D 的最后一个神经元的线性运算和激活函数运算进行拆分，对于输入的样本 x，在经过前面多层的神经网络的运算到达最后一层（最后一层只有一个神经元）并经过该神经元线性运算后得到特征 y，再通过激活函数 sigmoid 运算得到 $\sigma(y)$。同时，标准形式 GAN 中生成器的目标函数为：

$$\min_{G_\theta} \mathbb{E}_{z \sim p_z} -\log D(G(z)) \tag{2.19}$$

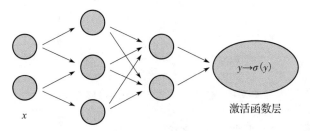

图 2-9　判别器的内部结构

对任意特征 y，其函数曲线为：

$$-\log \frac{1}{1+e^{-y}} \tag{2.20}$$

当 $\sigma(y)$ 数值很大时，表示判别器认为输入样本有很大概率来源于训练数据集。如图 2-10 中三角样本所示，使用这些样本训练生成器时，目标函数进入数值平缓区，产生的梯度非常小，故容易造成梯度消失，也就是说生成器生成了对判别器而言置信度很高的样本，无论该样本是否"真正"符合训练集的概率分布，均不会传递给生成器梯度供其进化。

另外，若使用生成器的另一个目标函数：

$$\min_{G_\theta} \mathbb{E}_{z \sim p_z} \log(1-D(G(z))) \tag{2.21}$$

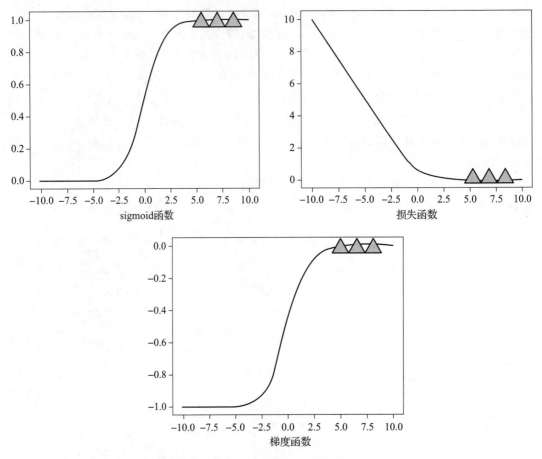

图 2-10   使用三角样本训练及对应的梯度

同上，对任意样本，其曲线为：

$$\log\left(1-\frac{1}{1+e^{-y}}\right) \tag{2.22}$$

当 $\sigma(y)$ 数值很小时，表示判别器认为输入样本有很小概率来源于训练数据集。如图 2-11 中菱形样本所示，使用这些样本训练生成器时，目标函数进入也会数值平缓区，产生的梯度非常小，故容易造成梯度消失，也就是说即使生成器产生了低置信度的样本，判别器也不会提供梯度从而"驱动"生成器不再产生这些劣质的样本。

至此我们可以发现，梯度消失的问题限制了生成器的自我进化，阻止了判别器和生成器实现最优解。为了解决这个问题，LSGAN 提出一种新的损失函数：最小二乘损失函数，该损失函数可以惩罚生成器生成的远离决策面的样本，即可将样本拉近决策面，从而避免梯度消失问题。

在 LSGAN 中，对判别器 D，训练数据集的样本的标签为 b，生成器生成样本的标签

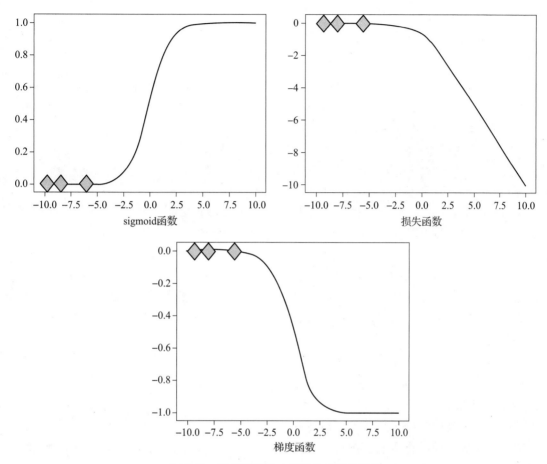

图 2-11　使用菱形样本训练及对应的梯度

为 a，其目标函数为：

$$\min_{\theta} \frac{1}{2}\mathbb{E}_{x \sim p_{\text{data}}}\left[(D(x)-b)^2\right]+\mathbb{E}_{z \sim p_z}\left[(D(G(z))-a)^2\right] \qquad (2.23)$$

对生成器 G，其目标函数为：

$$\min_{\phi} \frac{1}{2}\mathbb{E}_{z \sim p_z}\left[(D(G(z))-c)^2\right] \qquad (2.24)$$

其中，c 表示生成器希望判别器相信的数值。通常，我们有两种方案对 a，b，c 赋值。第一种方案，令 $b=c=1$，且 $a=0$，即使用 $0-1$ 编码方案，使生成器产生的样本尽量真实。第二种方案，令 $a=-1$，$b=1$，$c=0$。可以证明，当 $b-c=1$ 且 $b-a=2$ 时，生成器优化的是 $p_{\text{data}}+p_{\text{g}}$ 和 $2p_{\text{g}}$ 之间的皮尔逊卡方散度（属于 f 散度的一种）。实践中，LSGAN 的激活函数通常选择 ReLU 函数和 LeakyReLU 函数，且这两种方案展现了相似的性能。

2.3 EBGAN

Yann LeCun 于 2006 年首次在机器学习中引入能量模型。所谓能量模型本质上就是一个能量函数 $U(x)$，该函数将样本空间里的每一个样本相应地对应于一个能量标量值，该能量值与样本的概率密度函数 $p(x)$ 有关，具体为：

$$p(x) = \frac{e^{-U(x)}}{Z} \tag{2.25}$$

其中，Z 为归一化常数。我们都知道在物理学中，低能量的物质趋于稳定，而高能量的物质趋于不稳定，电子会自发从高能量状态跃迁到低能量状态。受此启发，例如在有监督学习中，对于训练集中的样本 x，若 (x,y) 的标签 y 是正确的，则赋予 (x,y) 较低的能量，若标签 y 是错误的，则赋予 (x,y) 较高的能量，故能量模型的学习任务是要学得一个"好"的能量函数 $U(x)$。类似地，在无监督学习中，应当在训练数据 p_{data} 的流形上放置低能量，其他位置放置较高的能量，如图 2-12 所示。

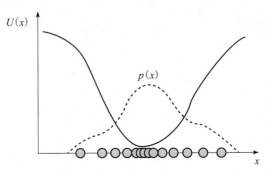

图 2-12　能量函数示意图

EBGAN 便是一种将能量模型应用到 GAN 上的成功尝试，我们先通俗描述如何将能量模型应用在生成模型上[2]。首先，制造一个能量场 $U(x)$，$U(x)$ 在高概率密度的区域放置低能量值，在其他区域放置高能量值，假设如图 2-13a 所示，然后依据能量场 $U(x)$ 调整生成器，使其生成的样本能量减小，如图 2-13b 所示。

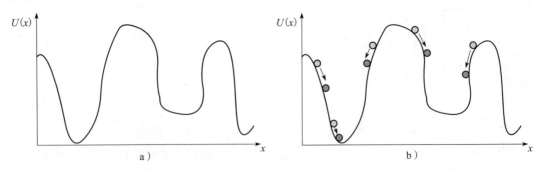

a)   b)

图 2-13　EBGAN 原理示意图

在 EBGAN 中，判别器扮演了能量函数 $U(x)$ 的角色，对于每一个输入样本，判别器为其赋予能量值 $D(x)$，生成器的功能依然是随机地生成样本。在迭代训练过程中，我们希望判别器能对来自训练数据集的样本尽量赋予低能量（最低能量为 0），而对来自生成器的样本尽量赋予高能量。需要说明，若不对判别器赋予的最高能量进行数值限制，则会减缓收敛速度。为了避免对生成器的生成样本赋予无穷大的能量，设定能量上限为 m，即判别器目标函数为：

$$\min_D \mathbb{E}_{x\sim p_{\text{data}}}\big[D(x)\big]+\mathbb{E}_{z\sim p_z}\big[m-D(G(z))\big]^+ \tag{2.26}$$

其中，$[\cdot]^+=\max(0,\cdot)$。所以判别器其实是在"塑造"能量函数 $U(\boldsymbol{x})$。自然地，生成器的训练目标是生成的样本能量值尽量小，即目标函数为：

$$\min_G \mathbb{E}_{z\sim p_z}\big[D(G(z))\big] \tag{2.27}$$

在 EBGAN 中，判别器不是一个简单全连接网络或者卷积网络，而是由一个编码器和一个解码器构成的自编码器，再加一个 MSE 误差计算层，如图 2-14 所示。

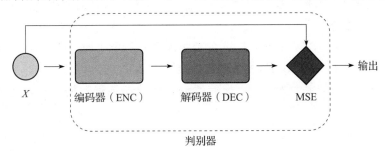

图 2-14　EBGAN 判别器示意图

对于输入样本 x，先经过一个编码器（ENC）得到样本的编码表示 ENC(x)，然后将编码表示送入解码器（DEC）得到样本 x 的重构 DEC(ENC(x))，计算重构误差（EBGAN 选择均方误差），并将该误差作为样本的能量数值，即

$$D(x)=\|x-\text{DEC}(\text{ENC}(x))\|^2 \tag{2.28}$$

其实 EBGAN 与正则自编码器有非常紧密的联系。先抛开 EBGAN，仅对于一个自编码器，要避免其成为一个简单的恒等映射，即对于任意样本 x，均有 DEC(ENC(x))=x，也就是说自编码器并没有学得样本的隐变量表示或者提取到样本的特征，而只能完全复制样本。为此，通常我们需要向自编码器添加一些约束正则项，使它只能近似地复制，并只能复制与训练数据相似的输入而不是全部的输入。这些约束强制自编码器决定输入数据的哪些部分被优先复制。在 EBGAN 中，生成器充当了自编码器的正则项这一角色，因为自编码器被非常明确地指示：尽量复制训练数据集的样本，尽量不复制生成器的样本。同时，使用一个可训练的生成器神经网络作为正则项要比手动设置的正则项具有更大的灵活性。

进一步，对于判别器的自编码器模型，为了防止它产生的样本仅仅簇集在 p_{data} 的一个或者几个模式中，EBGAN 对编码器添加了 PT 项（Pulling-away Term），即对于同一批里的样本，我们希望它们经过编码器后可以得到彼此不同的编码。该项使用余弦相似度来量化，即：

$$f_{\text{PT}}(S) = \frac{1}{N(N-1)} \sum_i \sum_{i \neq j} \left(\frac{S_i^{\text{T}} S_j}{\|S_i\| \|S_j\|} \right)^2 \tag{2.29}$$

其中，S 表示样本的编码结果。我们将使用了 PT 正则项的 EBGAN 称为 EBGAN-PT。

最后，在训练 EBGAN 时，可以参考以下 4 条提示内容。

1）判别器的目标函数包括两项，第一项针对训练数据集的样本，第二项针对生成器产生的样本，且第二项的值域被限制为 $[0, m]$。当然我们也希望第一项值域为 $[0, m]$，但它并未被 $[\cdot]^+$ 函数限制，可能超出 m。理论上第一项的值域上界取决于神经网络的容量和数据集的复杂性。

2）实际在训练 EBGAN 时，可以先单独在训练数据集上训练判别器（自编码器模型），当判别器的损失函数收敛时，损失函数的值大概说明了自编码器模型对数据集的拟合程度，这时再开始寻找超参数 m。

3）超参数 m 的选择需要谨慎，若 m 的值过大则容易造成训练的困难和不稳定，若 m 的值过小则容易造成最终生成的样本失真、模糊。

4）可以在训练开始时选择一个比较大的 m，随着训练过程的进行，逐渐减小 m 的值，并最终衰减为 0。

2.4　f GAN

GAN 实质上是先学习训练数据集 p_{data} 和生成数据集 p_{g} 两个概率分布之间的距离的度量——JS 散度，再训练生成器使距离度量达到最小，最终实现 $p_{\text{data}} = p_{\text{g}}$。GAN 不仅可以选择使用 JS 散度作为两个概率分布之间的距离的度量，也可以使用 KL 散度、总变分距离、Wasserstein 距离等作为度量，只要其能合理度量分布的距离即可。其中，一部分距离度量均被包含在 f 散度的框架中。

在 f GAN 中[3]，定义 f 散度（f-divergence）表达式为：

$$D_f(p_{\text{data}} \| p_{\text{g}}) = \int_x p_{\text{g}}(x) f \left(\frac{p_{\text{data}}(x)}{p_{\text{g}}(x)} \right) \mathrm{d}x \tag{2.30}$$

在此框架下，我们可以选择不同的 $f(x)$ 得到相应的不同度量，其中要求 $f(x)$ 为从正实数到实数的映射，$f(1) = 0$，且 $f(x)$ 为凸函数，当两个分布完全重合时，f 散度的数值达到最小值，即 0。例如要得到 JS 散度，则使

$$f(u) = -(u+1) \log \frac{1+u}{2} + u \log u \tag{2.31}$$

即可，其中，$u = p_{\text{data}}(x) / p_{\text{g}}(x)$。其他度量与 $f(u)$ 的对应关系如表 2-1 所示。由于不知道训练数据集 p_{data} 和生成数据集 p_{g} 的表达式（或近似表达式），所以无法直接计算 f 散度。可以根据训练数据集 $\{x^{(1)}, x^{(2)}, \cdots, x^{(N)}\}$ 和生成器生成的样本集 $\{x_G^{(1)}, x_G^{(2)}, \cdots, x_G^{(N)}\}$，

再利用共轭函数，通过训练一个神经网络 $T(x)$ 得到 f 散度估计值。

表 2-1　各种度量及对应的表达式

度量	表达式	$f(u)$
总变分	$\frac{1}{2}\int \mid p_{\text{data}}(x) - p_{\text{g}}(x) \mid \mathrm{d}x$	$\frac{1}{2}\mid u-1 \mid$
KL 散度	$\int p_{\text{data}}(x)\log\left[\frac{p_{\text{data}}(x)}{p_{\text{g}}(x)}\right]\mathrm{d}x$	$u\log u$
逆 KL 散度	$\int p_{\text{g}}(x)\log\left[\frac{p_{\text{g}}(x)}{p_{\text{data}}(x)}\right]\mathrm{d}x$	$-\log u$
Pearson χ^2	$\int \frac{(p_{\text{g}}(x) - p_{\text{data}}(x))^2}{p_{\text{data}}(x)}\mathrm{d}x$	$(u-1)^2$
Neyman χ^2	$\int \frac{(p_{\text{g}}(x) - p_{\text{data}}(x))^2}{p_{\text{g}}(x)}\mathrm{d}x$	$\frac{(u-1)^2}{u}$
Hellinger 距离	$\int (\sqrt{p_{\text{data}}(x)} - \sqrt{p_{\text{g}}(x)})^2\mathrm{d}x$	$(\sqrt{u}-1)^2$
Jeffrey 散度	$\int (p_{\text{data}}(x) - p_{\text{g}}(x))\log\left[\frac{p_{\text{data}}(x)}{p_{\text{g}}(x)}\right]\mathrm{d}x$	$(u-1)\log u$
JS 散度	$\frac{1}{2}\int p_{\text{data}}(x)\log\left[\frac{2p_{\text{data}}(x)}{p_{\text{g}}(x) + p_{\text{data}}(x)}\right]\mathrm{d}x +$ $\frac{1}{2}\int p_{\text{g}}(x)\log\left[\frac{2p_{\text{g}}(x)}{p_{\text{g}}(x) + p_{\text{data}}(x)}\right]\mathrm{d}x$	$-(u+1)\log\frac{1+u}{2} + u\log u$
α 散度	$\frac{1}{\alpha(\alpha-1)}\int p_{\text{data}}(x)\left[\left(\frac{p_{\text{g}}(x)}{p_{\text{data}}(x)}\right)^{\alpha} - 1\right] - \alpha(p_{\text{g}}(x) - p_{\text{data}}(x))\mathrm{d}x$	$\frac{1}{\alpha(\alpha-1)}(u^{\alpha}-1-\alpha(u-1))$

定义函数 $f(u)$ 的共轭函数 $g(t)$ 为：

$$g(t) = \sup_{u \in \text{dom}f} \{ut - f(u)\} \tag{2.32}$$

其中 u 的定义域表示为 $\text{dom}f$，且可证明 $g(t)$ 为凸函数。我们可以得到 f 散度的表达式：

$$\max_{T} \mathbb{E}_{p_{\text{data}}}[T(x)] - \mathbb{E}_{p_{\text{g}}}[g(T(x))] \tag{2.33}$$

其中，$T(x)$ 为任意函数。证明过程如下，根据共轭函数的定义，有：

$$f(u) = \sup_{t \in \text{dom}g} \{tu - g(t)\} \tag{2.34}$$

f 散度的表达式为：

$$
\begin{aligned}
D_f(p_{\text{data}} \| p_{\text{g}}) &= \int_x p_{\text{g}}(x) f\left(\frac{p_{\text{data}}(x)}{p_{\text{g}}(x)}\right)\mathrm{d}x \\
&= \int_x p_{\text{g}}(x)\left\{\sup_{t \in \text{dom}g}\left\{t\frac{p_{\text{data}}(x)}{p_{\text{g}}(x)} - g(t)\right\}\right\}\mathrm{d}x \\
&= \int_x \sup_{t \in \text{dom}g}\{tp_{\text{data}}(x) - g(t)p_{\text{g}}(x)\}\mathrm{d}x
\end{aligned} \tag{2.35}
$$

进一步，根据詹森不等式，可获得其下界：

$$D_f(p_{\text{data}} \| p_g) \geqslant \sup_{T \sim \mathbb{T}} \int_x p_{\text{data}}(x) T(x) \mathrm{d}x - p_g(x) g(T(x)) \mathrm{d}x \tag{2.36}$$

其中，$\mathbb{T}$ 表示函数族，包括所有输入为样本 x 而输出为实数值的函数。对于所有 $T(t) \in \mathbb{T}$，将其代入式(2.36)后得到的值均小于或等于 $D_f(p_{\text{data}} \| p_g)$。理论上，对于任意的 u，存在最优的 T^* 使等号成立，即

$$T^*(x) = f'(u) \tag{2.37}$$

故对于任意 x，也有最优的 $T^*(x)$ 与之对应，两者具有复杂的解析关系。我们使用参数化的神经网络来拟合该关系，这样，我们就把求解 f 散度下界的最大值的过程转换成了神经网络的训练过程，有：

$$\max_T \mathbb{E}_{p_{\text{data}}}\big[T(x)\big] - \mathbb{E}_{p_g}\big[g(T(x))\big] \tag{2.38}$$

另外，根据式(2.37)，我们需要限定神经网络 $T(x)$ 的输出，使其保持在 $f(u)$ 的一阶导数的值域内。

共轭函数 $g(t)$ 的表达式由 $f(u)$ 决定，并且其对 $T(x)$ 的值域有一些限制。例如选择逆 KL 散度作为度量时，$f(u) = -\log u$，可计算得 $g(t) = -1 - \log(-t)$，且 $T(x)$ 的值域被限制为 $(-\infty, 0)$，此时相应设置 $T(x)$ 的激活函数为 $-\mathrm{e}^x$ 即可。选择其他度量的操作与此类似，总结如表 2-2 所示。

表 2-2   各种度量的形式

度量	$f(u)$	$g(t)$	$f'(\mathbb{D})$	激活函数
总变分	$\frac{1}{2}\|u-1\|$	t	$-\frac{1}{2} \leqslant t \leqslant \frac{1}{2}$	$\frac{1}{2}\tanh(x)$
KL 散度	$u\log u$	e^{t-1}	$\mathbb{R}$	x
逆 KL 散度	$-\log u$	$-1-\log(-t)$	$\mathbb{R}_-$	$-\mathrm{e}^x$
Pearson χ^2	$(u-1)^2$	$\frac{1}{4}t^2 + t$	$\mathbb{R}$	x
Neyman χ^2	$\frac{(u-1)^2}{u}$	$2-2\sqrt{1-t}$	$t<1$	$1-\mathrm{e}^x$
Hellinger 距离	$(\sqrt{u}-1)^2$	$\frac{t}{1-t}$	$t<1$	$1-\mathrm{e}^x$
Jeffrey 散度	$(u-1)\log u$	$t-2+W(\mathrm{e}^{1-t})+\dfrac{1}{W(\mathrm{e}^{1-t})}$	$\mathbb{R}$	x
JS 散度	$-(u+1)\log\dfrac{1+u}{2}+u\log u$	$-\log(2-\mathrm{e}^t)$	$t<\log 2$	$-\log(1+\mathrm{e}^{-x})+\log 2$

至此，判别器 $T(x)$（我们仍使用判别器的名称，但其实它已经不再具备直观的分辨真伪的功能，而是一个具有特定激活函数的神经网络）的目标函数为：

$$\max_T \mathbb{E}_{x \sim p_{\text{data}}}\big[T(x)\big] - \mathbb{E}_{z \sim p(z)}\big[g(T(G(z)))\big] \tag{2.39}$$

生成器 $G(z)$ 的训练目标自然是要将学得的 f 散度最小化，故目标函数为：

$$\min_G \mathbb{E}_{x \sim p_{\text{data}}} \big[T(x) \big] - \mathbb{E}_{z \sim p(z)} \big[g(T(G(z))) \big] \tag{2.40}$$

f GAN 与原始 GAN 的原理是一样的，都是先学习分布之间的距离，再以距离为目标函数训练生成器，只是 f GAN 的泛化性更强，可以选择不同的度量从而衍生出不同的 GAN，许多 GAN 其实都与 f GAN 有本质的联系。例如，在某些特定条件下，LSGAN 的生成器目标函数等价于 Pearson χ^2 散度，EBGAN 的生成器目标函数等价于总变分距离。

2.5　WGAN

WGAN 是基于 IPM 的生成模型的典型代表，其使用的 Wasserstein 距离具有更好的数学属性，能够解决标准 GAN 中的梯度消失问题，在实践中也具有非常优异的表现。本节将首先对 Wasserstein 距离进行讲解，并讨论其与 f 散度的性能差异，然后使用对偶方法推导出 WGAN 的目标函数最终形式。

2.5.1　分布度量

前文提到，对于训练数据集 p_{data} 和生成数据集 p_{g} 两个概率分布之间的距离，可以使用 KL 散度、JS 散度、总变分距离等来进行度量。我们自然希望距离数值的大小能准确指示出两个分布的差异大小，当两个分布相距很远、不相似时，距离的数值应当较大，而当两个分布相距很近、比较相似时，距离的数值应当较小。只有通过训练判别器得到准确的距离信息，才能通过不断优化生成器的过程，减少分布间的距离，最后实现 $p_{\text{data}} = p_{\text{g}}$。

但是 KL 散度、JS 散度等度量在某些时候不满足上述要求，无法准确指示两个分布的差距。例如，对于平面内两个一维均匀分布，$P(x, y)$ 为 $(0, 0)$ 到 $(0, 1)$ 之间的均匀分布，$Q(x, y)$ 为 $(\theta, 0)$ 到 $(\theta, 1)$ 之间的均匀分布，如图 2-15 所示。

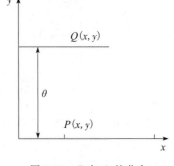

图 2-15　P 与 Q 的分布

计算 JS 散度，有

$$\text{JS}(P \| Q) = \begin{cases} \log 2 & \theta \neq 0 \\ 0 & \theta = 0 \end{cases} \tag{2.41}$$

可以发现，当 θ 不为 0 时，JS 散度的数值永远为 $\log 2$，即无论 $P(x, y)$ 和 $Q(x, y)$ 相距远近，JS 散度均为常数。只有当两个分布完全重合时，JS 散度的数值瞬变为 0。在标准 GAN 中，生成器的学习目标为 $\min \text{JS}(p_{\text{data}} \| p_{\text{g}})$，此时的生成器无法进行有效学习，因为无论如何调整权值，都无法降低 JS 散度值，具体表现为梯度消失。

上述问题出现的根本原因在于 $P(x,y)$ 和 $Q(x,y)$ 不存在交叉部分。若 $P(x,y)$ 和 $Q(x,y)$ 存在长度为 θ 的交叉部分，如图 2-16 所示，则计算 JS 散度，有 $JS(P\|Q)=(1-\theta)\log 2$，JS 散度为 θ 的函数，此时可以很好地作为生成器的目标函数来进行指导学习。遗憾的是，上述糟糕的情况在 GAN 中广泛发生着。根据流形分布定律，自然界中同一类别的高维数据往往集中在某个低维流形附近，即 p_{data} 和 p_{g} 的支撑集只是高维空间的低维流形，两者的交叉部分几乎不存在，所以均会面临生成器"学不动"的问题。为了快速在直觉上建立低维流形的印象，我们直接以简单的正方形二维流形为例进

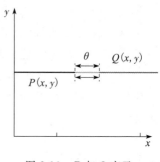

图 2-16　P 与 Q 交叉

行说明。在三维空间中，两个正方形的维度为 2，均是低维流形，在绝大多数情况下，两个正方形不存在不可忽略的交叉部分（如图 2-17a）；若两个正方形的交叉部分为一条线段，则由于线段相比整个正方形足够小，可忽略（如图 2-17b）；两个正方形有一定的可能性产生不可忽略的交叉部分（如图 2-17c），但是随着空间维度的增加，这种情况出现的概率越来越小，故面对实际问题时也可忽略。综上，p_{data} 和 p_{g} 几乎不存在不可忽略的交叉部分。

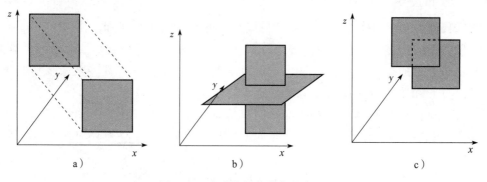

图 2-17　流形的几种分布示意图

KL 散度、总变分距离均存在类似问题。针对此类问题的一个解决方案是，在训练时对 p_{data} 和 p_{g} 添加高斯噪声，使其弥散到整个高维空间并产生不可忽略的交叉部分，并随着训练逐渐缩小高斯噪声的方差。但根本办法是选择一个更合理的距离度量。

WGAN 使用 Wasserstein 距离代替 JS 散度，优雅地解决了上述问题[4]。对于 $p(x)$ 和 $q(y)$，定义

$$W[p(x),q(y)]=\inf_{\gamma\sim\Pi(p,q)}\iint\gamma(x,y)\,|x-y|\,\mathrm{d}x\mathrm{d}y \tag{2.42}$$

其中，$\gamma(x,y)$ 是 $p(x)$ 和 $q(y)$ 的联合分布，即

$$\int\gamma(x,y)\mathrm{d}y=p(x)\text{ 且 }\int\gamma(x,y)\mathrm{d}x=q(y)$$

而 $\Pi(p,q)$ 表示 $p(x)$ 和 $q(y)$ 构成的所有可能的联合分布的集合。上式的计算过程为：在

$p(x)$ 和 $q(y)$ 构成的所有可能的联合分布中，选择一个最优的 $\gamma(x,y)$，使 $\iint \gamma(x,y)|x-y|\mathrm{d}x\mathrm{d}y$ 的值最小，此时的值即为 $p(x)$ 和 $q(y)$ 的 Wasserstein 距离。

我们举一个简单的离散分布的例子来具体展示计算过程，假设随机变量 x、y 的取值均只能为 $\{1,2,3,4\}$，而 $p(x)$ 和 $q(y)$ 的概率分布如下：

	1	2	3	4
$p(x)$	0.25	0.25	0.5	0
$q(y)$	0.5	0.5	0	0

联合分布有多种可能，例如

$p(x)$	$q(y)$			
	1	2	3	4
1	0.25	0	0.25	0
2	0	0.25	0.25	0
3	0	0	0	0
4	0	0	0	0

或者

$p(x)$	$q(y)$			
	1	2	3	4
1	0.25	0.25	0	0
2	0	0	0.5	0
3	0	0	0	0
4	0	0	0	0

如果将概率数值视为"货物"，这里的每一种联合分布其实都表示某一种运输方案，即如何将 $p(x)$ 运输成 $q(y)$ 的样子。以第二个联合分布为例，第一列表示把 $p(x=1)=0.25$ 的概率数值保留在 $x=1$ 的位置，第二列表示把 $p(x=2)=0.25$ 的概率数值移动至 $x=1$ 的位置，第三列表示把 $p(x=3)=0.5$ 的概率数值移动到 $x=2$ 的位置，$p(x)$ 经过上述运输后与 $q(y)$ 完全相同。同时，考虑到任意两个位置 x、y 的距离为 $|x-y|$，则有一个"单价表"：

x	y			
	1	2	3	4
1	0	1	2	3
2	1	0	1	2
3	2	1	0	1
4	3	2	1	0

　　将单价表与运输方案表的对应元素相乘然后求和，即得到了本运输方案的所有成本。由于不同的运输方案所导致的成本是不同的，在所有的运输方案中，选择成本最小的方案，其成本值即为 $p(x)$ 和 $q(y)$ 的 Wasserstein 距离。

　　Wasserstein 距离相比 JS 散度、KL 散度等度量具有更好的数学性质，它处处连续，而且几乎处处可导。以本节开头为例，使用 Wasserstein 距离进行计算则有 $W(P \| Q) = \theta$，可以看到，Wasserstein 距离明确指示出了 P 和 Q 距离的远近，进而可以给生成器提供良好的距离信息，也传递给生成器可以缩小 P 和 Q 距离的梯度方向，避免了 JS 散度的距离指示不明确的问题。

2.5.2　WGAN 目标函数

　　对于 p_{data} 和 p_{g}，利用一些数学技巧，可将它们的 Wasserstein 距离写成：

$$W[p_{\text{data}}(x), p_{\text{g}}(x)] = \sup_{\|f\|_{L \leqslant 1}} \mathbb{E}_{x \sim p_{\text{data}}}[f(x)] - \mathbb{E}_{x \sim p_{\text{g}}}[f(x)] \tag{2.43}$$

　　其中 $\|f\|_{L \leqslant 1}$ 表示 $f(x)$ 满足 1-Lipschitz 限制，即对于任意 x，y，均有 $|f(x) - f(y)| \leqslant |x - y|$。

　　我们对转换过程进行说明。如果要计算 Wasserstein 距离，我们需要遍历所有满足条件的联合概率分布，然后计算每个联合概率分布下的总成本，最后取最小的总成本。在维度较高时，该问题几乎不可解决。WGAN 与之前的 fGAN 有点类似，当一个优化问题难以求解时，可以考虑将其转化为比较容易求解的对偶问题。关于对偶理论，其最早源于求解线性规划问题，每个线性规划问题都有一个与之对应的对偶问题，对偶问题是以原问题的约束条件和目标函数为基础构造而来的，对于一个不易求解的线性规划问题，当求解成功对偶问题时，其原问题也自然解决。据此，我们先将 Wasserstein 距离表示成线性规划的形式，定义向量 $\boldsymbol{\Gamma}$（即将联合概率分布"离散化"并按照逐个位置将其拉成列向量）：

$$\boldsymbol{\Gamma} = \begin{bmatrix} \gamma(x_{\text{data1}}, x_{\text{g1}}) \\ \gamma(x_{\text{data1}}, x_{\text{g2}}) \\ \cdots \\ \gamma(x_{\text{data2}}, x_{\text{g1}}) \\ \gamma(x_{\text{data2}}, x_{\text{g2}}) \\ \cdots \\ \gamma(x_{\text{data3}}, x_{\text{g1}}) \\ \gamma(x_{\text{data3}}, x_{\text{g2}}) \\ \cdots \\ \cdots \end{bmatrix}$$

　　定义向量 $\boldsymbol{D}$：

$$D = \begin{bmatrix} d(x_{\text{data1}}, x_{\text{g1}}) \\ d(x_{\text{data1}}, x_{\text{g2}}) \\ \cdots \\ d(x_{\text{data2}}, x_{\text{g1}}) \\ d(x_{\text{data2}}, x_{\text{g2}}) \\ \cdots \\ d(x_{\text{data3}}, x_{\text{g1}}) \\ d(x_{\text{data3}}, x_{\text{g2}}) \\ \cdots \\ \cdots \end{bmatrix}$$

对于两个约束条件，定义矩阵 A：

$$A = \begin{bmatrix} 1 & 1 & \cdots & | & 0 & 0 & \cdots & | & \cdots & | & 0 & 0 & \cdots & | & \cdots \\ 0 & 0 & \cdots & | & 1 & 1 & \cdots & | & \cdots & | & 0 & 0 & \cdots & | & \cdots \\ \cdots & \cdots & \cdots & | & \cdots & \cdots & \cdots & | & \cdots & | & \cdots & \cdots & \cdots & | & \cdots \\ \cdots & \cdots & \cdots & | & \cdots & \cdots & \cdots & | & \cdots & | & 1 & 1 & \cdots & | & \cdots \\ 1 & 0 & \cdots & | & 1 & 0 & \cdots & | & \cdots & | & 1 & 0 & \cdots & | & \cdots \\ 0 & 1 & \cdots & | & 0 & 1 & \cdots & | & \cdots & | & 0 & 1 & \cdots & | & \cdots \\ \cdots & \cdots & \cdots & | & \cdots & \cdots & \cdots & | & \cdots & | & \cdots & \cdots & \cdots & | & \cdots \\ \cdots & \cdots & \cdots & | & \cdots & \cdots & \cdots & | & \cdots & | & 0 & 0 & \cdots & | & \cdots \\ \cdots & \cdots & \cdots & | & \cdots & \cdots & \cdots & | & \cdots & | & \cdots & \cdots & \cdots & | & \cdots \end{bmatrix}$$

定义向量 b：

$$b = \begin{bmatrix} p_{\text{data}}(x_{\text{data1}}) \\ p_{\text{data}}(x_{\text{data2}}) \\ \cdots \\ p_{\text{g}}(x_{\text{g1}}) \\ p_{\text{g}}(x_{\text{g2}}) \\ \cdots \\ \cdots \end{bmatrix}$$

定义了这些复杂的矩阵和向量后，我们的 Wasserstein 距离可以表达成以下线性规划的形式：

$$\min_{\boldsymbol{\Gamma}} \{ <\boldsymbol{\Gamma}, \boldsymbol{D}> \,|\, A\boldsymbol{\Gamma} = b, \boldsymbol{\Gamma} \geqslant 0 \} \tag{2.44}$$

对偶理论是一个非常漂亮的理论，尤其是对于强对偶问题，有：

$$\min_{x} \{ \boldsymbol{c}^{\mathrm{T}} x \,|\, \boldsymbol{A}x = \boldsymbol{b}, x \geqslant 0 \} = \max_{y} \{ \boldsymbol{b}^{\mathrm{T}} y \,|\, \boldsymbol{A}^{\mathrm{T}} y \leqslant \boldsymbol{c} \} \tag{2.45}$$

即只需求解原问题的对偶问题，得到对偶问题的解的同时也就得到了原问题的解。即使对于弱对偶问题，虽不能精确求解，但是给出了原问题的下界：

$$\min_{x}\{\boldsymbol{c}^{\mathrm{T}}x\,|\,\boldsymbol{A}x=\boldsymbol{b},x\geqslant0\}\geqslant\max_{y}\{\boldsymbol{b}^{\mathrm{T}}y\,|\,\boldsymbol{A}^{\mathrm{T}}y\leqslant\boldsymbol{c}\} \qquad (2.46)$$

在 fGAN 中，我们便给出了 f 散度的一个下界，不过幸运的是，这次面对的是一个强对偶问题：

$$\min_{\boldsymbol{\Gamma}}\{<\boldsymbol{\Gamma},\boldsymbol{D}>\,|\,\boldsymbol{A}\boldsymbol{\Gamma}=\boldsymbol{b},\boldsymbol{\Gamma}\geqslant0\}=\max_{\boldsymbol{F}}\{<\boldsymbol{b},\boldsymbol{F}>\,|\,\boldsymbol{A}^{\mathrm{T}}\boldsymbol{F}\leqslant\boldsymbol{D}\} \qquad (2.47)$$

对于原问题的对偶问题，我们定义向量 $\boldsymbol{F}$：

$$\boldsymbol{F}=\begin{bmatrix} f_1(x_{\mathrm{data1}}) \\ f_1(x_{\mathrm{data2}}) \\ \cdots \\ f_2(x_{\mathrm{g1}}) \\ f_2(x_{\mathrm{g2}}) \\ \cdots \\ \cdots \end{bmatrix}$$

根据其限制条件，要求对任意 $x_{\mathrm{data}i}$ 和任意 $x_{\mathrm{g}j}$，均有：

$$f_1(x_{\mathrm{data}i})+f_2(x_{\mathrm{g}j})\leqslant d(x_{\mathrm{data}i},x_{\mathrm{g}j}) \qquad (2.48)$$

即有：

$$f_1(x)+f_2(x)\leqslant d(x,x)=0 \qquad (2.49)$$

进一步有：

$$f_2(x)\leqslant-f_1(x) \qquad (2.50)$$

综上所述，最后有：

$$\begin{aligned} W[p_{\mathrm{data}}(x),p_{\mathrm{g}}(x)]&=\min_{\boldsymbol{\Gamma}}\{<\boldsymbol{\Gamma},\boldsymbol{D}>\,|\,\boldsymbol{A}\boldsymbol{\Gamma}=\boldsymbol{b},\boldsymbol{\Gamma}\geqslant0\} \\ &=\max_{\boldsymbol{F}}\{<\boldsymbol{b},\boldsymbol{F}>\,|\,\boldsymbol{A}^{\mathrm{T}}\boldsymbol{F}\leqslant\boldsymbol{D}\} \\ &=\max_{f_1,f_2}\left\{\int[p_{\mathrm{data}}(x)f_1(x)+p_{\mathrm{g}}(x)f_2(x)]\mathrm{d}x\,|\,\boldsymbol{A}^{\mathrm{T}}\boldsymbol{F}\leqslant\boldsymbol{D}\right\} \\ &=\max_{f_1}\left\{\int[p_{\mathrm{data}}(x)f_1(x)-p_{\mathrm{g}}(x)f_1(x)]\mathrm{d}x\,|\,f_1(x)-f_1(y)\leqslant|x-y|\right\} \end{aligned} \qquad (2.51)$$

现在，定义一个神经网络 $F(x)$ 来拟合上个式子的 $f(x)$，采用抽样计算的方式，就有了 WGAN 的判别器（现在叫 critic）损失函数：

$$\sup_{\|f\|_{L}\leqslant1}\mathbb{E}_{x\sim p_{\mathrm{data}}}[f(x)]-\mathbb{E}_{x\sim p_{\mathrm{g}}}[f(x)] \qquad (2.52)$$

我们使用神经网络 critic 来学习 $f(x)$，则 critic 的目标函数为：

$$\max_{f_w}\mathbb{E}_{x\sim p_{\mathrm{data}}}[f_w(x)]-\mathbb{E}_{z\sim p_z}[f_w(G(z))] \qquad (2.53)$$

其中，$\|f_w\|_{L}\leqslant1$。生成器的目标函数为：

$$\min_{G} -\mathbb{E}_{z \sim p_z}\left[f_w(G(z))\right] \tag{2.54}$$

我们使用数学距离更良好的 Wasserstein 距离得到了性能更优越的 WGAN，但同时引入了判别器的 1-Lipschitz 限制问题，这无疑是一项非常大的挑战。

2.6　Loss-sensitive GAN

Loss-sensitive GAN 几乎是和 WGAN 同时提出的，两者从不同的角度出发，但殊途同归，最后都对判别器添加了 Lipschitz 限制[5]。本节将对 Loss-sensitive GAN 做详细的介绍并对比其与 WGAN 的异同，使读者对 Lipschitz 限制有更多元的认识。

Loss-sensitive GAN 同样包括生成器和判别器两个部分，生成器与大多数 GAN 一样，接收均匀或正态噪声输入 z 并输出样本 x，该神经网络的参数由 ϕ 表示，即 $G_\phi(z)$。在 Loss-sensitive GAN 中，判别器称为"损失函数"$L_\theta(x)$，损失函数的输入为样本，输出为一个损失函数数值，由 θ 参数化。注意，虽然称 $L_\theta(x)$ 为损失函数，但它并不是指训练神经网络时的目标函数，而是指一种对样本的"评分"函数，损失函数 $L_\theta(x)$ 对来自训练数据集中的样本 x 应该有较小的损失数值，对来自生成器 G 的样本 $G_\phi(z)$ 应该有比较大的损失数值，并且 $L_\theta(x)$ 还需要满足如下限制条件：

$$L_\theta(G_\phi(z)) - L_\theta(x) \geqslant \Delta(x, G_\phi(z)) \tag{2.55}$$

其中 $\Delta(x, G_\phi(z))$ 表示 x 和 $G_\phi(z)$ 的间隔，即 $L_\theta(G_\phi(z))$ 和 $L_\theta(x)$ 至少要有 $\Delta(x, G_\phi(z))$ 大小的间隔。如图 2-18 所示，左图满足限制条件而右图不满足。

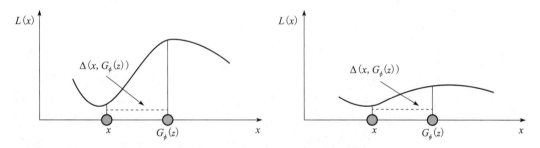

图 2-18　损失函数 L 间隔示意图

这个限制使得两类样本可以通过损失函数被分开。损失函数 $L_\theta(x)$ 的训练目标函数应该使来自训练数据集中的样本 x 损失数值小，且两类样本产生一定间隔。将硬间隔约束条件写为软约束条件，可得目标函数：

$$\min_{\theta} \mathbb{E}_{x \sim p_{\text{data}}} L_\theta(x) + \lambda \mathbb{E}_{x \sim p_{\text{data}}, z \sim p_z}(\Delta(x, G_\phi(z)) + L_\theta(x) - L_\theta(G_\phi(z)))_+ \tag{2.56}$$

其中，$(a)_+ = \max(0, a)$。生成器的目标是希望将样本生成在 $L_\theta(x)$ 较小的位置，即

$$\min_{\phi} \mathbb{E}_{z \sim p_z} L_\theta(G_\phi(z)) \tag{2.57}$$

实际计算时，上述表达式使用经验平均值近似。对 n 个噪声 $\{z^{(1)}, z^{(2)}, \cdots, z^{(n)}\}$ 和 n

个来自训练数据集的样本 $\{x^{(1)},x^{(2)},\cdots,x^{(n)}\}$，判别器的经验目标函数为：

$$\min_{\theta} \frac{1}{n}\sum_{i=1}^{n}L_{\theta}(x^{(i)}) + \frac{\lambda}{n}\sum_{i=1}^{n}(\Delta(x^{(i)},G_{\phi}(z^{(i)})) + L_{\theta}(x^{(i)}) - L_{\theta}(G_{\phi}(z^{(i)})))_{+} \quad (2.58)$$

生成器的经验目标函数为：

$$\min_{\phi} \frac{1}{n}\sum_{i=1}^{n}L_{\theta}(G_{\phi}(z^{(i)})) \quad (2.59)$$

我们对判别器的目标函数第二项进行讨论，当 $L_{\theta}(G_{\phi}(z)) - L_{\theta}(x) \geqslant \Delta(x,G_{\phi}(z))$ 时，第二项为 0，不参与目标函数的最小化；当 $L_{\theta}(G_{\phi}(z)) - L_{\theta}(x) \leqslant \Delta(x,G_{\phi}(z))$ 时，第二项会出现在目标函数中来最小化，即拉低 x 的损失函数值，拉升 $G_{\phi}(z)$ 的损失函数值，如图 2-19 所示。

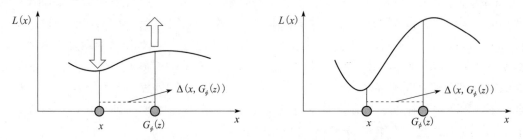

图 2-19   Loss-sensitive GAN 原理

需要说明的是，Loss-sensitive GAN 施加 Lipschitz 限制的方法同 WGAN-GP 相同，均采用梯度惩罚的软方法。Loss-sensitive GAN 在损失函数 $L_{\theta}(x)$ 的目标函数中添加正则项：

$$\frac{1}{2}\mathbb{E}_{x \sim p_{\text{data}}}\|\nabla_{x}L_{\theta}(x)\|^{2} \quad (2.60)$$

但在细节上，WGAN 是在全部空间上要求 1-Lipschitz 限制的，WGAN-GP 做了简化，即在中间样本上使判别器输出对输入的梯度接近 1，而 Loss-sensitive GAN 的 Lipschitz 限制是施加在真实数据的流形上，故只在 p_{data} 上计算即可；该正则项并不像 WGAN 中以 1 为中心，而是希望损失函数对输入的梯度接近 0，这是由于 Loss-sensitive GAN 的泛化性证明中，收敛所需的样本数量与梯度成正比，故使其数值尽量小。

Loss-sensitive GAN 训练时具有一定的“按需分配”能力。例如，存在一个来自训练集的真实样本 x_{r} 和两个生成器生成的样本 x_{g-f} 和 x_{g-n}，其中 x_{g-n} 距离 x_{r} 很近，而 x_{g-f} 距离 x_{r} 比较远，训练完损失函数后，$L_{\theta}(x_{g-f})$ 至少大于 $\Delta(x_{g-f},x_{r}) + L_{\theta}(x_{r})$，同样 $L_{\theta}(x_{g-n})$ 约等于 $L_{\theta}(x_{r})$，自然训练生成器时会更关注 x_{g-f} 使其靠向 x_{r}。

我们对 Loss-sensitive GAN 的思想进行说明。原始 GAN 对训练数据集的分布 p_{data} 没有任何限制，不存在任何先验知识，那么当分布 p_{data} 非常复杂时，$D(x)$ 为了实现最优：

$$D(x) = \frac{p_{\text{data}}(x)}{p_{\text{data}}(x) + p_{g}(x)} \quad (2.61)$$

则要求判别器具有无限建模能力，即要求模型有无穷大的容量以便拟合任意复杂的函数。在无限建模能力的基础上，当两个流形重叠部分可以忽略时（这在实践中发生的概率很高），由于 JS 散度值为常数从而造成梯度消失的现象，此时 WGAN 选择使用 Wasserstein 距离改善该问题，但 Loss-sensitive GAN 选择直接对判别器的无限建模能力进行改进，它假设训练数据集的分布 $p_{data}(x)$ 是满足 k-Lipschitz 限制的，同时要求设计的损失函数 L_θ 也满足 k-Lipschitz 限制。在此基础上，可证明 $p_g(x)$ 是可以收敛到 $p_{data}(x)$ 上的。第一个 Lipschitz 限制是针对 Lipschitz 密度的，其要求真实的密度分布不能变化得太快，即密度不能随着样本的变化无限变大。这个条件对于大部分分布是可以满足的，是一种自然而然的限制。例如，对图像的像素做轻微调整，它仍然应该是真实的图像，在真实图像中的密度在 Lipschitz 假设下不应该会有突然、剧烈的变化。第二个 Lipschitz 限制是针对损失函数 $L_\theta(x)$ 的，它限制了损失函数 $L_\theta(x)$ 无限建模的能力，将其控制在满足 Lipschitz 限制的函数空间中，这是为了证明分布的收敛性和泛化能力增加的假设条件。同时，可以证明，Loss-sensitive GAN 也能有效解决梯度消失的问题，具体不再展开。

现在对 Loss-sensitive GAN 和 WGAN 做一个比较，在 WGAN 中，判别器（critic）的目标函数为：

$$\max_\theta \mathbb{E}_{x \sim p_{data}} \left[f_\theta(x) \right] - \mathbb{E}_{z \sim p_z} \left[f_\theta(G(z)) \right] \tag{2.62}$$

其中，$\| f_\theta(x) \|_{L \leqslant 1}$。1-Lipschitz 限制是由于对偶问题求解而产生的。从另一个角度而言，判别器尝试将训练样本和生成样本的 $f_\theta(x)$ 的一阶矩的差异最大化，如果不对 $f_\theta(x)$ 施加 1-Lipschitz 限制，它会不停将生成样本的 $f_\theta(x)$ 值变小而使判别器的目标函数数值无界；在 Loss-sensitive GAN 中，它对成对的样本进行处理，对于目标函数里的 $(a)_+$ 函数，当 $L_\theta(G(z))$ 大于 $L_\theta(x) + \Delta(x, G(z))$ 时，该项在目标函数中为 0，即不再优化 $L_\theta(G(z))$，故 Loss-sensitive GAN 也不会使 $L_\theta(G(z))$ 值过大而造成目标函数数值无界。

WGAN 和 Loss-sensitive GAN 从不同的角度添加了 1-Lipschitz 限制，前者更多依靠"技术"，后者更多依靠"直觉"，这表明了对判别器进行一定程度的约束是很有必要的。

2.7　WGAN-GP

为了解决判别器的 1-Lipschitz 问题，WGAN 使用了最直接的方式——权值裁剪，即将判别器的权值限制在某个范围 $[-c, c]$ 内。训练判别器时，在每次迭代中，根据批量样本计算权值的梯度并更新得到新的权值，最后将超出 $[-c, c]$ 范围的权值裁剪为 c 或 $-c$。

权值修剪方法简单，计算速度快，但是也会产生一些问题。首先，它是一种粗糙、近似的解决办法，并不能严格保证 1-Lipschit 限制；其次，若阈值 c 选取得过大，则需要较长时间才能收敛并使判别器达到最优，且容易造成梯度爆炸；而若阈值 c 选取得过小，则容易产生梯度消失的问题；最后，根据实验观察，权值裁剪方法会促使判别器趋向于一个非常简单的函数，忽略了数据分布的高阶矩，即判别器会关注数据分布的均值、方差，而忽略偏度、峰度。无论是使用权值裁剪、L2 范数裁剪还是 L1、L2 权重衰减方法，均会产生上述问题。

一个可导函数满足 1-Lipschit 限制当且仅当该函数在任意点的梯度的范数小于或等于1；再者，WGAN 的判别器达到最优时，在 p_g 和 p_{data} 两个分布上，$f(x)$ 的梯度的范数几乎处处为 1。考虑到这两点，WGAN-GP[6] 在判别器的目标函数中引入正则项，使任意点梯度的范数接近 1，即

$$\max_{f_w} \mathbb{E}_{x \sim p_{data}}\left[f_w(x)\right] - \mathbb{E}_{z \sim p_z}\left[f_w(G(z))\right] - \lambda \mathbb{E}_{x \sim p_x}\left[\left(\|\nabla_x f_w(x)\|_2 - 1\right)^2\right] \quad (2.63)$$

其中，λ 为大于 0 的惩罚系数。需要说明，梯度惩罚项只是施加了"软"约束，并没有严格要求 $\|\nabla_x f_w(x)\|_2$ 处处等于 1，允许有上下轻微波动，故不严格满足 1-Lipschit 限制。

另外，实际训练时需要考虑如何获得惩罚项的样本。因为无法遍历全空间的所有样本使其梯度的范数接近 1，所以我们通常需要利用线性插值构造惩罚项的样本，例如对一个来源于 p_{data} 的样本 x_{data} 和一个来源于 p_g 的样本 x_g，产生一个随机数 $\varepsilon \sim U[0,1]$，可得一个惩罚项的样本 x_{gp}，如图 2-20 所示。

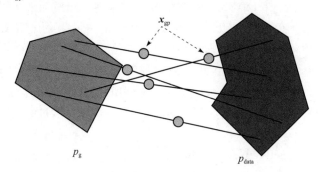

图 2-20　惩罚样本示意图（见彩插）

2.8　IPM

我们知道原始形式 GAN 其实只是 fGAN 的一个特例，fGAN 中提出了使用 f 散度作为两个概率分布之间距离的度量，而原始形式 GAN 使用的 JS 散度便是 f 散度里的一种，LSGAN、EBGAN 等也可以视为 fGAN 的特例。其实，相似的情况也存在于 WGAN 中，IPM 定义了一大类度量方式来计算两个概率分布之间的度量，其中 WGAN 定义的 Wasserstein 距离可以视为 IPM 框架下的特例，另外 MCGAN、MMDGAN、FisherGAN 等也被概括在 IPM 框架下。理解 IPM 有助于我们更深刻地认识 GAN 的本质。

2.8.1　IPM 概念

类似于 f 散度，IPM(Integral Probability Metric)同样度量了两个概率分布之间的距离。对于生成器定义的隐式概率分布 p_g 和训练数据集的概率分布 p_{data}，定义 IPM 为：

$$d_F(p_{data}, p_g) = \sup_{f \in F} |\mathbb{E}_{x \sim p_{data}}[f(x)] - \mathbb{E}_{x \sim p_g}[f(x)]| \tag{2.64}$$

我们通常关注的是对称函数空间，即对于集合中的函数 f，若 $f \in F$，则 $-f \in F$，故 IPM 可写为：

$$d_F(p_{data}, p_g) = \sup_{f \in F} \mathbb{E}_{x \sim p_{data}}[f(x)] - \mathbb{E}_{x \sim p_g}[f(x)] \tag{2.65}$$

其中，F 是一个有界、可测、实值函数的集合，f 是集合 F 中的一个函数，这些 f 中的最优解 f^* 使得整个式子取得最大值，该最大值即两个分布 p_{data} 和 p_g 的某种距离。IPM 框架下的度量 $d_F(p_{data}, p_g)$ 满足正定性、对称性和三角不等式，但却是一种伪度量，即 $d_F(p_{data}, p_g) = 0$ 并不意味着 $p_{data} = p_g$。通过选择不同的集合 F，我们可以得到不同的度量，也就是说函数集合 F 的形式决定了度量的形式和性质。

在 GAN 中，距离一般是通过优化判别器获得的，而判别器的最后一层通常为全连接层，其输入为一个向量，其输出值为一个标量值，该层计算过程可视为两个向量计算内积(一个向量为全连接层输入，一个向量为全连接层权重)。故此，在 IPM 中，我们通常考虑具有 $f(x) = <v, \Phi_w(x) | v \in \mathbb{R}^m>$ 形式的函数，其中 v 为 m 维向量，$\Phi_w(x)$ 将样本 x 映射为 m 维向量，Φ_w 可理解为一个神经网络，此时 IPM 可写为：

$$
\begin{aligned}
d_F(p_{data}, p_g) \\
= \sup_{f \in F} \mathbb{E}_{x \sim p_{data}}[f(x)] - \mathbb{E}_{x \sim p_g}[f(x)] \\
= \max_{w, \|v\|_p \leqslant 1} <v, \mathbb{E}_{x \sim p_{data}}[\Phi_w(x)] - \mathbb{E}_{x \sim p_g}[\Phi_w(x)]> \\
= \max_w [\max_{\|v\|_p \leqslant 1} <v, \mathbb{E}_{x \sim p_{data}}[\Phi_w(x)] - \mathbb{E}_{x \sim p_g}[\Phi_w(x)]>] \\
= \max_w \|\mu_w(p_{data}) - \mu_w(p_g)\|_q
\end{aligned}
\tag{2.66}
$$

其中，$\mu_w(p_g) = \mathbb{E}_{x \sim p_g}[\Phi_w(x)]$，$\mu_w(p_{data}) = \mathbb{E}_{x \sim p_{data}}[\Phi_w(x)]$。可以看出，IPM 在最大化两个概率分布特征均值的差异。计算该差异时，先由神经网络 Φ_w 将样本 x 映射到某个特征，然后计算该特征在概率分布下的均值(期望)，差异最终由特征均值向量之差的 q-范数得到，而最大差异值的获得是通过寻找最优的神经网络 Φ_w 实现的。当计算得到 IPM 时，优化生成器就如同之前一样，只需优化 p_g 使 IPM 最小。

2.8.2　基于 IPM 的 GAN

其实，许多 GAN 可由 IPM 导出或与 IPM 具有紧密的联系，我们在此简单列举几个代表。在 IPM 中，当把函数集合 F 限定为满足 1-Lipschitz 限制的所有函数的集合时，有

$$d_F(p_{data}, p_g) = \sup_{|f|_L \leqslant 1} \mathbb{E}_{x \sim p_{data}}[f(x)] - \mathbb{E}_{x \sim p_g}[f(x)] \tag{2.67}$$

此时，我们便得到了 WGAN 的判别器的目标函数。在原始的 WGAN 中，对神经网络的权重使用了权重裁剪策略，使权重值在 $[-1,1]$ 的范围内。可以看出它其实是对最后全连接层的向量 v 和 Φ 的权重 w 都施加了 ∞ 范数约束（$p=1$），则对应式（2.66），有 $q=1$，故其本质是最小化基于 L1 范数的特征均值差异。

McGAN[8] 将特征均值差异的概念进行了延展，不仅考虑均值，还考虑二阶统计特征——方差。其选择函数集合 F 为 $\{f(x)=<U^{\mathrm{T}}\Phi_w(x),V^{\mathrm{T}}\Phi_w(x)>|U,V\in\mathbb{R}^{m\times k}, U^{\mathrm{T}}U=I_k,V^{\mathrm{T}}V=I_k\}$，即 $\{u_1,u_2,\cdots,u_k\}\in\mathbb{R}^m$ 和 $\{v_1,v_2,\cdots,v_k\}\in\mathbb{R}^m$ 均为正交基。在此选择下导出的 IPM 距离为：

$$d_F(p_{\mathrm{data}},p_{\mathrm{g}})=\max_w\|[\Sigma_w(p_{\mathrm{data}})-\Sigma_w(p_{\mathrm{g}})]_k\|_* \tag{2.68}$$

其中 $[A]_k$ 表示矩阵 A 的秩 k 近似，$\|x\|_*$ 为向量的 Ky Fan k 范数。可以看出，McGAN 对应的 IPM 距离是通过使两个分布的嵌入特征的方差差异最大而得到的。

在最大平均差异（Maximum Mean Discrepancy，MMD）中，将 IPM 中的函数合集 F 选择为 $\{f\mid\|f\|_{H_k}\leqslant1\}$，即将其限制在希尔伯特空间 H_k 的单位球中。因为在希尔伯特空间中对任意 $f(x)$，均有 $f(x)=\sum_{i=1}^n a_i\Phi_{x_i}(x)$，其中 $\Phi_{x_i}(x)$ 由定义的核函数决定，即 $k(x,x_i)=\Phi_{x_i}(x)$，又因为 $f(x)=<f,k(\cdot,x)>_{H_k}$，则 IPM 距离可写为：

$$\begin{aligned}d_F(p_{\mathrm{data}},p_{\mathrm{g}})\\=\sup_{\|f\|_{H_k}\leqslant1}\mathbb{E}_{\boldsymbol{x}\sim p_{\mathrm{data}}}[f(x)]-\mathbb{E}_{\boldsymbol{x}\sim p_{\mathrm{g}}}[f(x)]\\=\sup_{\|f\|_{H_k}\leqslant1}\{<f,\mathbb{E}_{\boldsymbol{x}\sim p_{\mathrm{data}}}\Phi_x(\cdot)-\mathbb{E}_{\boldsymbol{x}\sim p_{\mathrm{g}}}\Phi_x(\cdot)>_{H_k}\}\\=\|\mu(p_{\mathrm{data}})-\mu(p_{\mathrm{g}})\|_{H_k}\end{aligned} \tag{2.69}$$

其中，$\mu(p)=\mathbb{E}_{\boldsymbol{x}\sim p}\Phi_x(\cdot)$。MMD 首先将样本 x 通过 $\Phi_x(\cdot)$ 映射到无限维的希尔伯特空间，然后计算两个概率分布关于一阶矩（均值）的差异，该差异值即为 MMD 距离。当两个分布完全相等时，其 MMD 距离为 0。生成矩匹配网络 GMMN 通过最小化 MMD 距离来直接训练生成模型，其核函数选择为高斯核 $k(x,x')=\exp(-\|x-x'\|^2)$。MMDGAN 将 GMMN 中固定的高斯核函数替换为单射函数 f_w 和高斯核函数的组合，即 $k(x,x')=\exp(-\|f_w(x)-f_w(x')\|^2)$，即先使用判别器学习一个核函数得到 MMD 距离，再利用 MMD 距离优化生成器。GMMN 和 MMDGAN[9] 均属于 IPM 框架范畴的生成模型，二者的主要区别在于核函数为固定参数还是包含可学习参数。它们的优势在于可以通过选择不同的核函数而将样本映射到不同的特征空间中，不足在于当样本数较多时，计算 MMD 距离需要使用很多计算资源。

在线性判别分析中，我们希望将样本投影到一条直线上，使得同类样本的投影点尽量接近，而不同类样本的投影点尽量远离。FisherGAN[7] 便是受此启发，它不仅最大化两个分布的特征均值差异，同时也使类内标准差更小。FisherGAN 把函数集合 F 限定为满足式 2.70 要求的 $f(x)$。

$$\frac{1}{2}\big[\mathbb{E}_{x\sim p_{\text{data}}}f^2(x)+\mathbb{E}_{x\sim p_{\text{g}}}f^2(x)\big]=1 \tag{2.70}$$

另外，当函数集合 F 限定为 -1 到 1 之间的所有连续函数时，有

$$d_F(p_{\text{data}},p_{\text{g}})=\delta(p_{\text{data}},p_{\text{g}}) \tag{2.71}$$

此时，IPM 的形式为总变分距离，而 EBGAN 学习的 p_{g} 和 p_{data} 的度量正是总变分距离。判别器作为 $f(x)$ 以使上式最大化，当判别器达到最优时，生成器的目标函数将非常接近 p_{g} 和 p_{data} 的总变分距离，这表明 IPM 与 EBGAN 具有非常紧密的联系。

2.8.3　IPM 与 f 散度

f 散度定义的度量通常面临几个问题，首先随着数据空间的维度的增加，f 散度的值将越来越难估计，而且两个分布的支撑集将趋于未对齐，这样会导致 f 散度的值出现无穷大。例如，使用 KL 散度计算 p_{g} 和 p_{data} 的距离，若在某一点 x_0，有 $p_{\text{g}}(x_0)=0$ 而 $p_{\text{data}}(\boldsymbol{x}_0)\neq0$，根据 KL 散度计算公式：

$$KL(p_{\text{data}}\|p_{\text{g}})=\int p(x)\log\frac{p_{\text{data}}(x)}{p_{\text{g}}(x)}\mathrm{d}x \tag{2.72}$$

至少在 $\boldsymbol{x}_0$ 点，log 对数内会出现无穷大的 f 散度值。另外，考虑到

$$\mathrm{D}_f(p_{\text{data}}\|p_{\text{g}})\geqslant\sup_T\{\mathbb{E}_{x\sim p_{\text{data}}}[T(x)]-\mathbb{E}_{x\sim p_{\text{g}}}[f^*(T(x))]\} \tag{2.73}$$

即判别器在 GAN 中学习到的度量并不是真正的 f 散度，而只是它的一个变分下界，在实践中，上式能否取到等号是难以保证的，因此会产生一个不准确的度量估计。

IPM 克服了 f 散度的问题，f 散度的收敛情况高度依赖于数据分布，而 IPM 的收敛情况不受样本数据维度和样本选择的影响，均可使 p_{g} 收敛到训练数据集的概率分布 p_{data}，表现出更强的一致性。实践中，基于 IPM 的 GAN 通常比基于 f 散度的 GAN 表现更佳。

2.9　其他目标函数

在 GAN 的目标函数中，除了前文提到的诸多目标函数外，还有许多其他的类型和变种。它们的构建基础并不一定是基于 f 散度或者 IPM 的某种距离函数。例如，有的目标函数是为了让模型进行真假判别，提高生成样本的质量（如 RGAN）；有的是为了计算重构损失函数（如 BEGAN、MAGAN 等）；有的是针对 GAN 中存在的分类任务而设计的（如 TripleGAN、cGAN 等）等。由于篇幅问题，我们将以 RGAN 和 BEGAN 为例对两类目标函数进行介绍。

2.9.1　RGAN

标准 GAN 使用 JS 散度来度量 p_{data} 和 p_{g} 的距离，从 JS 散度的角度来看：

$$D_{\text{JS}}(p_{\text{data}} \| p_{\text{g}}) = \frac{1}{2} \{ \log 4 + \mathbb{E}_{x \sim p_{\text{data}}} [\log D(x)] + \mathbb{E}_{x \sim p_{\text{g}}} [\log(1 - D(x))] \} \quad (2.74)$$

GAN 的训练是一个将 JS 散度最小化的过程，当 $D(x_{\text{data}}) = 1$ 且 $D(x_{\text{g}}) = 0$ 时，JS 散度值最大，而当 $D(x_{\text{data}}) = 0.5$ 且 $D(x_{\text{g}}) = 0.5$ 时，JS 散度值最小。总之，训练 GAN 时总体上应该是一个 $D(x_{\text{data}})$ 由 1 减少为 0.5，同时 $D(x_{\text{g}})$ 由 0 增长到 0.5 的过程。考虑非饱和形式的生成器目标函数，它将 $D(x_{\text{g}})$ 的数值尽可能变大，可以想象，如果训练程度足够好，$D(x_{\text{data}})$ 数值将始终为 1，而 $D(x_{\text{g}})$ 的数值将不断增长甚至达到 1。但是这里没有减小 $D(x_{\text{data}})$ 的数值的过程，这与标准 GAN 的目标函数优化流程是不相符的。

对此，RGAN[10] 对判别器进行重新定义，即判别器每次接收一对样本 x_{data} 和 x_{g} 作为输入 $\hat{x}$，即 $\hat{x} = (x_{\text{data}}, x_{\text{g}})$，其输出为 $D(\hat{x}) = \text{sigmoid}(C(x_{\text{data}}) - C(x_{\text{g}}))$，其中 $C(x)$ 为判别器的神经网络计算部分，判别器不再估计样本 x 来自训练数据集的概率，而是评估 x_{data} 比 x_{g} 更真实的概率。判别器的目标函数为：

$$\min_{\theta} - \mathbb{E}_{x \sim p_{\text{data}}, z \sim p_z} [\log(\text{sigmoid}(C(x) - C(G(z))))] \quad (2.75)$$

生成器的目标函数为：

$$\min_{\theta} - \mathbb{E}_{x \sim p_{\text{data}}, z \sim p_z} [\log(\text{sigmoid}(C(G(z)) - C(x)))] \quad (2.76)$$

RGAN 使用相对判别器，从而比标准 GAN 训练更加稳定，最终生成质量也有所提高。

2.9.2 BEGAN

重构损失函数经常出现在 GAN 中，它使神经网络的输出结果与输入结果尽可能接近。重构损失函数可能出现在生成器中，例如 CycleGAN、VAEGAN 等，也可能出现在判别器中，例如 EBGAN、MAGAN 等，本节介绍的 BEGAN 也是在判别器中重构损失函数。

在 BEGAN 中，判别器 D 的结构为一个自编码器，即接收样本 x 作为输入，其输出值为样本的重构 $D(x)$，故此可定义样本的自编码器损失函数 $\mathcal{L}(x)$ 为：

$$\mathcal{L}(x) = \| x - D(x) \| \quad (2.77)$$

一般 GAN 的设计思路是使 p_{data} 和 p_{g} 两个概率分布尽量接近，BEGAN 的设计思路不再考虑样本的分布，而是使两个自编码器损失的概率分布尽量接近。具体地，对于来自训练集分布 $p_{\text{data}}(x)$ 的样本，其对应的自编码器损失函数 $\mathcal{L}(x)$ 也会对应某一概率分布 $\mu_1(x)$；相应地，对于来自生成器生成分布 $p_{\text{g}}(x)$ 的样本，其自编码器损失函数也对应概率分布 $\mu_2(x)$。那么，BEGAN 期望通过优化生成器而达到 μ_2 接近 μ_1 的效果。

BEGAN 使用 Wasserstein 距离来度量两个概率分布 μ_1 和 μ_2 之间的差距 $W(\mu_1, \mu_2)$，即

$$W(\mu_1, \mu_2) = \inf_{\gamma \in \Gamma(\mu_1, \mu_2)} \mathbb{E}_{(x_1, x_2)} [|x_1 - x_2|] \quad (2.78)$$

其中，γ 为 μ_1 和 μ_2 的某种联合概率分布，Γ 为所有可能的联合概率分布的集合。BEGAN 没有像 WGAN 那样对其进行对偶转换从而得到可以通过采样来估值的形式，而是试图获取其下界。根据詹森不等式，有

$$\inf_{\gamma \in \Gamma(\mu_1,\mu_2)} \mathbb{E}_{(x_1,x_2)}\big[\,|\,x_1-x_2\,|\,\big] \geqslant \inf_{\gamma \in \Gamma(\mu_1,\mu_2)} \big|\,\mathbb{E}_{(x_1,x_2)}[x_1-x_2]\,\big| = |\,m_1-m_2\,| \tag{2.79}$$

其中，m_1 和 m_2 分别为 μ_1 和 μ_2 的均值。为了实现对 $W(\mu_1,\mu_2)$ 的逼近，需要获得 $|\,m_1-m_2\,|$ 的最大值。进一步地，对于 p_{data} 和 p_g，只能通过优化自编码器来改变 μ_1 和 μ_2 的分布，从而获得均值的最大差异。故判别器的优化目标可设定为：

$$\min_{\theta_D} \mathbb{E}_{x \sim p_{\text{data}}}\big[\|x-D(x)\|\big] - \mathbb{E}_{x \sim p_g}\big[\|x-D(x)\|\big] \tag{2.80}$$

判别器的目标函数与 WGAN 的目标函数有形式上的相似之处，但其考虑的并不是样本分布差异而是重构误差分布的差异。此外，BEGAN 计算的是 Wasserstein 距离的下界，故避免了对判别器施加的 Lipschitz 限制。

当获得自编码器损失分布的 Wasserstein 近似距离（下界）后，自然而然地，可以通过优化该距离来优化生成器，即目标函数为：

$$\min_{\theta_G} \mathbb{E}_{z \sim p_z}\big[\|x-D(G(z))\|\big] \tag{2.81}$$

在此基础上，BEGAN 考虑了训练时判别器和生成器的平衡问题。BEGAN 定义当 $\mathbb{E}[\mathcal{L}(x)]=\mathbb{E}[\mathcal{L}(G(z))]$ 时为平衡点，此时有 $p_{\text{data}}(x)=p_g(x)$，即生成器生成的样本使得判别器无法区分真假。但在实践中，通常需要添加松弛因子 α 对平衡点进行调整，即有 $\alpha\mathbb{E}[\mathcal{L}(x)]=\mathbb{E}[\mathcal{L}(G(z))]$，其中 $\alpha \in [0,1]$。为了保持平衡，BEGAN 借鉴了控制论的相关算法，其最终判别器的损失函数为：

$$\min_{\theta_D} \mathbb{E}_{x \sim p_{\text{data}}}\big[\|x-D(x)\|\big] - k_t \mathbb{E}_{x \sim p_g}\big[\|x-D(x)\|\big] \tag{2.82}$$

其中，$k_{t+1}=k_t+\lambda_k(\alpha\mathbb{E}[\mathcal{L}(x)]-\mathbb{E}[\mathcal{L}(G(z))])$，即 k_t 为不断更新的参数，λ_k 为超参数。这样构建的目标函数形成了负反馈系统，使得损失函数的两项数值能保持平衡。

参考文献

［1］ MAO X, LI Q, XIE H, et al. Least squares generative adversarial networks [C]//Proceedings of the IEEE international conference on computer vision. 2017: 2794-2802.

［2］ ZHAO J, MATHIEU M, LECUN Y. Energy-based generative adversarial network [J]. arXiv preprint arXiv: 1609. 03126, 2016.

［3］ NOWOZIN S, CSEKE B, TOMIOKA R. f-GAN: Training Generative Neural Samplers using Variational Divergence Minimization [J]. arXiv preprint arXiv: 1606. 00709, 2016.

［4］ ARJOVSKY M, CHINTALA S, BOTTOU L. Wasserstein generative adversarial networks [C]// International conference on machine learning. PMLR, 2017: 214-223.

［5］ QI G J. Loss-sensitive generative adversarial networks on lipschitz densities [J]. International Journal of Computer Vision，2020，128(5)：1118-1140.

[6]   GULRAJANI I，AHMED F，ARJOVSKY M，et al. Improved training of wasserstein GANs [C]// Proceedings of the 31st International Conference on Neural Information Processing Systems. 2017：5769-5779.

[7]   MROUEH Y，SERCU T. Fisher GAN [J]. arXiv preprint arXiv：1705. 09675，2017.

[8]   MROUEH Y，SERCU T，GOEL V. Mcgan：Mean and covariance feature matching gan [C]//International conference on machine learning. PMLR，2017：2527-2535.

[9]   LI C L，CHANG W C，CHENG Y，et al. MMD GAN：Towards deeper understanding of moment matching network [J]. arXiv preprint arXiv：1705. 08584，2017.

[10]   JOLICOEUR MARTINEAU A. The relativistic discriminator：a key element missing from standard GAN [J]. arXiv preprint arXiv：1807. 00734，2018.

第 **3** 章

训练技巧

GAN 一经提出便引发了巨大的关注，由于其具有良好的理论支持，并且生成效果比较卓越，被广泛应用于各个方面。但训练 GAN 并非易事，在训练过程中，可能出现模式崩溃、损失不收敛、生成样本模糊等问题。本章将介绍一些 GAN 的训练技术来解决这些问题。

3.1 节将介绍 GAN 训练时最常见的 3 个问题，梯度消失、目标函数不收敛与模式崩溃，并对其产生的原因进行分析。针对梯度消失问题，3.2 节介绍了退火噪声法。针对 GAN 训练时目标函数的振荡与不稳定，3.3 节和 3.4 节细致地讲解了谱正则化 SNGAN 和一致优化两种方法，3.5 节还展示了很多 GAN 的训练技巧，例如特征匹配，历史均值等。对于模式崩溃问题，3.6 节分别从目标函数和 GAN 结构两个角度介绍了一些可以有效缓解模式崩溃的算法，并具体介绍了 unrolledGAN、DRAGAN、MADGAN、VVEGAN、Minibatch 判别器等方法。

3.1 GAN 训练的 3 个问题

这一节，我们将介绍一些 GAN 在训练时经常发生的问题，主要包括梯度消失、目标函数无法稳定收敛以及模式崩溃等。

3.1.1 梯度消失

首先，关于 GAN 的梯度消失问题，我们在第 2 章的 LSGAN 和 WGAN 中已经进行部分探讨。LSGAN 认为当使用远离决策面的分类正确的样本训练生成器时，判别器传导至生成器的梯度会消失；在原始 GAN 中，当 p_g 和 p_{data} 均为高维空间中的低维流形时，两个分布之间的距离或度量散度是不连续的，在 $p_{data} \neq p_g$ 时距离的数值为常数或无穷大，只在 $p_{data} = p_g$ 时，距离的数值为 0，由此产生梯度消失的问题。

现在，重新对原始形式 GAN 的梯度消失问题进行详细的说明。对于训练数据集的概率分布 p_{data}，理论和实践均表明 p_{data} 的支撑集是高维空间中的低维流形；对于生成器 G 隐式定义的概率分布 p_g，因为 GAN 是先通过从简单的分布 $z \sim p(z)$ 采样，然后经过生成器得到样本 $x = G(z)$，如果 z 的维度小于 x 的维度，则 p_g 的支撑集也是低维流形，即维度不会超过 z 的维度。我们举个例子说明什么是高维空间的低维流形。例如对于二维平面上的一个圆，其圆心位于原点，半径为 r，虽然这个流形存在于二维空间，但其维度只有 1，即只需要一个角度参数就能描述圆上的任意一点，故可认为其是低维流形。

如果 p_g 和 p_{data} 的支撑集不相交或者均为低维流形，则存在一个完美判别器 D^*，可以将两个流形完全分开，完美判别器 D^* 对 p_{data} 的支撑集上的任意样本输出 1，对 p_g 的支撑集上的任意样本输出 0。如图 3-1a 所示，当 p_g 和 p_{data} 的支撑集不相交时，不断训练 D 必然可得到完美判别器，而对于低维流形的情况，忽略支撑集的相交部分后，也必然可得到完美判别器。显然，当 p_g 和 p_{data} 的支撑集不是低维流形且相交时，不可能存在完美判别器。如图 3-2 所示，对于中间的虚线部分的样本，判别器不可能简单地给出输出值 0 或 1。遗憾的是，这种情况在实际训练 GAN 时几乎不可能出现。此外，一般交替迭代训练 GAN 时，只对生成器训练一次，而对判别器训练多次以希望判别器达到当前最优，那么实践中很可能出现完美判别器 D^*。

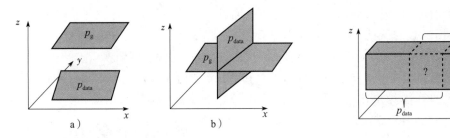

图 3-1　p_g 和 p_{data} 的支撑集（不）相交　　　　图 3-2　p_g 和 p_{data} 的支撑集不是低维流形

完美判别器 D^* 在 p_g 和 p_{data} 的支撑集上均为常数 0 或 1，其梯度 $\nabla_x D$ 显然也为 0。当使用反向传播算法训练生成器 G 时，判别器无法传递给生成器任何梯度信息。生成器得不到梯度信息，将停止更新参数，其损失函数表现为收敛，但是远不能说明 $p_g \to p_{\text{data}}$。一些实验表明，训练中随着判别器变得更"好"，生成器的梯度会变为 0。这就造成一个矛盾，判别器训练得比较好，就伴随着训练生成器时的梯度消失；判别器训练得不太好，则学习不到准确的 JS 散度，对接下来生成器的训练也起不到指导作用，故训练 GAN 时要注意不要将判别器训练得太好。

为了避免梯度消失，在提出 GAN 的原始形式的同时，作者顺便提出了另一种生成器的目标函数：

$$\min_G \mathbb{E}_{p_z} \left[-\log(D(G(z))) \right] \tag{3.1}$$

它可以在一定程度上缓解梯度消失的问题，主要作用于训练的早期，其原因详见 2.1 节。但是，在每一轮交替迭代训练中，当判别器达到当前最优状态时，学得的 p_g 和 p_{data} 的距离为：

$$\mathrm{KL}(p_g \| p_{data}) - 2\mathrm{JS}(p_g \| p_{data}) \tag{3.2}$$

这样的距离会让生成器的训练感到迷惑，一方面要最小化两个分布之间的 KL 散度，另一方面要最大化两个分布之间的 JS 散度，导致系统难以收敛到一个均衡状态，而且实验结果表明使用这样的目标函数的训练过程是不稳定的。

3.1.2 目标函数不稳定性

在 GAN 中，我们把生成器 G 和判别器 D 用全连接神经网络或者卷积神经网络等表示，然后通过梯度下降算法和反向传播学习网络的权值参数。在第一章中已说明，GAN 是一种隐式生成模型，p_g 是由生成器隐式定义的，故整个过程中无法接触到 p_g。但是在 $p_g \rightarrow p_{data}$ 的全局收敛性证明中，证明是围绕着概率密度函数 p_g 展开的，而且要求 $V(G,D)$ 在概率密度函数上具有凸性，当使用神经网络表示 G 和 D 后，该性质无法保证，因为优化是在参数空间而非函数空间中进行的。

另外，收敛性证明中要求 G 和 D 均拥有足够的容量。模型的容量可简单理解为模型的参数数量，描述的是模型拟合各种函数的能力，高容量的模型可能造成过拟合，而低容量的模型可能造成欠拟合，并且当判别器 D 的容量有限时可能导致均衡点不存在。

收敛性证明还有这样的条件：在 GAN 迭代训练的每一步中，固定生成器 G 训练判别器 D 时，要将判别器训练到最优。但实际上将判别器训练到最优需要巨大的计算量，故每次只训练一次或多次判别器，在判别器还没有达到最优就开始训练生成器。这便产生一个问题，交替迭代的训练算法到底是在解决 $\min\limits_{G}\max\limits_{D}V(G,D)$ 问题还是 $\max\limits_{D}\min\limits_{G}V(G,D)$ 问题？并且通常情况下，

$$\min_{G}\max_{D}V(G,D) \neq \max_{D}\min_{G}V(G,D) \tag{3.3}$$

例如，令 $f(x,y) = \sin(x+y)$，明显易知 $\min\limits_{y}\max\limits_{x}f(x,y) = 1$，而 $\max\limits_{x}\min\limits_{y}f(x,y) = -1$。还有，生成器和判别器优化相同的目标函数，但是优化方向是相反的，非常容易造成"旋转"现象。还是举一个简单的例子来说明，令 $f(x,y) = xy$，目标函数为：

$$\min_{x}\max_{y}xy \tag{3.4}$$

使用交替迭代的梯度下降算法，发现其无法收敛到纳什均衡点，目标函数不断振荡，如图 3-3 所示。简单的问题尚且如此，当网络结构和目标函数更复杂时，情况显然不容乐观。

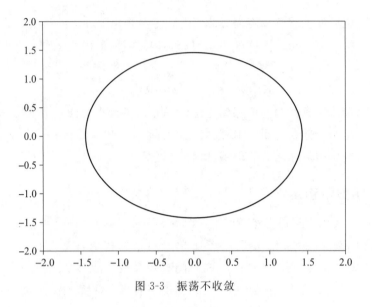

图 3-3　振荡不收敛

3.1.3　模式崩溃

　　GAN 还有一个饱受诟病的模式崩溃问题，即 GAN 生成样本的多样性差。例如，有一个包含苹果、橘子、柠檬、葡萄等多个种类的水果的图像集，用水果图像集训练 GAN，希望生成器可以生成逼真的苹果、橘子、柠檬等图像。当完成训练过程后正向推断时发现，虽然生成器生成的图像逼真度非常高，但是只能生成苹果和橘子的图像，几乎不会出现柠檬的图像，此时即发生了模式崩溃问题。假设训练数据集 p_{data} 的概率密度函数如下，函数共有四个峰，每一个峰称为一个模式，若 GAN 达到最优，理应有 $p_{g} = p_{data}$，即生成器生成的样本应依概率大小遍布四个模式，如图 3-4 所示。

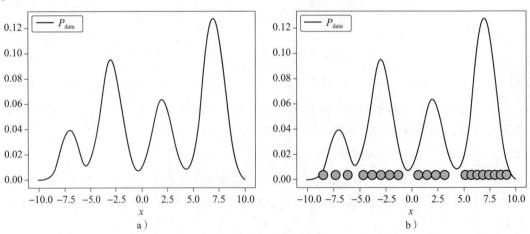

图 3-4　不发生模式崩溃

但实际生成器往往不可能覆盖所有的模式，尤其是在发生模式崩溃时，生成的样本只能覆盖其中几个模式，如图 3-5 所示。GAN 为什么会发生模式崩溃？因为生成器只需要将样本放置到某几个模式下便足够欺骗判别器，当判别器更新后不再信任该模式时，生成器将样本转移到另外的模式下即可，如图 3-5b 所示。这个过程不断循环，生成器从来不需要考虑覆盖所有的模式，所以训练只是徒劳地耗费时间。另外，模式崩溃与完美判别器也有所关联，因为完美判别器对所有真实的样本均输出概率 1，对虚假样本输出概率 0，所以生成器也只需调整自身将生成样本靠近任意真实样本即可，没有任何动力去覆盖所有模式。

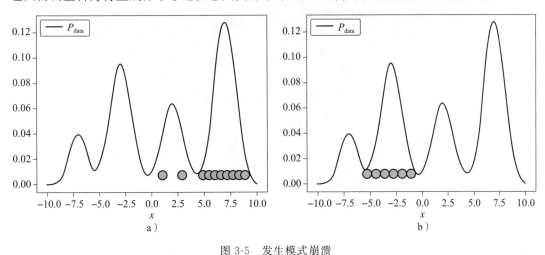

图 3-5　发生模式崩溃

以上几点都是理论证明与实际的差别，这些差别的存在使得实践中 GAN 达不到全局最优解，而且伴随着出现损失函数不收敛、振荡，模式崩溃等问题。目前无法彻底解决这些问题，但某些技术可以在一定程度上缓解。接下来我们将依次介绍这些技术。

3.2　退火噪声

上一节已经阐述了如下问题：如果两个概率分布 p_g 和 p_{data} 的支撑集（几乎）不相交且落在低维流形上，则迭代训练时判别器达到最优时是完美判别器，导致梯度消失。为了解决该问题，我们必须使 p_g 和 p_{data} 的支撑集相交且不落在低维流形上，其中一种方法便是对判别器的输入添加噪声。

该想法十分简单却有效。一般选择均值为 0 的高斯噪声 ε，然后将高斯噪声 ε 分别与 p_g 和 p_{data} 叠加，得到两个新的概率分布 $p_{g+\varepsilon}$ 和 $p_{data+\varepsilon}$，两个新的概率分布支撑集必定相交且不再为低维流形，因为噪声是连续的，$p_{g+\varepsilon}$ 和 $p_{data+\varepsilon}$ 的支撑集都将弥散至整个空间，两个支撑集"交织"在一起，其维度均为整个空间的维度[1]。这时，我们不用再过度担心判别器的训练程度，而是可以大胆地将判别器训练到最优，因为完美判别器要求对任意来自训练集的样本输出接近 1，对于来自任意生成器的样本输出接近 0，而最优判别器表达式为：

$$D(x) = \frac{p_{\text{data}+\varepsilon}(x)}{p_{\text{g}+\varepsilon}(x) + p_{\text{data}+\varepsilon}(x)} \tag{3.5}$$

显然，此时最优判别器不可能是完美判别器。以图 3-6 为例，当不添加噪声时，最优判别器即完美判别器，判别器对任意样本的输出非 0 即 1，但是添加噪声后，对一些样本，如距离 p_{g} 和 p_{data} 的支撑集的相交点很近的样本 1 和距离 p_{g} 与 p_{data} 的支撑集均很远的样本 2，$D(x)$ 一般不可能给出 0 或 1。

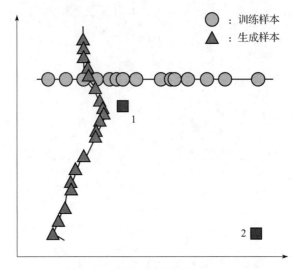

图 3-6   不添加噪声时样本分布

另外，在 GAN 中，需要计算的是 p_{g} 和 p_{data} 的距离而非 $p_{\text{g}+\varepsilon}$ 和 $p_{\text{data}+\varepsilon}$ 的距离，将高斯噪声 ε 的方差设置为固定数值并不是明智的选择。参考模拟退火算法，可以在训练早期将高斯噪声的方差设置为比较大的数值，以期产生不可忽略的相交部分，然后随着训练过程的推进逐渐缩小噪声方差，直至最后 p_{g} 和 p_{data} 的支撑集重叠在一起，噪声方差降为 0。一些简单的实验表明，训练的每一步迭代中，若噪声方差较大，则与正常不添加噪声的 GAN 训练表现无异；若方差较小，则参数在均衡点会产生旋转而缺乏"向心力"，所以需要适当调参以发挥噪声项的优势。

纵观整个过程，高斯噪声 ε 把 p_{g} 和 p_{data} "包装"起来，并使 $p_{\text{data}+\varepsilon}$ 的核心 $p_{\text{g}+\varepsilon}$ 和 $p_{\text{data}+\varepsilon}$ 的核心 p_{data} 不断靠近，当 p_{g} 和 p_{data} 重叠时，"包装"的噪声也就消失了。

3.3   谱正则化

WGAN 要求判别器 $D(x)$ 满足 1-Lipschitz 限制，即

$$\left|\frac{D(x_1)-D(x_2)}{x_1-x_2}\right|\leqslant 1 \tag{3.6}$$

也就是说，要求 $D(x)$ 在任意点的导数的范数必须小于 1。需要再次提醒，该导数是指 $D(x)$ 对 x 的导数，而不是 $D(x)$ 对判别器权值 w 的导数，但该限制并不容易实现。在第 2 章提到的两个解决方案，权值裁剪和梯度惩罚项，是一种"软"手段，WGAN 原作者提出的权值裁剪是将权值限制在一个比较小的范围里，WGAN-GP 中的梯度惩罚项是指将判别器对输入的梯度 $\nabla_x D(x)$ 接近 1，显然这两种方法均不能从理论上保证 1-Lipschitz 限制。本节介绍的 SNGAN 是一个优雅且有效的解决方法，是一种"硬"手段，可确保满足 1-Lipschitz 限制[2-3]，从而提升 WGAN 训练的稳定性。

3.3.1 特征值与奇异值

为了理解 SNGAN 的原理，我们尽量简单地介绍一些关于矩阵的特征值和奇异值的知识。以方阵为例，首先，如何理解 $Ax=y$？从普通计算角度来看，这无非是一个矩阵 A 乘以一个向量 x 得到一个新的向量 y，但从线性代数角度来看，A 其实表示一个线性变换，该变换施加到向量 x 上，把 x 变换成新的向量 y。但对于某些特殊的向量 x，会有：

$$Ax=y=\lambda x \tag{3.7}$$

其中，λ 为常数。也就是说线性变换 A 作用在特殊向量 x 上得到的是 λx，此时 A 变换的效果是拉伸变换，即简单地将 x 拉伸 λ 倍，我们将这些特殊的向量称为特征向量，将特征向量对应的拉伸值 λ 称为特征值。一般对于 n 阶方阵 A（非奇异方阵），它将存在 n 个特征值和 n 个特征向量。

那么，对于任意向量 x，方阵 A 到底是如何施加变换的呢？这其实包含 3 个步骤，先将向量 x 分别投影到 A 的 n 个特征向量上，然后将 x 的各个投影向量拉伸特征值 λ 倍，最后把拉伸后的投影向量合成为新的向量 y。例如，方阵 A 为：

$$A=\begin{bmatrix} 3 & -1 \\ -1 & 3 \end{bmatrix}$$

其对应的两个特征值和特征向量分别为：

$$v_1=\left[\frac{\sqrt{2}}{2},\frac{\sqrt{2}}{2}\right]^{\mathrm{T}} \quad \lambda_1=2$$

$$v_2=\left[\frac{\sqrt{2}}{2},-\frac{\sqrt{2}}{2}\right]^{\mathrm{T}} \quad \lambda_1=4$$

线性变换 A 作用在两个特征向量上的效果如图 3-7 所示。

举例说明，令 $x=[0,1]^{\mathrm{T}}$，将其分解在两个特征向量 v_1、v_2 上（见图 3-8），分别延长 λ_1、λ_2 倍（见图 3-9），将拉伸后的向量合成为新的向量（见图 3-10）。

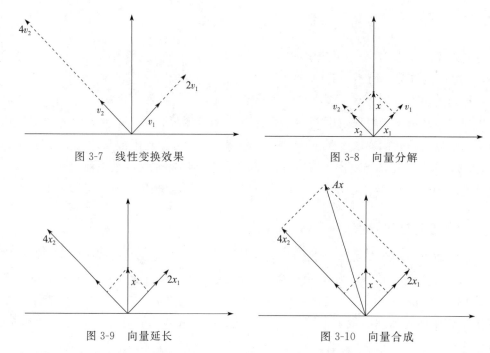

图 3-7　线性变换效果　　　　　　　　图 3-8　向量分解

图 3-9　向量延长　　　　　　　　图 3-10　向量合成

　　将向量 x 先分解到 n 个特征向量对应的方向上（本质是求解 x 在以特征向量组成的基上的表示），分别进行伸缩变换（在特征向量组成的基上进行伸缩变换），最后进行向量合成（本质是求解得到的新向量在标准基上的表示）。这其实就是读者熟悉的矩阵特征值分解：

$$A = U\Sigma U^{\mathrm{T}} \tag{3.8}$$

　　特征值是对应方阵的情况，将其推广至一般矩阵，便可引出奇异值。奇异值分解形式为：

$$A = U\Sigma V^{\mathrm{T}} \tag{3.9}$$

　　本质上，特征值分解其实是对线性变换中旋转、缩放两种效应的归并，奇异值分解是对线性变换的旋转、缩放和投影三种效应的一个析构（当 V 的维度大于 U 的维度时存在投影效应）。

3.3.2　谱范数与 1-Lipschitz 限制

　　对于任意单位向量 x，Ax 的最大值（使用向量的 2 范数度量值的大小）是多少？显然，对于上述问题，x 等于特征向量 v_2 时其值最大，因为这时的 x 全部"投影"到伸缩系数最大的特征向量上，而选择其他单位向量多多少少会在 v_1 方向上分解出一部分，在 v_1 方向上只有 2 倍的伸缩，不如在 v_2 方向上 4 倍伸缩的值更大。所以，Ax 的最大数值应该为 A 的最大特征值。一般，我们定义矩阵 A 的谱范数 $\sigma(A)$ 为 A 的最大奇异值，谱范数其实描述了 A 的最大拉伸强度，且有

$$\frac{\|Ax\|}{\|x\|} = \|Ax\|_{\|x\|=1} \leqslant \sigma(A) \tag{3.10}$$

可以进一步联想到，对于给定的任意 A ，将其除以 A 的谱范数 $\sigma(A)$ 得到

$$\hat{A} = \frac{A}{\sigma(A)} \tag{3.11}$$

必定满足 1-Lipschitz 限制，且非常容易证明：

$$\frac{\|\hat{A}(x+\Delta x) - \hat{A}(x)\|}{\|\Delta x\|} \leqslant \sigma(\hat{A}) = \frac{1}{\sigma(A)}\sigma(A) = 1 \tag{3.12}$$

也就是说，任意矩阵 A 大概率是不满足 1-Lipschitz 限制的，但是对 A 进行谱正则化操作（即将其除以谱范数）后，其线性变换的最大拉伸强度为 1，其谱范数 $\sigma(\hat{A})$ 为 1，输出的变化对输入变化的比值不可能超过 1，便满足了 1-Lipschitz 限制。

SNGAN 便是以此想法为基础，对每一层权值 W 都进行了谱正则化操作（即将其除以谱范数），从而实现 $D(x)$ 的 1-Lipschitz 限制。我们知道，通常在神经网络中的每一层，先进行输入 x 乘以权重 W 的线性运算得到激活函数的输入 y ，即 $Wx = y$ ；再将 y 送入激活函数 $f(\ )$ 得到输出 z ：$z = f(y)$ 。由于通常选用 ReLU 作为激活函数，ReLU 激活函数可以用对角方阵 D 表示，D 的维度与 y 的长度一致。对于特定的 W 和 x ，如果向量 y 的第 i 维的值大于 0，则 D 的第 i 个对角元素为 1，表示激活，否则为 0，表示未激活。此时一层神经网络的运算已经可以使用对角方阵 D 、权值矩阵 W 和输入向量 x 的连乘表示，如下所示。

$$\begin{bmatrix} z_1 \\ z_2 \\ z_3 \\ z_4 \end{bmatrix} = \begin{bmatrix} 0 & 0 & 0 & 0 \\ 0 & 1 & 0 & 0 \\ 0 & 0 & 1 & 0 \\ 0 & 0 & 0 & 1 \end{bmatrix} \begin{bmatrix} w_{11} & w_{12} & w_{13} \\ w_{21} & w_{22} & w_{23} \\ w_{31} & w_{32} & w_{33} \\ w_{41} & w_{42} & w_{43} \end{bmatrix} \begin{bmatrix} x_1 \\ x_2 \\ x_3 \end{bmatrix} \tag{3.13}$$

需要注意 D 的对角元素的值与 W 、x 均有关系，不同的 W 和 x 会导致不同的 D ，但是 D 的最大奇异值必然是 1，即其谱范数必然小于或等于 1（通常情况下也不可能为 0）。那么对于 L 层神经网络组成的判别器 $D(x)$ ，运算过程可扩展表示为：

$$D(x) = D^L W^L D^{L-1} W^{L-1} \cdots D^i W^i \cdots D^1 W^1 x \tag{3.14}$$

其中 D^i 表示第 i 层的激活函数矩阵，W^i 表示第 i 层的权值矩阵。将每一层的权值矩阵进行谱正则化

$$\hat{W}^i = \frac{W^i}{\sigma(W^i)} \tag{3.15}$$

判别器的计算过程变为：

$$D(x) = D^L \hat{W}^L D^{L-1} \hat{W}^{L-1} \cdots D^i \hat{W}^i \cdots D^1 \hat{W}^1 x \tag{3.16}$$

这时考察经过谱正则化后的判别器谱范数，由于

$$\sigma(A)\sigma(B) \geqslant \sigma(AB) \tag{3.17}$$

并且 $\boldsymbol{D}^i$ 和 $\hat{\boldsymbol{W}}^i$ 的谱范数均小于或等于 1，易证明

$$\sigma(\boldsymbol{D}^L\hat{\boldsymbol{W}}^L\boldsymbol{D}^{L-1}\hat{\boldsymbol{W}}^{L-1}\cdots\boldsymbol{D}^i\hat{\boldsymbol{W}}^i\cdots\boldsymbol{D}^1\hat{\boldsymbol{W}}^1)\leqslant\sigma(\boldsymbol{D}^L)\sigma(\hat{\boldsymbol{W}}^L)\cdots\sigma(\boldsymbol{D}^1)\sigma(\hat{\boldsymbol{W}}^1)\leqslant 1 \quad (3.18)$$

再考察 $D(\boldsymbol{x})$ 的 1-Lipschitz 限制满足情况，发现有

$$\frac{\|D(\boldsymbol{x}+\Delta\boldsymbol{x})-D(\boldsymbol{x})\|}{\|\Delta\boldsymbol{x}\|}\leqslant\sigma(\boldsymbol{D}^L)\sigma(\hat{\boldsymbol{W}}^L)\cdots\sigma(\boldsymbol{D}^1)\sigma(\hat{\boldsymbol{W}}^1)\leqslant 1 \quad (3.19)$$

即满足 1-Lipschitz 限制条件，并且是"硬"满足，具有理论上的保证！另外，在实践中，计算矩阵的奇异值是非常耗费资源的，所以使用奇异值分解来获取矩阵的所有奇异值，再取其中最大值为谱范数的方式是不合适的，故我们采用幂方法。它可以快速计算矩阵的最大奇异值，具体计算流程如下：对于矩阵 $\boldsymbol{A}_{m\times n}$，给定 m 维随机初始向量 $\boldsymbol{\mu}_0$ 和 n 维随机初始向量 $\boldsymbol{v}_0$，然后进行多次迭代计算：

$$\boldsymbol{v}_i=\boldsymbol{A}^{\mathrm{T}}\boldsymbol{u}_{i-1}/\|\boldsymbol{A}^{\mathrm{T}}\boldsymbol{u}_{i-1}\| \quad (3.20)$$

$$\boldsymbol{u}_i=\boldsymbol{A}\boldsymbol{v}_{i-1}/\|\boldsymbol{A}\boldsymbol{v}_{i-1}\| \quad (3.21)$$

经过足够多次的迭代计算后，有：

$$\sigma(\boldsymbol{A})\approx\boldsymbol{u}_n^{\mathrm{T}}\boldsymbol{W}\boldsymbol{v}_n \quad (3.22)$$

实际上，只需要做一次迭代便可得到有效的谱范数计算结果。为了更加明晰，我们将 3 种处理 Lipschitz 限制的算法的流程共同展示出来，如图 3-11 所示。注意，SNGAN 使用谱正则化的权值 $\hat{\boldsymbol{W}}$ 计算损失函数，但更新权值时是在 $\boldsymbol{W}$ 的基础上更新的。

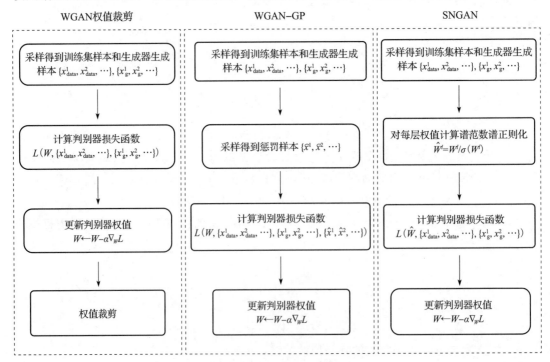

图 3-11　3 种算法比较

　　SNGAN 对神经网络的每一层权值都进行了谱正则化，从而保证判别器满足 1-Lipschitz 限制条件，并且谱正则化增加的计算量并不大。但其理论上的不足之处在于，它要求判别器的每一层均满足 1-Lipschitz 限制的条件有点过"硬"，减少了参数空间的搜索范围。目前谱正则化已经应用到很多 GAN 模型中，尤其是图像生成任务，并且不局限在判别器中，也可以在生成器中使用谱正则化。

3.4 一致优化

　　本节将介绍 GAN 中的一致优化算法。

3.4.1 欧拉法

　　很多人平时接触的方程大部分是代数方程、超越方程等，比如 $x^2=1$，其解是一个或几个数值，例如上式的解为 $x=1$ 或 $x=-1$，而微分方程是一种稍微"抽象"的方程，它是表示未知函数 $y(x)$、未知函数的导数 $y'(x)$ 与自变量 x 关系的方程，比如：

$$\frac{\mathrm{d}y}{\mathrm{d}x}-2x=0 \tag{3.23}$$

　　其解（如果可解）应是一个函数或者函数族，例如上式的解析解为 $y(x)=x^2+C$，未知函数 $y(x)$ 如果是一元函数则称为常微分方程，如果是多元函数则称为偏微分方程。为方便起见，将自变量 x 写成时间 t，则可以用微分方程来表示某些随时间变化的规律或者动力学系统：

$$\frac{\mathrm{d}\theta}{\mathrm{d}t}=f(\theta,t) \tag{3.24}$$

　　需要说明的是，对于常微分方程，只有某些特殊类型的方程能求得解析解，大部分是很难求得解析解的，所以实践中主要依靠数值法来近似计算求得数值解。以一个简单的具有初始值的常微分方程为例：

$$\begin{cases} \dot{\theta}=\theta-\dfrac{2t}{\theta} \\ \theta(t_0)=1 \end{cases} \tag{3.25}$$

其解析解为 $\theta=\sqrt{1+2t}$，而数值解只能给出部分离散的自变量、因变量近似数值对，如表 3-1 所示。

表 3-1　部分离散的自变量、因变量近似数值对

t_n	θ_n	t_n	θ_n	t_n	θ_n
0.1	1.1000	0.4	1.3582	0.7	1.5803
0.2	1.1918	0.5	1.4351	0.8	1.6498
0.3	1.2774	0.6	1.5090	0.9	1.718

欧拉法是一种非常经典的一阶数值方法。给定初始值和一系列固定间隔 h 的离散时间点，则可迭代计算：

$$\theta_1 = \theta_0 + hf(\theta_0, t_0)$$
$$\theta_2 = \theta_1 + hf(\theta_1, t_1)$$
$$\cdots\cdots \tag{3.26}$$
$$\theta_n = \theta_{n-1} + hf(\theta_{n-1}, t_{n-1})$$

得到微分方程的数值解。上述迭代计算中的递推关系为：

$$\frac{\theta_{n+1} - \theta_n}{t_{n+1} - t_n} = f(\theta_n, t_n) \tag{3.27}$$

类似地，在机器学习或者神经网络中，我们会大量使用梯度下降法，其实也可以把它看作一个动力系统。给定关于训练集的某种损失函数：

$$L(\theta) = \sum_{i=1}^{N} \frac{1}{N} L(x^{(i)}; \theta) \tag{3.28}$$

一般情况下，对相当复杂的损失函数，不太可能一步到位直接求解参数的最优解，只能通过某些算法"慢慢地"寻找最优解，比如使用经典的梯度下降算法，不断更新参数，得到一条轨迹，如图 3-12 所示，其行为与动力系统十分相像。考虑一个由常微分方程表示的动力系统：

$$\dot{\theta} = -\nabla_\theta L(\theta) \tag{3.29}$$

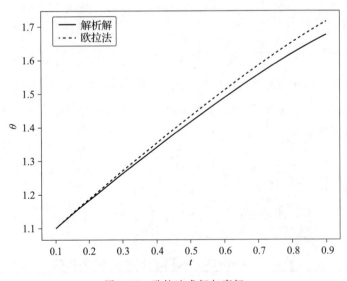

图 3-12　欧拉法求解与真解

使用欧拉法求解该动力系统，则有如下迭代关系：

$$\theta_{n+1} = \theta_n - h\nabla_\theta L(\theta) \tag{3.30}$$

如果把固定时间间隔 h 视为学习速度（learning rate），则这就是大家非常熟悉的梯度下降算法的表达式。到此大家应该看得出，所谓梯度下降算法，从动力学角度来看，就是使用欧拉法求解某个动力学系统。当然，我们并不单单致力于能求解微分方程的数值解或者得到参数的轨迹，更重要的是，我们希望参数 θ 能够收敛到某个稳定点，使得动力系统达到某个稳定的状态，损失函数能够收敛。

3.4.2　GAN 动力学系统

在 GAN 中，我们设定生成器的优化目标为最大化 f，而判别器的优化目标为最大化 g，动力系统的参数由两部分组成，θ（判别器的参数）和 ϕ（生成器的参数），那么动力学微分方程可写为：

$$\begin{pmatrix} \dot{\theta} \\ \dot{\phi} \end{pmatrix} = \begin{pmatrix} \nabla_\theta f(\theta, \phi) \\ \nabla_\phi g(\theta, \phi) \end{pmatrix} \tag{3.31}$$

这里仍然采用梯度下降法进行迭代更新，若使用欧拉法求解 GAN 动力学系统[4-5]，则可理解为使用同时梯度下降算法：

$$\theta_{n+1} = \theta_n + h\nabla_\theta f(\theta, \phi)$$
$$\phi_{n+1} = \phi_n + h\nabla_\theta g(\theta, \phi) \tag{3.32}$$

即在一个时间节点上，同时更新生成器和判别器的参数，其参数轨迹如图 3-13 所示。

需要说明一下，通常在 GAN 中我们使用的是交替梯度下降法，两者有一些区别（但是很多情况下并不影响最终的结论），即依次交替更新生成器和判别器的参数，其参数轨迹如图 3-14 所示。

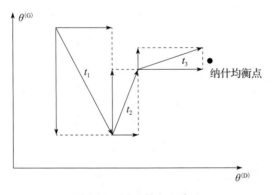

图 3-13　同时梯度下降法

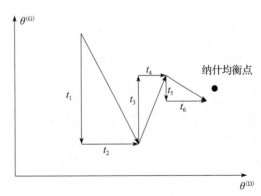

图 3-14　交替梯度下降法

GAN 并不是在寻找全局最优解，而是在寻找一个局部最优解。我们希望动力学系统的轨迹可以随着不断迭代而进入一个局部收敛点，也就是纳什均衡。定义纳什均衡点为：

$$\overline{\theta} = \mathrm{argmax}_\theta f(\theta, \phi)$$
$$\overline{\phi} = \mathrm{argmax}_\phi g(\theta, \phi) \tag{3.33}$$

容易证明，对于零和博弈（$f = -g$），在纳什均衡点，其雅可比矩阵

$$\begin{bmatrix} \nabla_\theta^2 f(\theta,\phi) & \nabla_{\theta,\phi} f(\theta,\phi) \\ \nabla_{\phi,\theta} g(\theta,\phi) & \nabla_\phi^2 g(\theta,\phi) \end{bmatrix}$$

是负定的。反过来，可以通过检查雅可比矩阵的性质来判断是否达到了局部收敛。如果在某个点，其一阶导数为 0：

$$\binom{0}{0} = \binom{\nabla_\theta f(\theta,\phi)}{\nabla_\phi g(\theta,\phi)} \tag{3.34}$$

且其雅可比矩阵为负定矩阵，则该点为纳什均衡点。先不谈 GAN，下面先介绍一个特别重要的与动力学收敛性相关的命题，考虑一个如下形式的函数：$F(x)=x+hG(x)$，其中 h 大于 0。有这样一个命题：如果存在一个比较特殊的点(不动点)使得 $F(\bar{x})=\bar{x}$，而且在该不动点，函数 $F(x)$ 的雅可比矩阵 $F'(x)$ 的所有特征值(非对称矩阵的特征值为复数)的绝对值均小于 1，则从该不动点的一小邻域内的任意一点开始，使用如下形式的数值迭代法：

$$\begin{aligned} x^{(0)} + hG(x^{(0)}) &= F(x^{(0)}) \rightarrow :x^{(1)} \\ x^{(1)} + hG(x^{(1)}) &= F(x^{(1)}) \rightarrow :x^{(2)} \\ &\cdots\cdots \\ x^{(n-1)} + hG(x^{(n-1)}) &= F(x^{(n-1)}) \rightarrow :x^{(n)} \end{aligned} \tag{3.35}$$

则 $F(x)$ 最终会收敛至 $\bar{x}$。为了直观描述，上述的数值迭代过程其实是在使用数值迭代的方式求 $y=x$ 和 $y=x+hG(x)$ 两个函数的交点，如图 3-15 所示可以得到一个好的关于收敛性的结论，而且其数值迭代的方式与实际的 GAN 训练方式也吻合，我们考虑将 GAN 对接到这个结论中。现在，将 x 对应为 GAN 的参数：

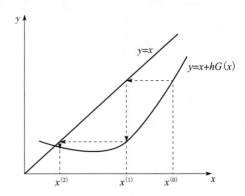

图 3-15　数值迭代过程示意

$$x : \binom{\theta}{\phi}$$

而 h 可以对应为训练时的学习速率，$G(x)$ 则对应为矢量场 v：

$$G(x) : v(\theta,\phi) = \binom{\nabla_\theta f(\theta,\phi)}{\nabla_\phi g(\theta,\phi)} \tag{3.36}$$

这样看来，式子表达的意思就是使用同时梯度下降法进行参数更新(由于将目标函数写成 max 形式，因此准确来说是梯度上升法，无伤大雅)：

$$\binom{\theta}{\phi} := \binom{\theta}{\phi} + h\binom{\nabla_\theta f(\theta,\phi)}{\nabla_\phi g(\theta,\phi)} \tag{3.37}$$

将一般形式与 GAN 对接起来后，再次考虑之前关于收敛性的结论，即如果存在满足如下形式的点(即不动点)，并且在不动点，矢量场 v 的雅可比矩阵的所有特征值的绝对值均小于 1，则从该不动点的某一个邻域内任意一点开始迭代，最终都会进入收敛状态。其实前一个条件无非就是说在不动点，$v=0$，即损失函数的梯度为 0。那么可以对 GAN 的训练过程进行"检查"，当出现一个梯度为 0 的参数点时，"检查"其矢量场的雅可比矩阵的特征值是否都在单位圆内，如果在则 GAN 的迭代最终会收敛进该点。

训练 GAN 找到梯度为 0 的参数点似乎并不困难，但是要实现第二个条件，即实现在不动点的矢量场 v 的雅可比矩阵的所有特征值的绝对值均小于 1 则可能比较困难。下面详细分析一下。考虑一般情况下的表达式：

$$F(\boldsymbol{x})=\boldsymbol{x}+hG(\boldsymbol{x}) \tag{3.38}$$

$F(\boldsymbol{x})$ 的雅可比矩阵为：

$$\boldsymbol{F}'(\boldsymbol{x})=\boldsymbol{I}+h\boldsymbol{G}'(\boldsymbol{x}) \tag{3.39}$$

对其进行特征值分解，单位矩阵 $\boldsymbol{I}$ 的特征值是实数 1，而考虑到一般情况下矩阵 $\boldsymbol{G}'(\boldsymbol{x})$ 是非对称矩阵，则其特征值必然是复数，设 $\boldsymbol{G}'(\boldsymbol{x})$ 分解出的特征值 $\lambda=a+bi$，故 $\boldsymbol{F}'(\boldsymbol{x})$ 分解出的特征值为 $(ha+1)+hbi$，如图 3-16a 所示。特征值很容易跑出单位圆之外。要保证其绝对值小于 1（即在单位圆里），首先要保证 a 小于 0（a 大于或等于 0 时，该条件不可能满足），如图 3-16b 所示。

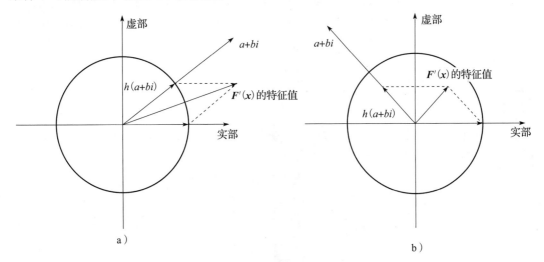

图 3-16 特征值示意图

即 $\boldsymbol{G}'(\boldsymbol{x})$ 分解出的特征值的实部为负数，此时：

$$[(1+ha)+hbi][(1+ha)-hbi]<1 \Leftrightarrow h<\frac{1}{|a|}\frac{2}{1+\left(\frac{b}{a}\right)^2} \tag{3.40}$$

也就是说，要想进入收敛状态，特征值的实部要为负数，且同时要求学习速率 h 一定要足够小。其上界取决于特征值。但是这里有一个矛盾：如果将学习速率设置得太小，训练时长就会变得特别长。同样，在 GAN 中，需要保证矢量场 v 的雅可比矩阵

$$\begin{bmatrix} \nabla_\theta^2 f(\theta,\phi) & \nabla_{\theta,\phi} f(\theta,\phi) \\ \nabla_{\phi,\theta} g(\theta,\phi) & \nabla_\phi^2 g(\theta,\phi) \end{bmatrix}$$

的所有特征值的实部为负数。但是实际上这个条件是不太可能达到的，尤其是存在实部几乎为 0 且虚部的值比较大的情况，同时学习速率要设置的足够小。注意，矢量场 v 的雅可比矩阵与生成器和判别器的目标函数 f、g 相关，考虑调整一下 f 和 g，使得在不动点处的特征值的实部为负数。

3.4.3 一致优化算法

一致优化（Consensus Optimization）算法是一种理论上比较好的方法，它做了一点"手脚"使得特征值的实部尽量为负数[3]。先考虑一般的形式：

$$F(x) = x + hA(x)G(x) \tag{3.41}$$

其中，γ 大于 0，A 为可逆矩阵，表达式为：

$$A(x) = I - \gamma G'(x)^{\mathrm{T}} \tag{3.42}$$

严谨起见，这里需要说明一下：如果某个 x 是 $F(x) = x + hG(x)$ 的一个不动点，则该 x 也是 $F(x) = x + hA(x)G(x)$ 的不动点。这里并没有因为在式子中添加 $A(x)$ 而影响了不动点，之前可能在哪里收敛，之后可能还是在那个点收敛，而且在该不动点，有

$$\begin{aligned} F'(x) &= I + h(A'(x)G(x) + A(x)G'(x)) \\ &= I + hA(x)G'(x) \\ &= I + h[I - \gamma G'(x)^{\mathrm{T}}]G'(x) \\ &= I + hG'(x) - h\gamma G'(x)^{\mathrm{T}}G'(x) \end{aligned} \tag{3.43}$$

可以看出，相比式(3.39)，新增加的一项会使得特征值向实部的负数方向偏移（新增项为负定矩阵，其特征值必然为负实数），如图 3-17 所示。

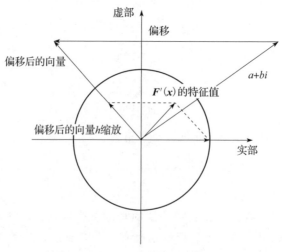

图 3-17 一致优化示意图

如果超参数 γ 设置比较合理，则"有希望"保证特征值均落在单位圆内。现在，将上述方式对接到 GAN 中，将生成器和判别器的目标函数修改为：

$$\max_{\theta} f(\theta,\phi) - \gamma L(\theta,\phi)$$
$$\max_{\theta} g(\theta,\phi) - \gamma L(\theta,\phi) \tag{3.44}$$

其中，$L(\theta,\phi) = \frac{1}{2}\|v(\theta,\phi)\|^2$，则可以写成如下形式：

$$\binom{\theta}{\phi} := \binom{\theta}{\phi} + h \begin{pmatrix} \nabla_\theta[f(\theta,\phi) - \gamma L(\theta,\phi)] \\ \nabla_\phi[g(\theta,\phi) - \gamma L(\theta,\phi)] \end{pmatrix} \tag{3.45}$$

可化简为：

$$\binom{\theta}{\phi} := \binom{\theta}{\phi} + hv(\theta,\phi) - \gamma v'(\theta,\phi)^\top v(\theta,\phi) \tag{3.46}$$

根据之前的结论，如果 γ 设置比较合理，学习速率 h 足够小，则其特征值均会落入单位圆内，参数随着不断更新迭代会进入不动点，也就是说进入纳什均衡的状态。添加的正则项虽然没有解决要求足够小的学习速率的问题，但是"保证"了特征值尽可能落入单位圆中。最后说明一下，一般 GAN 中生成器和判别器的目标函数符号是相反的，但是我们同时对它们增加相同符号的正则项，在正则项部分上，它们的优化目标是一致的，故称为一致优化。

3.5 GAN 训练技巧

在训练 GAN 的实验中，人们发现了一些可以提升训练稳定性的技巧，包括网络结构、损失函数的修改，优化算法的设计等多个方面，本文会对这些方法分别进行讲解。

3.5.1 特征匹配

在 GAN 中，判别器 D 输出一个 0 到 1 之间的标量表示接收的样本来源于真实数据集的概率，而生成器的训练目标就是努力使得该标量值最大。如果从特征匹配（feature matching）[4] 的角度来看，整个判别器 D 由两部分功能组成，先通过前半部分 $f(x)$ 提取到样本的抽象特征，再由后半部分的神经网络根据抽象特征进行判定分类，如图 3-18 所示。

$f(x)$ 表示判别器中截至中间某层神经元激活函数的输出。在训练判别器时，我们试图找到一种能够区分两类样本的特征提取方式 $f(x)$，而在训练生成器的时候，我们可以不再关注 $D(x)$ 的概率输出，而

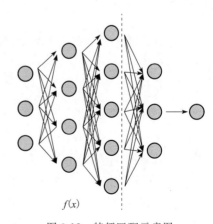

$f(x)$

图 3-18 特征匹配示意图

是关注：从生成器生成样本中用 $f(x)$ 提取的抽象特征是否与在真实样本中用 $f(x)$ 提取的抽象特征相匹配，另外，为了匹配这两个抽象特征的分布，考虑其一阶统计特征——均值，即可将生成器的目标函数改写为：

$$\| \mathbb{E}_{x \sim p_{\text{data}}} f(x) - \mathbb{E}_{z \sim p_z} f(G(z)) \|_2^2 \tag{3.47}$$

采用这样的方式，可以让生成器不过度训练，让训练过程相对稳定一些，并且可以在一定程度上减轻模式崩溃的问题。

3.5.2 历史均值

历史均值(historical averaging)[6]是一种非常简单的方法，就是在生成器或者判别器的损失函数中添加一项：

$$\left\| \theta - \frac{1}{t} \sum_{i=1}^{t} \theta[i] \right\|^2 \tag{3.48}$$

其中，θ 为生成器或判别器网络的参数，$\theta[i]$ 为第 i 次迭代的参数，这样可以使得判别器或者生成器的参数不会突然产生较大的波动。从直觉上看，在快要达到纳什均衡点时，参数会在纳什均衡点附近不断调整而不容易跑出去。这个技巧在处理低维问题时确实有助于进入纳什均衡状态从而使损失函数收敛，但是 GAN 中面临的是高维问题，助力可能有限。

3.5.3 单侧标签平滑

标签平滑(label smoothing)方法最早是在 1980 年提出的，它在分类问题上具有非常广泛的应用，主要是为了解决过拟合问题。一般地，我们的分类器的最后一层使用 softmax 层输出分类概率(sigmoid 只是 softmax 的特殊情况)。我们用二分类 softmax 函数来说明一下标签平滑的效果。对于给定的样本 x，其类别为 1，则标签为 $[1,0]$，如果不用标签平滑，只使用"硬"标签，则其交叉熵损失函数为：

$$-\log \frac{e^{z_1}}{e^{z_1} + e^{z_2}} \tag{3.49}$$

这时候通过最小化交叉熵损失函数来训练分类器，本质上是使

$$p(y=1) = \frac{e^{z_1}}{e^{z_1} + e^{z_2}} \rightarrow 1$$

$$\tag{3.50}$$

$$p(y=0) = \frac{e^{z_2}}{e^{z_1} + e^{z_2}} \rightarrow 0$$

其实也就是使 z_1 趋向于无穷大，而 z_2 趋向于 0。对于给定的样本 x，使 z_1 的值无限大(当然这在实践中是不可能的)而使 z_2 趋于 0，无休止拟合该标签 1，便产生了过拟合，降低了分类器的泛化能力。如果使用标签平滑手段，对给定的样本 x，其类别为 1，例如平滑标签为 $[1-\epsilon, \epsilon]$，则交叉损失函数为：

$$-(1-\varepsilon)\log\frac{e^{z_1}}{e^{z_1}+e^{z_2}}-\varepsilon\log\frac{e^{z_2}}{e^{z_1}+e^{z_2}} \tag{3.51}$$

当损失函数达到最小值时，有：

$$z_1-z_2=\log\frac{\varepsilon}{1-\varepsilon} \tag{3.52}$$

选择合适的参数，理论上的最优解 z_1 与 z_2 存在固定的常数差值（此差值由 ε 决定），便不会出现 z_1 无限大、远大于 z_2 的情况了。如果将此技巧用在 GAN 的判别器中，即将生成器生成的样本输出概率值由 0 变为 β，则生成器生成的单样本交叉熵损失函数为：

$$-\beta\log[D(x)]-(1-\beta)\log[1-D(x)] \tag{3.53}$$

将数据集中的样本标签由 1 降为 α，则数据集中的单样本交叉熵损失函数为：

$$-\alpha\log[D(x)]-(1-\alpha)\log[1-D(x)] \tag{3.54}$$

总交叉损失函数为两项之和：

$$\mathbb{E}_{x\sim p_g}\{-\beta\log[D(x)]-(1-\beta)\log[1-D(x)]\}+\mathbb{E}_{x\sim p_{\text{data}}}\{-\alpha\log[D(x)]-(1-\alpha)\log[1-D(x)]\} \tag{3.55}$$

其最优解 $D(x)$ 为：

$$D(x)=\frac{\alpha p_{\text{data}}(x)+\beta p_g(x)}{p_{\text{data}}(x)+p_g(x)} \tag{3.56}$$

实际训练中有大量这样的 x：其在训练数据集中的概率分布为 0，在生成器生成的概率分布不为 0，但经过判别器后输出为 β。为了能迅速"识破"该样本，最好将 β 降为 0，这就是所谓的单侧标签平滑。

3.5.4 虚拟批正则化

虚拟批正则化（Virtual Batch Normalization，VBN）[4] 是一种批正则化（BN）技术的改进版本。BN 的出现大大提升了训练速度和收敛速度，也降低了网络初始化的要求。但是，BN 会使得样本 x 的输出高度依赖于同一批次的其他样本 x'，以图像生成任务为例，它可能会使得同一批次生成的图像色调相似。为了避免这个问题，虚拟批正则化定义了一个参考批次，该批次从一开始就被选择固定下来，训练时每一批次的正则化都要使用参考批次的统计数值。由于我们在整个训练中使用相同的参考批次，有可能发生过拟合的现象，所以为了缓解这种情况，可以将参考批次与当前批次相结合，以计算规范化参数。由于 VBN 在进行前向传播时需要计算两个批次，计算成本相对较高，故只建议在生成器中使用 VBN 技术。

3.5.5 TTUR

TTUR（Two Time-scale Update Rule）方法对判别器 D 和生成器 G 使用不同的学习速率。通常我们认为，生成器的学习能力要弱于判别器，判别器要比生成器先学习到新的模式才能指导生成器，但学习能力不仅取决于学习速率的大小，还与目标函数、目标函数当前数值、优化算法、网络架构等内容相关，故生成器的学习速率可以大于判别器，更根本的是，选择两者的学习速率时应该彼此独立考虑。另外，根据一些实验结果，生成器和判别器的学习速率不同时的效果通常好于两者学习速率相同时的效果。

3.5.6　0 中心梯度

WGAN-GP 使用了惩罚项使判别器在惩罚样本上的输出对输入的梯度接近 1，这是由于 1-Lipschitz 限制导致的，但另一种与之相似的以 0 为中心的梯度惩罚项同样可取得较好的效果，即：

$$\lambda \mathbb{E}_x \|\nabla_x D(x)\|^2 \tag{3.57}$$

对于这一惩罚项，我们可解释为使用 W 散度度量 p_{data} 和 p_g 的距离，即：

$$\max_\theta \mathbb{E}_{x\sim p_{\text{data}}}[D(x)] - \mathbb{E}_{x\sim p_g}[D(x)] - \lambda \mathbb{E}_x \|\nabla_x D(x)\|^p \tag{3.58}$$

当 $p=2$ 时便得到了 0 中心梯度惩罚目标函数。对于惩罚项样本的采样方式，WGAN-GP 使用在训练样本和生成样本中间插值的办法，也可以选择训练样本内随机插值、生成样本内随机插值，两类样本混合后随机选两个样本插值，将两类样本混合并采样，从训练样本中采样，以及从生成样本中采样等方式。根据经验，惩罚项的各种样本采集方式并无太显著的差异，需根据具体任务具体选择。

3.5.7　其他建议

训练 GAN 时还有一些其他建议，其原理并不能完全解释清楚，但在实践中有一定的效果，如下：

- ❑ 将图像像素值缩放在 −1 和 1 之间；
- ❑ 使用 tanh 函数作为生成器的输出层；
- ❑ 噪声 z 使用正态分布；
- ❑ BN 通常可以稳定训练；
- ❑ 尽量使用 LeakyReLU 作为激活函数；
- ❑ 使用 PixelShuffle 和转置卷积进行上采样；
- ❑ 避免最大化池用于下采样，使用带步长的卷积和平均池化；
- ❑ 在 GAN 中，如果可能尽量使用 Adam 优化器；
- ❑ 早早地追踪到训练失败的信号并停止训练，例如判别器损失函数迅速趋于 0；
- ❑ 训练和测试阶段，在生成器中的某几层使用 DropOut 引入一定的噪声。

3.6　模式崩溃解决方案

GAN 的模式崩溃问题本质上还是 GAN 的训练优化问题，理论上说，如果 GAN 可以收敛到最优的纳什均衡点，那么模式崩溃的问题自然得到解决。如图 3-19 所示，虚线代表生成数据的概率密度函数，而实线代表训练数据集的概率密度函数，本来虚线只有一个模式，也就是生成器几乎只会产生一种样本，而在理论上的最优解中，两条线重合，这时候在生成器中采样自然能几乎得到 3 种样本，与训练集的数据表现一致。

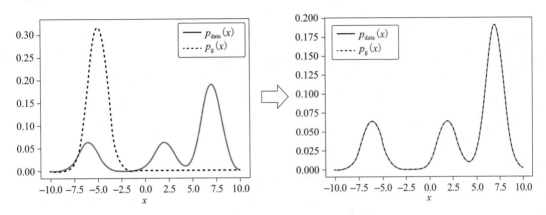

图 3-19　全局最优解避免模式崩溃

当然，实际上几乎不会达到全局最优解，看似收敛的 GAN 其实只是找到一个局部最优解。故一般而言，我们有两条思路解决模式崩溃问题。

1) 提升 GAN 的学习能力，找到更好的局部最优解，如图 3-20 所示，通过训练虚线慢慢向实线的形状、大小靠拢，比较好的局部最优自然会有更多的模式，直觉上可以在一定程度上减轻模式崩溃的问题。常用的解决方案包括 unrolledGAN、DRAGAN 以及 Minibatch 判别器等。

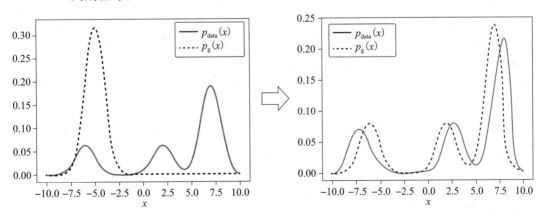

图 3-20　提升学习能力

2) 放弃寻找更优的解，只在 GAN 的基础上，显式地要求 GAN 捕捉更多的模式 (如

图 3-21 所示），虽然虚线与实线的相似度并不高，但是"强制"增添了生成样本的多样性，而且这类方法大都直接修改 GAN 的结构。常用的解决方案包括 MADGAN 与 VVEGAN 等。

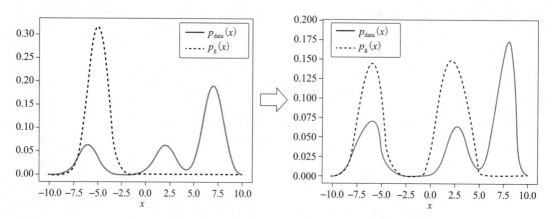

图 3-21 "强制"增添样本多样性

下面对主要的解决方案进行详细介绍。

3.6.1　unrolledGAN

首先需要说明，其实生成器在某一时刻单纯地将样本都聚集到某几个高概率的峰下并不是我们讨厌模式崩溃的根本原因，如果生成器能自动调整权值，将生成样本分散到整个训练数据的流形上，则能自动跳出当前的模式崩溃状态，并且理论上生成器确实"具备"该项能力，因为 Goodfellow 证明了 GAN 理论上会实现最优解。

但是实际情况是：对于生成器的不断训练并未使其学会提高生成样本的多样性，生成器只是在不断将样本从一个峰转移聚集到另一个峰下。这样的过程"没完没了"，无法跳出模式崩溃的循环。无论你在何时终止训练，都面临着模式崩溃，只是在不同时刻，生成样本所聚集的峰不同罢了。

不过，这种情况的发生有一定的必然性，我们先使用原始形式 GAN 对这个过程进行示意描述，其目标函数为：

$$\min_{\phi}\max_{\theta}V=\mathbb{E}_{x\sim p_{data}}\log(D(x))+\mathbb{E}_{z}\log(1-D(G(z)))\tag{3.59}$$

真实数据集的概率分布如图 3-22 所示，生成器生成样本的分布如下所示。

我们先更新判别器：

$$\theta=\arg\max_{\theta}V(\phi,\theta)\tag{3.60}$$

假设判别器达到了最优状态，则其表达式应为：

$$D(x)=\frac{p_{data}(x)}{p_{data}(x)+p_{g}(x)}\tag{3.61}$$

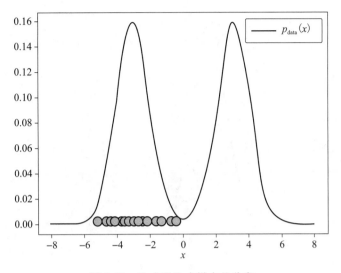

图 3-22　生成器生成样本的分布

此时，最优判别器 $D(x)$ 的函数图像如图 3-23 所示。需要说明，此图仅为示意说明，并不为完全严谨的计算结果。

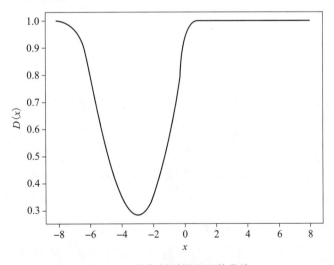

图 3-23　最优判别器的函数曲线

由此可知，这时判别器会立刻"怀疑" $x = -3$ 附近样本点的真实性，接下来更新生成器：

$$\phi = \underset{\phi}{\arg\min} V(\phi, \theta) \tag{3.62}$$

此时的生成器将会非常"无可奈何"，为了使得目标函数最小，最好的方法便是将样本聚集到 $x = 3$ 附近，如图 3-24 所示。

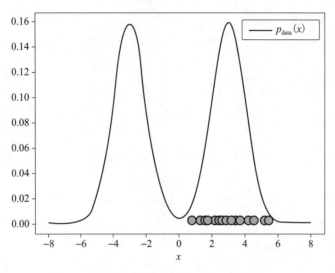

图 3-24   样本聚集自 $x=3$ 附近

再更新判别器，同上述过程，判别器会立刻"怀疑" $x=3$ 附近样本点的真实性，这样的糟糕结果会不断循环下去。对此，unrolledGAN 认为：正是因为生成器缺乏"先见之明"，导致了无法跳出模式崩溃的困境，生成器每次更新参数时，只考虑在当前生成器和判别器的状态下可以获得的最优解，而不知道当前选择的最优解从长远来看并不是最优解[5]。

我们通过一定的改进，来提高生成器的"先见之明"。具体来说，判别器的目标函数仍然保持不变，参数更新方式为采用梯度下降方式连续更新 K 次，如下：

$$\theta^0 = \theta$$

$$\cdots\cdots$$

$$\theta^K = \theta^{K-1} + \eta \frac{\partial V(\phi, \theta^{K-1})}{\partial \theta^{K-1}} \tag{3.63}$$

而生成器的优化目标修改为：

$$\phi = \underset{\phi}{\mathrm{argmin}} V(\phi, \theta^K(\phi, \theta)) \tag{3.64}$$

即生成器在更新时，不仅考虑当前生成器的状态，还会额外考虑 K 次更新后判别器的状态，并综合两个信息做出最优解。其梯度的变化为：

$$\frac{\mathrm{d}V(\phi, \theta)}{\mathrm{d}\phi} = \frac{\partial V(\phi, \theta^K(\phi, \theta))}{\partial \phi} + \frac{\partial V(\phi, \theta^K(\phi, \theta))}{\partial \theta^K(\phi, \theta)} \frac{\partial \theta^K(\phi, \theta)}{\partial \phi} \tag{3.65}$$

第一项就是非常熟悉的标准 GAN 形式的计算得到的梯度，而第二项便是考虑 K 次更新后判别器的状态而产生的附加项。我们现在再看刚才的问题，发现 unrolledGAN 会跳出模式崩溃的循环。同样的初始状态，生成器在进行下一步更新时，面对以下两种可能性，图 3-25a 是之前提到过的模式崩溃状态，图 3-25b 是理想的样本生成状态。

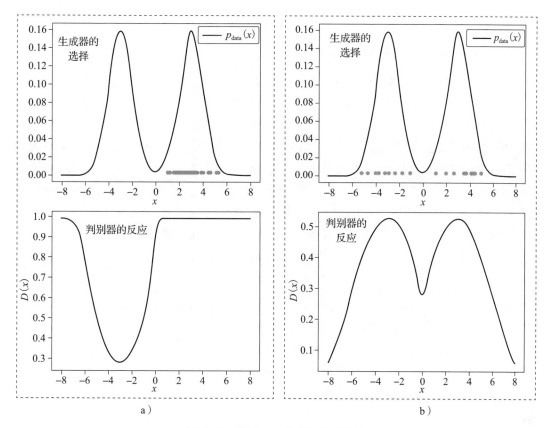

图 3-25　使用 unrolledGAN 的效果

经计算，选择右边会比选择左边产生更小的目标函数值，故实际上生成器进行梯度更新将会趋向于右边的状态从而跳出模式崩溃。可以看出，生成器跳出模式崩溃的核心原因就是更新参数时不仅考虑当下状态，而且额外考虑了 K 步判别器的反应，从而避免了短视行为，当然需要说明的是，这样做明显增加了计算量。

3.6.2　DRAGAN

GAN 的参数优化问题并不是一个凸优化问题，它存在许多局部纳什均衡状态。即使 GAN 进入某个纳什均衡状态，损失函数表现为收敛，其仍旧可产生模式崩溃问题，我们认为此时参数进入一个坏的局部均衡点。通过实践，我们发现当 GAN 出现模式崩溃问题时，通常伴随着这样的表现：当判别器在训练样本附近更新参数时，其梯度值非常大，故 DRAGAN[6] 的解决方法是在训练样本附近对判别器施加梯度惩罚项：

$$\mathbb{E}_{x \sim p_{\text{data}},\, \delta \sim N_d(0,\, cI)}\left[\|\nabla_x D(x+\delta)\| - 1\right]^2 \tag{3.66}$$

这种方式试图在训练样本附近构建线性函数，因为线性函数为凸函数，具有全局最优解。需要额外说明，DRAGAN 的形式与 WGAN-GP 颇为相似，只是 WGAN-GP 是在全样本空间施加梯度惩罚，而 DRAGAN 只在训练样本附近施加梯度惩罚。

3.6.3　Minibatch 判别器与 PGGAN

Minibatch 判别器[4]认为模式崩溃原因还是由于判别器，因为判别器每次只能独立处理一个样本，使得生成器在每个样本上获得的梯度信息缺乏"统一协调"，都指向同一个方向，而且也不存在任何机制要求生成器的输出结果彼此有较大差异。

小批量判别器给出的解决方案是：让判别器不再独立考虑一个样本，而是同时考虑一个小批量的样本。具体办法如下：对于一个小批量的每个样本 $\{x^{(1)}, x^{(2)}, \cdots, x^{(N)}\}$，将判别器的某个中间层 L 的结果引出为一个 n 维向量 $f(x_i)$，将该向量与一个可学习的张量 $T_{n \times p \times q}$ 相乘，得到样本 x_i 的 $p \times q$ 维的特征矩阵 M_i，可视为得到了 p 个 q 维特征。

接着，每一个样本 x_i 与小批量中其他样本的第 r 个特征的差异和为：

$$o(x_i)_r = \sum_j \exp(-\|M_{i,r} - M_{j,r}\|_{L1}) \tag{3.67}$$

其中，$M_{i,r}$ 表示 M_i 的第 r 行，并使用 $L1$ 范数表示两个向量的差异，如图 3-26 所示。

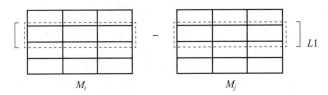

$$M_i \qquad\qquad M_j$$

图 3-26　计算示意图

那么每个样本都将会计算得到一个对应的向量：

$$o(x_i) = [o(x_i)_1, o(x_i)_2, \cdots, o(x_i)_p]^{\mathrm{T}} \tag{3.68}$$

最后将 $o(x_i)$ 作为额外接入引出的中间层的下一层 $L+1$ 即可，也就是说，在原判别器的基础上加了一个 mini-batch 层，其输入是 $f(x_i)$，输出是 $o(x_i)$，中间还包括一个可学习参数 T。原始的判别器要求输出样本来源于训练数据集的概率，小批量判别器的任务仍然是输出样本来源于训练数据集的概率，只不过它的能力更强，因为它能利用批量样本中的其他样本作为附加信息。

对于小批量判别器，当发生模式崩溃的生成器需要更新时，$G(z)$ 先生成一个批量的样本 $\{G(z)^{(1)}, G(z)^{(2)}, \cdots, G(z)^{(N)}\}$，由于这些样本都在单个模式下，则计算得到的 mini-batch 层结果 $\{o(G(z)^{(1)}), o(G(z)^{(2)}), \cdots, o(G(z)^{(N)})\}$ 必然与训练数据集的计算得到的 mini-batch 层结果有很大差异，捕捉到的差异信息不会使小批量判别器 $D(G(z_i))$ 的值太低，且小批量判别器不会简单地对所有样本输出相同的梯度方向。

Progressive GAN[9]给出了一个简化版本的小批量判别器，其思想与上述思想相同，只是计算方式比较简单。对于判别器的输入样本 $\{x^{(1)}, x^{(2)}, \cdots, x^{(N)}\}$，抽取某中间层作为特征有 $\{f(x^{(1)}), f(x^{(2)}), \cdots, f(x^{(N)})\}$，计算每个维度的标准差并求均值，即

$$o = \frac{1}{N} \sum_{i=1}^{N} (\sigma_i) \tag{3.69}$$

其中

$$\sigma_i = \sqrt{\frac{1}{N-1} \sum_{j=1}^{N} (f(x_j)_i - \hat{f}_i)^2} \tag{3.70}$$

最后将 o 作为特征图与中间层的输出拼接到一起。Progressive GAN 的小批量判别器中不包含需要学习的参数，而是直接计算批量样本的统计特征，更为简洁。

3.6.4 MADGAN 与 MADGAN-Sim

本节介绍的 MADGAN 及其变体便是第二类方法的代表之一[7]。它的核心思想是这样的：即使单个生成器会产生模式崩溃的问题，但是如果同时构造多个生成器，且让每个生成器产生不同的模式，则这样的多生成器结合起来也可以保证产生的样本的多样性，如图 3-27 所示。

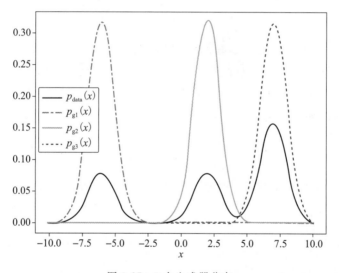

图 3-27　3 个生成器分布

需要说明一下，简单地添加几个彼此孤立的生成器并无太大意义，它们可能会归并成相同的状态，对增添多样性并无益处，如图 3-28 所示。

理想的状态是：多个生成器彼此"联系"，不同的生成器尽量产生不相似的样本，而且都能"欺骗"判别器。MADGAN 中共包括 k 个初始值不同的生成器和 1 个判别器，与标准 GAN 的生成器一样，每个生成器的目的仍然是产生虚假样本以欺骗判别器。对于判别器，它不仅需要分辨样本是来自训练数据集还是其中的某个生成器（这仍然与标准 GAN 的判别器一样），还需要驱使各个生成器尽量产生不相似的样本。

我们需要将判别器做一些修改：将判别器最后一层改为 $k+1$ 维的 softmax 函数，对

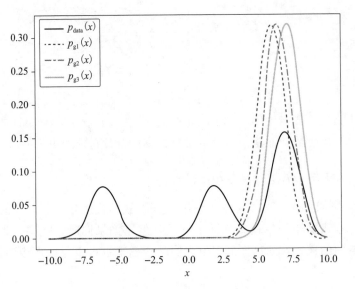

图 3-28　无意义的多生成器

于任意输入样本 x，$D(x)$ 为 $k+1$ 维向量，其中前 k 维依次表示样本 x 来自前 k 个生成器的概率，第 $k+1$ 维表示样本 x 来自训练数据集的概率。同时，构造 $k+1$ 维的 delta 函数作为标签，如果 x 来自第 i 个生成器，则 delta 函数的第 i 维为 1，其余为 0，若 x 来自训练数据集，则 delta 函数的第 $k+1$ 维为 1，其余为 0。显然，D 的目标函数应为最小化 $D(x)$ 与 delta 函数的交叉熵：

$$\max_{\theta} \mathbb{E}_x - H(\delta, D(x)) \tag{3.71}$$

直观上看，这样的损失函数会迫使每个 x 尽量只产生于其中的某一个生成器，而不从其他生成器中产生，将其展开则为：

$$\max_{\theta} \mathbb{E}_{x \sim p_{\text{data}}} \log\big[D_{k+1}(x)\big] + \sum_{i=1}^{k} \mathbb{E}_{x_i \sim p_{\text{gi}}} \log\big[D_i(\boldsymbol{x}_i)\big] \tag{3.72}$$

生成器的目标函数为：

$$\min_{\phi_i} \mathbb{E}_{z \sim p_z} \log\big[1 - D_{k+1} G_i(z)\big] \tag{3.73}$$

对于固定的生成器，最优判别器为：

$$D_{k+1}(x) = \frac{p_{\text{data}}(x)}{p_{\text{data}}(x) + \sum_{i=1}^{k} p_{\text{gi}}(x)}$$
$$\tag{3.74}$$
$$D_i(x) = \frac{p_{\text{gi}}(x)}{p_{\text{data}}(x) + \sum_{i=1}^{k} p_{\text{gi}}(x)}$$

可以看出，其形式几乎与标准形式的 GAN 相同，只是不同生成器之间彼此"排斥"

产生不同的样本。另外，可以证明当

$$p_{\text{data}}(x) = \frac{1}{k} \sum_{i=1}^{k} p_{\text{gi}} \tag{3.75}$$

达到最优解。同时，MADGAN 中并不需要每个生成器的生成样本概率密度函数逼近训练集的概率密度函数，每个生成器都分别负责生成不同的样本，只需保证生成器的平均概率密度函数等于训练集的概率密度函数即可。

MADGAN-Sim 是一种"更强力"的版本，它不仅考虑了每个生成器都分别负责生成不同的样本，而且更细致地考虑了样本的相似性问题。其出发点在于：来自不同模式的样本应该看起来不同，故不同的生成器应该生成看起来不相似的样本。

用数学符号描述这一想法为：

$$D(G_i(z)) \geqslant D(G_j(z)) + \Delta(F(g_i(z)), F(g_j(z))) \quad \forall j \in K \setminus i \tag{3.76}$$

其中，$F(x)$ 表示从生成样本的空间到特征空间的某种映射(我们可以选择生成器的中间层，其思想类似于特征值匹配)，$\Delta(x,y)$ 表示相似度的度量，多选用余弦相似度函数，用于计算两个样本对应的特征的相似度。对于给定的噪声输入 z，考虑第 i 个生成器与其他生成器的样本生成情况，若样本相似度比较大，则 $D(G_i(z))$ 相比 $D(G_j(z))$ 应该大很多，由于 $D(G_j(z))$ 的值比较小，$G_j(z)$ 便会进行调整，不再生成之前的那个相似的样本，转而去生成其他样本。利用这种"排斥"机制，我们就实现了让不同的生成器生成看起来不相似的样本。

将上述限制条件引入生成器中，我们可以这样训练生成器，即对于任意生成器 i，对于给定的 z，如果满足上面的条件，则像 MADGAN 一样正常计算，其梯度为：

$$\nabla_{\phi_i} \log[1 - D(G_i(z))] \tag{3.77}$$

如果不满足条件，将上述条件作为正则项添加到目标函数中，其梯度为：

$$\nabla_{\phi_i} \log[1 - D(G_i(z))] - \lambda \Big[D(G_i(z)) - \frac{1}{k-1} \sum_{j \in K \setminus i} D(G_j(z)) + \Delta(F(g_i(z)), F(g_j(z))) \Big]$$
$$\tag{3.78}$$

这样在判别器更新后，可以使其满足条件。MADGAN-Sim 的思路非常直接清晰，不过代价是增加了非常多的计算量。

3.6.5 VVEGAN

VVEGAN[8] 通过添加一个编码器 E 来解决模式崩溃问题。我们知道生成器 $G(z)$ 接收噪声(这里假定为高斯噪声)作为输入，并输出样本 x，而编码器 $E(x)$ 接收样本 x 作为输入，并输出噪声 z。如果编码器被训练得很好，则可认为其为生成器的逆过程 $E(x) = G^{-1}(x)$，例如对某个噪声 z^* 经过生成器得到样本 x^*，将样本 x^* 送入编码器可再次得到 z^*。

我们通过一个简单的例子来阐述该方法。噪声 z 满足标准正态分布 $N(0, I)$，如

图 3-29 最下面的分布所示，假设训练数据的分布 $p_{\text{data}}(x)$ 为两个正态分布的混合分布，如图 3-29 中间分布所示，当生成器发生模式崩溃时，$G(z)$ 将来自正态分布的噪声全部映射到 p_{data} 右边的模式下，这时使用编码器 $E(x)$ 把生成样本 x 映射到噪声空间，由于编码器是生成器的逆过程，易知 $E(G(z))$ 仍属于标准正态分布，但若使用编码器 $E(x)$ 把训练样本 x 映射到噪声空间 $p_\gamma(z)$，得到的 z 必然不是标准正态分布，如图 3-29 最上面两个分布所示。

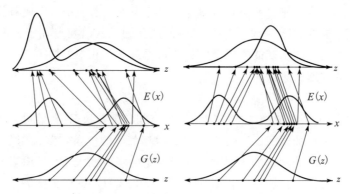

图 3-29 编码器探测模式崩溃示意图（见彩插）

相反地，若编码器 $E(x)$ 可以将训练样本 x 映射至标准正态分布上 $p_\gamma(z) = N(0, I)$，则编码器 $E(x)$ 对生成样本的映射结果 $E(G(z))$ 必定不可能是标准正态分布。据此我们可用两者的不匹配作为模式崩溃发生的标志，使用 $z \sim N(0, I)$ 与 $p_\gamma(z)$ 的交叉熵 $H(z, z_\gamma)$ 来度量，同时考虑到需要将编码器训练得足够好（即重构误差小），则整个 GAN 关于生成器 $G(z)$（使用 ϕ 参数化）和编码器 $E(x)$（使用 γ 参数化）的目标函数为：

$$\min_{\phi, \gamma} \mathbb{E}_z \big[\| z - E(G(z)) \|_2^2 \big] + H(z, z_\gamma) \tag{3.79}$$

根据贝叶斯公式 $p_\gamma(z)$ 展开为：

$$p_\gamma(z) = \int p_\gamma(z \mid x) p_{\text{data}}(x) \mathrm{d}x \tag{3.80}$$

其中 $p_\gamma(z \mid x)$ 表示 x 已知时 z 的条件分布，则第一项重构误差项也可展开为：

$$\int p(z) \int q_\gamma(x \mid z) \| z - E(x) \|^2 \mathrm{d}x \, \mathrm{d}z \tag{3.81}$$

第二项交叉熵项可展开为：

$$H(z, z_\gamma) = -\int p(z) \log \big[p_\gamma(z) \big] \mathrm{d}z = -\int p(z) \log \Big[\int p_\gamma(z \mid x) p_{\text{data}}(x) \mathrm{d}x \Big] \mathrm{d}z \tag{3.82}$$

这个式子是无法求解的，因为 $p_{\text{data}}(x)$ 是未知的，通过引入 $p_\phi(x \mid z)$ 并利用变分法，可得到交叉熵项的上界：

$$\mathrm{D}_{\text{KL}} \big(p_\phi(x \mid z) p(z) \, \| \, p_\gamma(z \mid x) p_{\text{data}}(x) \big) - \mathbb{E} \big[\log p(z) \big] \tag{3.83}$$

我们无法最小化原始目标函数，但可优化原目标函数的上界。将 $p_\phi(x\,|\,z)$ 定义为 GAN 中的生成器 $G(z)$，将 $p_\gamma(z\,|\,x)$ 定义为上文中的编码器 $E(x)$，同时引入判别器 $D_\theta(x,z)$ 来估计 $p_\phi(x\,|\,z)p(z)$ 与 $p_\gamma(z\,|\,x)p_{\mathrm{data}}(x)$ 的比值对数以处理变分上界中 KL 散度的计算问题，即应训练 $D_\theta(x,z)$ 使其达到最优 $D_\theta^*(x,z)$，此时应有

$$D_\theta^*(x,z)=\log\frac{p_\phi(x\,|\,z)p(z)}{p_\gamma(z\,|\,x)p_{\mathrm{data}}(x)} \tag{3.84}$$

在判别器的帮助下，KL 散度可通过采样的方式进行估计，而 $\mathbb{E}[\log p(z)]$ 为常数项，无须理会。根据判别器的最优解形式反推其目标函数，借助 logistic 回归判别器 D_θ 的目标函数，最终改写为：

$$\min_\theta -\mathbb{E}_\phi[\log(\sigma(D(x,z)))]-\mathbb{E}_\gamma[\log(1-\sigma(D(x,z)))] \tag{3.85}$$

其中，$\mathbb{E}_\phi$ 表示在 $p_\phi(x\,|\,z)p(z)$ 的联合分布上的计算期望，$\mathbb{E}_\gamma$ 表示在 $p_\gamma(z\,|\,x)p_{\mathrm{data}}(x)$ 的联合分布上的计算期望。

现在 VEEGAN 的基本训练流程如下，在每次迭代中，从噪声 $p(z)$ 中采样 N 个样本 $\{z^{(1)},\cdots,z^{(N)}\}$，使噪声经过生成器 $G(z)$ 得到 N 个生成样本 $\{x_G^{(1)},\cdots,x_G^{(N)}\}$，然后从训练数据集中采样 N 个样本 $\{x^{(1)},\cdots,x^{(N)}\}$，使样本经过编码器 $E(x)$ 得到 N 个编码噪声 $\{z_E^{(1)},\cdots,z_E^{(N)}\}$。根据判别器的目标函数经验形式计算梯度：

$$g_\theta \leftarrow -\nabla_\theta\frac{1}{N}\Big[\sum_{i=1}^N\log(\sigma(D_\theta(z^{(i)},x_G^{(i)})))+\log(1-\sigma(D_\theta(z_E^{(i)},x^{(i)})))\Big] \tag{3.86}$$

根据编码器 $E(x)$ 的目标函数计算其梯度：

$$g_\gamma \leftarrow \nabla_\gamma\frac{1}{N}\Big[\sum_{i=1}^N\|z^{(i)}-z_E^{(i)}\|_2^2\Big] \tag{3.87}$$

根据生成器 $G(z)$ 的目标函数计算其梯度：

$$g_\phi \leftarrow \nabla_\phi\frac{1}{N}\Big[\sum_{i=1}^N D_\theta(z^{(i)},x_G^{(i)})\Big]+\nabla_\phi\frac{1}{N}\Big[\sum_{i=1}^N\|z^{(i)}-z_E^{(i)}\|_2^2\Big] \tag{3.88}$$

最后使用梯度下降法即可。总体而言，VVEGAN 是一种比较简洁且直观的改进方法，在一定程度上缓解了模式崩溃问题。

参考文献

[1]　ARJOVSKY M, BOTTOU L. Towards principled methods for training generative adversarial networks [J]. arXiv preprint arXiv：1701.04862, 2017.

[2]　MIYATO T, KATAOKA T, KOYAMA M, et al. Spectral normalization for generative adversarial networks [J]. arXiv preprint arXiv：1802.05957, 2018.

[3]　MESCHEDER L, NOWOZIN S, GEIGER A. The Numerics of GANs [C]//31st Annual Conference on Neural Information Processing Systems（NIPS 2017）. Curran Associates, Inc., 2018：1826-1836.

［4］　SALIMANS T，GOODFELLOW I，ZAREMBA W，et al. Improved Techniques for Training GANs ［J］. arXiv preprint arXiv：1606. 03498，2016.

［5］　METZ L，POOLE B，PFAU D，et al. Unrolled generative adversarial networks ［J］. arXiv preprint arXiv：1611. 02163，2016.

［6］　KODALI N，ABERNETHY J，HAYS J，et al. On convergence and stability of gans ［J］. arXiv preprint arXiv：1705. 07215，2017.

［7］　GHOSH A，KULHARIA V，NAMBOODIRI V P，et al. Multi-agent diverse generative adversarial networks ［C］//Proceedings of the IEEE conference on computer vision and pattern recognition. 2018：8513-8521.

［8］　SRIVASTAVA A，VALKOV L，RUSSELL C，et al. VEEGAN：Reducing Mode Collapse in GANs using Implicit Variational Learning ［J］. arXiv preprint arXiv：1705. 07761，2017.

［9］　KARRAS T，AILA T，LAINE S，et al. Progressive growing of gans for improved quality，stability，and variation ［J］. arXiv preprint arXiv：1710. 10196，2017.

第 4 章

评价指标与可视化

本章将对 GAN 的评价指标和可视化内容进行相关的介绍。4.1 节涉及的评价指标主要包括 IS 系列、FID、MMD、最近邻分类器等；4.2 节介绍了 GAN Lab 这一开源工具，通过对 GAN 的训练流程、数据流等内容进行可视化的展示，使相关读者能够快速掌握 GAN 的原理并进行相应的简单实验。

4.1 评价指标

在判别模型中，训练完成的模型要在测试集上进行测试，然后使用一个可以量化的指标来表明模型训练的好坏，例如最简单的使用分类准确率来评价分类模型的性能，使用均方误差来评价回归模型的性能。同样在生成模型上也需要一个评价指标来量化 GAN 的生成效果。

4.1.1 评价指标的要求

用于评价生成模型 GAN 优劣的指标不可能是随意设定的，它应当尽可能满足一些要求。这里列出几条比较重要的要求：

1）能生成更为真实样本的模型应当得到更好的分数，也就是可评价样本的生成质量；

2）能生成更具有多样性样本的模型应当得到更好的分数，也就是可以评价 GAN 的过拟合、模式缺失、模式崩溃、简单记忆（即 GAN 只是简单记忆了训练数据集）等问题，即多样性；

3）对于 GAN 的隐变量 z，若有比较明确的"意义"且隐空间连续，那么可控制 z 得到期望的样本，这样的 GAN 应该得到更好的评价；

4）有界性，即评价指标的数值最好具有明确的上界、下界；

5）GAN 通常被用于生成图像数据，一些对图像的变换并不改变语义信息（例如旋转），故评价指标对某些变换前后的图像不应有较大的差别；

6）评价指标给出的结果应当与人类感知一致；

7）计算评价指标不应需要过多的样本，不应有较大的计算复杂性。

考虑到实际情况，这些要求往往不能同时得到满足，各个不同的指标也是各有优缺点。

4.1.2　IS 系列

IS(Inception Score)指标适用于评价生成图像的 GAN。评价指标首先要评价 GAN 生成图像的质量好坏，但是图像质量是一个非常主观的概念，如不够清晰的宠物狗的图像和线条足够明晰但"很奇怪"的图像均应算作低质量的图像，而计算机不太容易认识到这个问题，所以需要设计一个可计算的量化指标。

IS 采用了这样的做法：将生成的图像 x 送入已经训练好的 Inception 模型，例如 Inception Net-V3，它是一个分类器，会对每个输入的图像输出一个 1000 维的标签向量 y，向量的每一维表示输入样本属于某类别的概率。假设我们的 Inception Net-V3 训练得足够好，那么对质量高的生成图像 x，Inception Net-V3 可将其以很高的概率分类成某个类，即标签向量 $p(y|x)$ 数值比较集中，形如 $[0.9,0,\cdots,0.02,0]$。我们可以使用熵来量化该指标，分布 $p(y|x)$ 相对类别的熵定义为：

$$H(y|x) = -\sum_i p(y_i|x)\log[p(y_i|x)] \tag{4.1}$$

其中，$p(y_i|x)$ 表示 x 属于第 y 类的概率，即 y_i 值。为了避免歧义，熵计算示意图如图 4-1 所示。

熵是一种混乱程度的度量，对于质量较低的输入图像，分类器无法给出明确的类别，其熵应比较大；而对于质量越高的图像，其熵应当越小；当 $p(y|x)$ 为独热分布时，熵达到最小值 0。IS 考虑的另一个度量指标即样本的多样性问题，若 GAN 产生的一批样本 $\{x_1,x_2,\cdots,x_N\}$ 多样性比较好，则标签向量 $\{y_1,y_2,\cdots,y_N\}$ 的类别分布也应该是比较均匀的，也就是说不同类别的概率基本上是相等的（当然这里要假设训练样本的类别是均衡的），则其均值应趋向均匀分布，如图 4-2 所示。

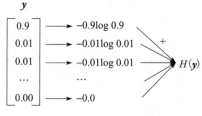

图 4-1　熵计算示意图

图 4-2　标签向量分布

又因为

$$\frac{1}{N}\sum_{i=1}^{N}p(y_i\,|\,\boldsymbol{x})\approx\mathbb{E}_x\big[p(\boldsymbol{y}\,|\,\boldsymbol{x})\big]=p(\boldsymbol{y}) \tag{4.2}$$

故可使用标签向量 $\boldsymbol{y}$ 关于类别的熵来定量描述, 若生成样本的多样性好(涵盖的类别多), 则 $p(\boldsymbol{y})$ 相对于类别的熵越大; 若生成样本的多样性差, 则 $p(\boldsymbol{y})$ 相对于类别的熵越小。定义 $p(\boldsymbol{y})$ 相对于类别的熵为:

$$H(\boldsymbol{y})=-\sum_{i=1}^{N}p(y_i)\log\big[p(y_i)\big] \tag{4.3}$$

其中, $p(y_i)$ 表示第 i 类的概率, 即 y_i 值。将图像质量和多样性两个指标综合考虑, 可以将样本和标签的互信息 $I(\boldsymbol{x};\boldsymbol{y})$ 设计为生成模型的评价指标。互信息描述了给定一个随机变量后, 另一个随机变量的不确定性减少程度, 又被称为信息增益, 即 $I(\boldsymbol{x};\boldsymbol{y})=H(\boldsymbol{y})-H(\boldsymbol{y}\,|\,\boldsymbol{x})$。在不知道 $\boldsymbol{x}$ 前, 边缘分布 $p(\boldsymbol{y})$ 相对于类别的熵比较大, 标签 $\boldsymbol{y}$(可能接近均匀分布)不确定程度比较大; 当给定 $\boldsymbol{x}$ 后, 条件分布 $p(\boldsymbol{y}\,|\,\boldsymbol{x})$ 相对于类别的熵会减小, 标签 $\boldsymbol{y}$ 的不确定性降低(可能接近独热分布), 不确定程度降低, 并且其差值越大, 说明样本的质量越好。根据

$$\mathbb{E}_x\big[D_{\mathrm{KL}}(p(\boldsymbol{y}\,|\,\boldsymbol{x})\,\|\,p(\boldsymbol{y}))\big]=H(\boldsymbol{y})-H(\boldsymbol{y}\,|\,\boldsymbol{x}) \tag{4.4}$$

其中 KL 散度表示两个分布的差值, 当 KL 散度值越大时, 表示两个分布的差异越大; 当 KL 散度值越小时, 表示分布的差异越小。计算所有样本的 KL 散度求平均, 但是从本质上来讲, 这里还是通过信息增益来评价。为了便于计算, 添加指数项, 最终的 IS 定义如下:

$$\exp(\mathbb{E}_x D_{\mathrm{KL}}(p(\boldsymbol{y}\,|\,\boldsymbol{x})\,\|\,p(\boldsymbol{y}))) \tag{4.5}$$

实际计算 IS 时, 使用的计算式子为:

$$\exp\Big(\frac{1}{N}\sum_{i=1}^{N}D_{\mathrm{KL}}(p(\boldsymbol{y}\,|\,\boldsymbol{x}^{(i)})\,\|\,\hat{p}(\boldsymbol{y}))\Big) \tag{4.6}$$

对于 $p(\boldsymbol{y})$ 的经验分布 $\hat{p}(\boldsymbol{y})$, 使用生成模型产生 N 个样本, 将 N 个样本送入分类器得到 N 个标签向量, 对其求均值且令

$$\hat{p}(\boldsymbol{y})\approx\frac{1}{N}\sum_{i=1}^{N}p(\boldsymbol{y}^{(i)}) \tag{4.7}$$

对于 KL 散度, 计算方式如下:

$$D_{\mathrm{KL}}(p(\boldsymbol{y}\,|\,\boldsymbol{x}^{(i)})\,\|\,\hat{p}(\boldsymbol{y}))=\sum_{j}p(\boldsymbol{y}_j\,|\,\boldsymbol{x}^{(i)})\log\frac{p(\boldsymbol{y}_j\,|\,\boldsymbol{x}^{(i)})}{\hat{p}(\boldsymbol{y}_j)} \tag{4.8}$$

IS 作为 GAN 的评价指标, 自 2016 年提出以来, 已经被广泛应用, 但也有一些不可忽略的问题和缺陷。

❑ 当 GAN 发生过拟合时, 生成器只"记住了"训练集的样本, 泛化性能差, 但是 IS 无法检测到这个问题, 由于样本质量和多样性都比较好, IS 仍然会很高。

❑ 由于 Inception Net-V3 是在 ImageNet 上训练得到的, 故 IS 会偏爱 ImageNet 中的

物体类别，而不注重真实性。GAN 生成的图像无论如何逼真，只要它的类别不存在于 ImageNet 中，IS 也会比较低。

❑ 若 GAN 生成类别足够多样，但是类内发生模式崩溃问题，则 IS 将无法探测。

❑ IS 只考虑生成器的分布 p_{g} 而忽略数据集的分布 p_{data}。

❑ IS 是一种伪度量。

❑ IS 的高低会受到图像像素的影响。

以上这些问题限制了 IS 的推广，接下来我们列出几种 IS 的改进版本。

MS(Mode Score)[1] 是 IS 的改进版本，考虑了训练数据集的标签信息，其定义为：

$$\exp(\mathbb{E}_x D_{\mathrm{KL}}(p(\boldsymbol{y}|\boldsymbol{x})\|p^*(\boldsymbol{y})) - D_{\mathrm{KL}}(p(\boldsymbol{y})\|p^*(\boldsymbol{y}))) \tag{4.9}$$

其中，$p^*(\boldsymbol{y})$ 表示经过训练数据集的样本得到的标签向量的类别概率，$p(\boldsymbol{y})$ 表示经过 GAN 生成样本得到的标签向量的类别概率。MS 同样考虑了生成样本的质量与多样性的问题，不过可以证明其与 IS 是等价的。

m-IS(Modified Inception Score) 重点关注类内模式崩溃的问题，例如使用 ImageNet 训练好的 GAN 可以均匀生成 1000 类图像，但是每一类只能产生一种图像，也就是说生成的苹果图像永远是一种样子，但是 GAN 的生成质量和类别多样性是完全没有问题的。m-IS 对同一类样本的标签计算了交叉熵：

$$-p(\boldsymbol{y}|x_i)\log p(\boldsymbol{y}|x_i) \tag{4.10}$$

其中 x_i、x_j 为同一类别的样本，其类别由 Inception Net-V3 的输出结果决定。将类内交叉熵考虑进 IS 可得 m-IS，即

$$\exp(\mathbb{E}_{x_i}[\mathbb{E}_{x_j}[D_{\mathrm{KL}}(p(\boldsymbol{y}|x_i)\|p(\boldsymbol{y}|x_j))]]) \tag{4.11}$$

可以看出，m-IS 评价的是 GAN 的生成质量和类内多样性。当 m-IS 分数越大时，GAN 的生成性能越好。

AMS(AM Score) 的考虑是：IS 假设类别标签具有均匀性，即生成模型 GAN 生成 1000 类的概率是大致相等的，故可使用 $\boldsymbol{y}$ 相对类别的熵来量化该项，但当数据在类别分布中不均匀时，IS 评价指标是不合理的，更为合理的选择是计算训练数据集的类别标签分布与生成数据集的类别标签分布的 KL 散度，即

$$D_{\mathrm{KL}}(p^*(\boldsymbol{y})\|p(\boldsymbol{y})) \tag{4.12}$$

其中，$p^*(\boldsymbol{y})$ 表示经过训练数据集的样本得到的标签向量的类别概率，关于样本质量的一项保持不变，则 AMS 的表达式为：

$$D_{\mathrm{KL}}(p^*(\boldsymbol{y})\|p(\boldsymbol{y})) + \mathbb{E}_x[H(\boldsymbol{y}|\boldsymbol{x})] \tag{4.13}$$

显然，当 AMS 分数越小时，GAN 的生成性能越好。

4.1.3　FID

FID(Fréchet Inception Distance) 是一种评价 GAN 的指标[2]，于 2017 年提出，它的想法是这样的：分别把生成器生成的样本和判别器生成的样本送到分类器中（例如 Inception Net-V3 或者其他 CNN 等），抽取分类器的中间层的抽象特征，并假设该抽象特征符合多元高斯分布，估计生成样本高斯分布的均值 $\boldsymbol{\mu}_g$ 和方差 $\boldsymbol{\Sigma}_g$，以及训练样本 $\boldsymbol{\mu}_{\text{data}}$ 和方差 $\boldsymbol{\Sigma}_{\text{data}}$，计算两个高斯分布的弗雷歇距离，此距离值即 FID：

$$\|\boldsymbol{\mu}_{\text{data}}-\boldsymbol{\mu}_g\|_2^2+\text{tr}(\boldsymbol{\Sigma}_{\text{data}}+\boldsymbol{\Sigma}_g-2((\boldsymbol{\Sigma}_{\text{data}}\boldsymbol{\Sigma}_g)^{\frac{1}{2}}) \tag{4.14}$$

FID 即评价指标。如图 4-3 所示，其中虚线部分表示中间层。

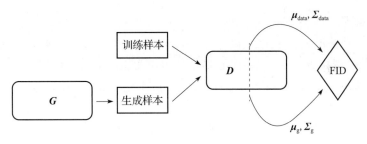

图 4-3　FID 计算示意图

FID 的数值越小，表示两个高斯分布越接近，GAN 的性能越好。实践发现，FID 对噪声具有比较好的鲁棒性，能够对生成图像的质量有比较好的评价，其给出的分数与人类的视觉判断比较一致，并且 FID 的计算复杂度并不高。虽然 FID 只考虑样本的一阶矩和二阶矩，但整体而言，FID 还是比较有效的，其理论上的不足之处在于：高斯分布的简化假设在实际情况中并不成立。

4.1.4　MMD

MMD(Maximum Mean Discrepancy) 在迁移学习中具有非常广泛的应用，它是在希尔伯特空间对两个分布的差异的一种度量，故可以考虑使用 MMD 度量训练数据集分布 p_{data} 和生成数据集 p_g 的距离，然后使用这个距离作为 GAN 的评价指标。若 MMD 距离越小，则表示 p_{data} 和 p_g 越接近，GAN 的性能越好。

计算 MMD 时，首先选择一个核函数 $k(x,y)$ 样本映射为一个实数，例如多项式核函数为：

$$k(x,y)=(\gamma x^{\text{T}} y+C)^d \tag{4.15}$$

高斯核函数为：

$$k(x,y)=\exp(-\|x-y\|^2) \tag{4.16}$$

MMD 距离为：

$$\mathbb{E}_{x,x'\sim p_{\text{data}}}[k(x,x')]-2\mathbb{E}_{x\sim p_{\text{data}},y'\sim p_g}[k(x,y)]+\mathbb{E}_{y,y'\sim p_g}[k(y,y')] \tag{4.17}$$

不过在实际计算时，我们不是求期望，而是需要使用样本估计 MMD 值。对于来自训练样本集的 N 个样本 $x^{(1)},x^{(2)},\cdots,x^{(N)}$ 和来自生成器生成的 N 个样本 $y^{(1)},y^{(2)},\cdots,y^{(N)}$，MMD 的估算值为：

$$\frac{1}{C_N^2}\sum_{i\neq i'}k(x^{(i)},x^{(i')})-\frac{2}{C_N^2}\sum_{i\neq j}k(x^{(i)},x^{(i')})+\frac{1}{C_N^2}\sum_{j\neq j'}k(y^{(j)},y^{(j')}) \tag{4.18}$$

由于 MMD 是使用样本估计的，即使 p_{data} 和 p_g 完全相同，估算得到 MMD 也未必等于零。

4.1.5 Wasserstein 距离

Wasserstein 距离又称 Earth-Mover 距离、推土机距离，与 MMD 类似，它也是对两个分布的差异的一种度量，故也可以作为 GAN 的评价指标。若 Wasserstein 距离越小，则表示 p_{data} 和 p_g 越接近，GAN 的性能越好。例如性能优越的 WGAN 便是先通过判别器（critic）学习两个分布的 Wasserstein 距离，再以最小化 Wasserstein 距离为目标函数来训练生成器的。

当把 Wasserstein 距离作为评价指标时，我们需要先有一个已经训练好的判别器 $D(x)$。对于来自训练样本集的 N 个样本 $x^{(1)},x^{(2)},\cdots,x^{(N)}$ 和来自生成器生成的 N 个样本 $y^{(1)},y^{(2)},\cdots,y^{(N)}$，Wasserstein 距离的估算值为：

$$\frac{1}{N}\sum_{i=1}^{N}D(x_i)-\frac{1}{N}\sum_{j=1}^{N}D(y_j) \tag{4.19}$$

这个评价指标可以探测到生成样本的简单记忆情况和模式崩溃情况，并且计算比较快捷方便。不过需要注意的是，由于使用 Wasserstein 距离作为评价指标需要依赖判别器和训练数据集，故它只能评价使用特定训练集训练的 GAN。例如对使用苹果图像训练集训练得到判别器时，它无法评价橘子图像生成器的性能，故也具有一定的局限性。

4.1.6 最近邻分类器

最近邻分类器（1-Nearest Neighbor Classifier）的基本想法是，希望计算判定出 p_{data} 和 p_g 是否相等，若相等则证明生成模型 GAN 是优秀的，若差距比较大则说明 GAN 是比较差的。做法如下，对于来自训练样本集概率分布 p_{data} 的 N 个样本 $x^{(1)},x^{(2)},\cdots,x^{(N)}$ 和来自生成器概率分布 p_g 的 N 个样本 $y^{(1)},y^{(2)},\cdots,y^{(N)}$，计算使用 1-NN 分类器的 LOO（leave-one-out）的准确率，并使用准确率作为评价指标。

具体地说，将 $x^{(1)},x^{(2)},\cdots,x^{(N)}$ 和 $y^{(1)},y^{(2)},\cdots,y^{(N)}$ 以及它们对应的标签组合成新的样本集合 D，D 共包括 $2N$ 个样本，使用留一交叉验证的方法，将 D 中的样本分成两份 D_1 和 D_2，D_1 有 $2n-1$ 个样本，D_2 只有一个样本，使用 D_1 训练 1-NN 二分类器，在 D_2 中进行验证计算正确率（0% 或 100%）。每次在 D_2 验证时，要选择不同的样本，将上述过程循环 $2N$ 次，计算总体的分类正确率，并将准确率作为 GAN 的评价指标。

如果 p_{data} 和 p_g 来自同一概率分布（即 $p_{\text{data}}=p_g$），且样本数量比较大，则 1-NN 分类器无法将其很好地分开，其结果接近于随机猜测，总正确率接近 50%，如图 4-4 所示。

当 GAN 发生简单记忆问题，即生成器生成的样本与训练样本完全一样，则任意测试样本在 1-NN 上的正确率都为 0%。因为存在一个与测试样本距离为 0 的样本，但两者的类别标签相反，故总体正确率为 0%，如图 4-5 所示。

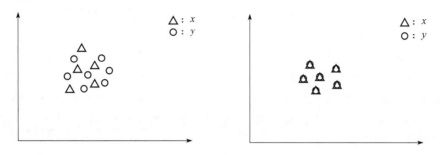

图 4-4　$p_{\text{data}} = p_g$ 时的样本分布　　图 4-5　GAN 发生简单记忆问题时的样本分布

还有 1 种极端情况，当生成器生成样本与训练集样本差异很大时，即 GAN 生成效果很不好时，任意测试样本在 1-NN 分类器上的正确率都为 100%，因为 1-NN 分类器完全可以进行准确的分类，则整体准确率也为 100%，如图 4-6 所示。

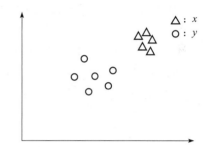

当 1-NN 分类器的总正确率越接近 50% 时，说明生成器的性能越好。另外，这里选择 1-NN 分类器作为二分类器的原因是，它结构简单，计算方便且不含任何超参数。

图 4-6　样本差异很大时的样本分布

4.1.7　GANtrain 与 GANtest

GANtrain 和 GANtest[3] 中并没有设计可量化的评价指标，而是通过计算几个指标并进行对比分析，从而评价 GAN 的性能。这里评价的是可生成多类样本的 GAN。定义训练样本集 S_t、验证集 S_v 以及由 GAN 生成的样本集 S_g，然后在训练集 S_t 上训练分类器并在验证集 S_v 上计算准确率，将准确率记为 GANbase；在生成集 S_g 上训练分类器并在验证集 S_v 上计算准确率，将准确率记为 GANtrain；在训练集 S_t 上训练分类器并在生成集 S_g 上计算准确率，将准确率记为 GANtest。

比较 GANbase 和 GANtrain，当 GAN 存在问题时，GANtrain 要小于 GANbase，这可能是因为生成集 S_g 相比训练集 S_t 发生了模式丢失，或者生成样本不够真实让分类器学到相关特征，或者 GAN 没有将类别分得很开，产生类别混合等。当 GANtrain 与 GANbase 接近时，说明 GAN 生成的图像质量高，与训练集有相似的多样性。

比较 GANbase 和 GANtest，理想情况下两者的数值应该接近。如果 GANtest 非常高，那么说明 GAN 过拟合，发生简单记忆的问题。如果 GANtest 很低，则说明 GAN 没有很好的数据集分布，图像质量不高。GANtest 的准确率衡量了生成图像和数据流形的距离的远近。

4.1.8 NRDS

NRDS(Normalized Relative Discriminative Score)可以用于比较多个 GAN 模型，其基本的想法是：实践中，对于训练数据集和 GAN 生成器生成的样本集，只要使用足够多的训练轮次(epoch)，总可以训练得到一个分类器 C 将两类样本完全分开，使得对训练数据集的样本，分类器输出趋于 1，对 GAN 生成的样本，分类器输出趋于 0。但是，若两类样本的概率分布比较接近(即 GAN 的生成效果比较好)，则需要更多次数的训练轮次才能将两类样本完全区分开；反之，若 GAN 的生成效果较差，则不需要训练太多次训练轮次就可将两类样本完全分开。

如图 4-7 所示，在每个 epoch 中，对于 N 个 GAN，分别从其中采样得到 N 批生成样本(虚假样本)，将其与训练集样本(真实样本)以及对应的标签一起送入分类器 C，然后使用分类器分别在 N 批虚假样本上测试，记录 N 个分类器的输出结果 output(结果应为批次的平均值)。训练足够多的 epoch 次数，使分类器对真实样本输出几乎为 1，对虚假样本输出几乎为 0，这时对 N 个 GAN，做 N 个 epoch-output 曲线，分别记为 C_i，估算曲线下围成的区域的面积，如图 4-8 所示。

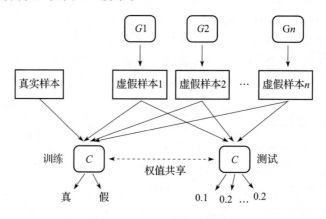

图 4-7　NRDS 计算示意图

将面积分别记为 $A(C_i)$，最后分别计算 NRDS 为：

$$\text{NRDS}_i = \frac{A(C_i)}{\sum_{j=1}^{N} A(C_j)} \quad (4.20)$$

则 NRDS 的值越大，说明将两个分布完全分开的"损耗"越大，对应的 GAN 的 p_g 更接近 p_{data}。

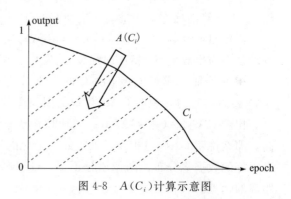

图 4-8　$A(C_i)$ 计算示意图

4.1.9　图像质量度量

在该类评价指标中，我们直接对图像本身的质量进行量化，而不像 IS 借助 Inception V3 或训练其他神经网络等手段，这里的典型代表有 SSIM、PSNR 和 SD。

SSIM(Structural SIMilarity)是对两个图像样本 x 和 y 之间的亮度 $l(x,y)$、对比度 $c(x,y)$、结构 $s(x,y)$ 3 个方面进行衡量，可理解为一个描述了两幅图像相似度的评价指标，其中亮度为：

$$l(x,y)=\frac{2\mu_x\mu_y+C_1}{\mu_x^2+\mu_y^2+C_1} \tag{4.21}$$

对比度为：

$$c(x,y)=\frac{2\sigma_x\sigma_y+C_2}{\sigma_x^2+\sigma_y^2+C_2} \tag{4.22}$$

结构为：

$$s(x,y)=\frac{2\sigma_{xy}+C_3}{\sigma_x\sigma_y+C_3} \tag{4.23}$$

其中，μ_x、μ_y、σ_x、σ_y、σ_{xy} 分别为 x、y 的局部均值、方差和协方差。C_1、C_2、C_3 是为了避免除数为 0 而取的常数，一般地，可取 $C_1=(k_1L)^2$，$C_2=(k_2L)^2$，$C_3=0.5\times C_2$，其中，k_1 默认为 0.01，k_2 默认为 0.03，L 为像素值的范围。计算时，可依次在图像上取 $M\times N$ 大小的以 x 或 y 为中心的图像块，计算 3 个参数并求解：

$$\mathrm{SSIM}(x,y)=l(x,y)c(x,y)s(x,y) \tag{4.24}$$

要计算整幅图像的 SSIM，计算每个图像块的 SSIM 求平均即可。SSIM 具有对称性，当两幅图像完全相同时，SSIM 值达到最大值 1。

PSNR(Peak Signal-to-Noise Ratio)即峰值信噪比，也用于评价图像质量，例如在条件 GAN 中，可将某类别中训练集里的图像与条件生成的图像进行对比评价，从而评价条件 GAN 的生成效果。例如对两幅图像 I 和 K，计算其均方误差为：

$$\mathrm{MSE}_{I,K}=\frac{1}{MN}\sum_{i=0}^{M-1}\sum_{j=0}^{N-1}[I(i,j)-K(i,j)]^2 \tag{4.25}$$

然后计算峰值信噪比为：

$$\mathrm{PSNR}_{I,K}=10\log_{10}\left(\frac{\mathrm{MAX}^2}{\mathrm{MSE}}\right) \tag{4.26}$$

其中，MAX 为图像可能的最大像素值，例如灰度图像的 MAX 为 255。若为彩色图像，可计算 RGB 三通道的 PSNR 然后取均值；或计算三通道 MSE 并除以 3，再计算 PSNR。显然，PSNR 的值越大，说明两幅图像的差别越小，生成的图像的质量越好。

SD(Sharpness Difference)与 PSNR 的计算方式类似，但其更关注锐度信息的差异。

例如对两幅图像 I 和 K，计算其锐度误差为：

$$\text{GRADS}_{I,K} = \frac{1}{N} \sum_i \sum_j |(\nabla_i I + \nabla_j I) - (\nabla_i K + \nabla_j K)| \tag{4.27}$$

其中

$$\nabla_i I = |I_{i,j} - I_{i-1,j}| \\ \nabla_j I = |I_{i,j} - I_{i,j-1}| \tag{4.28}$$

然后计算 SD 为：

$$\text{SD}_{I,K} = 0\log_{10}\left(\frac{\text{MAX}^2}{\text{GRADS}_{I,K}}\right) \tag{4.29}$$

其中，MAX 为图像可能的最大像素值。显然，SD 的值越大，说明两幅图像的锐度差别越小，生成的图像的质量越好。

4.1.10 平均似然值

在之前提到的方法中，我们都将生成器视为一个产生样本的黑盒子，并没有直接与概率密度函数 p_g 打交道，这也是由 GAN 的设计机制决定的。但如果能有一个 p_g 的表达式，则最直接的评价指标应当是：计算训练集的样本在 p_g 下的对数似然函数（也可认为是计算 KL 散度），对数似然函数越大则说明生成器越好，如下所示：

$$\frac{1}{N} \sum_{i=1}^{N} \log p_g(\boldsymbol{x}^{(i)}) \tag{4.30}$$

这里的问题在于，如何得到 p_g 的表达式或者近似表达式？平均似然值（Average Log-likelihood）方法是使用非参数估计的，例如使用 KDE（Kernel Density Estimation）方法，对于样本 $x^{(1)}, x^{(2)}, \cdots, x^{(N)}$，估计得到的概率密度函数 p^* 为：

$$p^*(x) = \frac{1}{Z} \sum_i K(x - x_i) \tag{4.31}$$

Z 为归一化常数，其中核函数可定义为高斯核函数、均匀核函数、三角核函数等。得到近似的概率密度函数后，便可计算对数似然函数，并使用其作为评价指标。但是根据实际情况，其评价效果并不理想，主要有如下问题：在面对高维分布时，非参数难以得到比较准确的概率密度函数的估计，另外对数似然函数与样本的质量并不存在明显的相关关系，GAN 可以给出很高的对数似然值但样本质量依旧很差。

至此，我们展示了很多 GAN 评价指标，实际上还有更多。根据实验的比较结果，目前并不存在一个评价指标在各方面都可以完胜其他评价指标，也不存在一个指标能够很好地满足前文提到的要求，但是也确实存在部分指标的质量完全超越另一个的情况。故我们在选择 GAN 的评价指标时，应根据实际场景要求选择指标，或者选择几个指标从不同角度考察 GAN 的生成效果。

4.2　GAN 可视化

GAN Lab[4]是由谷歌开发的一款开源的 GAN 可视化工具，它不需要安装，不需要安装深度学习库 PyTorch 或 TensorFlow 等，也不需要安装专门的硬件 GPU，通过网页浏览器(推荐使用 Chrome)就可以打开，其网址为 https://poloclub. github. io/ganlab/polo-club. github. io。

如果你对源码感兴趣，可访问 GitHub 自行学习，网址为 https://github. com/polo-club/ganlab/github. com。

用户可以利用 GAN Lab 交互地训练生成模型并可视化动态训练过程的中间结果，用动画来理解 GAN 训练过程中的每一个细节，且画面简洁美观。笔者认为 GAN Lab 是 GAN 可视化工具中整体效果最好的，其主体界面如图 4-9 所示。

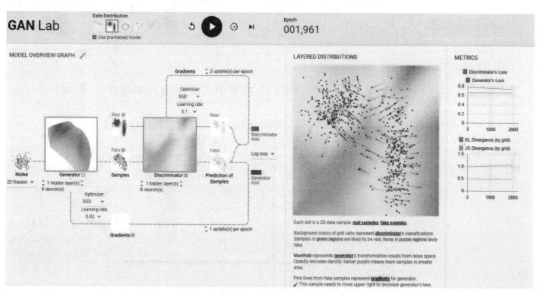

图 4-9　GAN Lab 主体界面(见彩插)

GAN Lab 主体界面包括 3 个部分：MODEL OVERVIEW GRAPH、LAYERED DISTRIBUTIONS、METRICS，其中 MODEL OVERVIEW GRAPH 将 GAN 模型可视化为图像，展示了 GAN 的基本结构、数据流，并对输入输出数据进行了可视化；LAYERED DISTRIBUTIONS 可视化了训练样本、生成器生成样本、生成器梯度等内容；METRICS 记录了迭代训练过程中的分布距离的度量。

4.2.1　设置模型

首先，在界面的最上方，我们可以选择不同的数据分布。需要强调的是：可视化工作只能在不超过三维的维度上展示，超过三维的数据则无法全面展示，故整个 GAN Lab 中的噪声（noise）、训练样本（real sample）、生成样本（fake sample）均为二维数据。部分关于 GAN 的实验结果可能与数据维度有关，这在 GAN Lab 中是无法得到体现的。为了画面简洁，一些模型参数的调整按钮已被隐藏，若要将其完全显示出来，请务必将 MODEL OVERVIEW GRAPH 旁的编辑按钮点亮为黄色。

对于噪声（noise）的分布，可以选择 1D 高斯分布、1D 均匀分布、2D 高斯分布、2D 均匀分布，其中 1D 表示样本只在一个维度上表现为高斯/均匀分布，在另一个维度上保持为定值。当把鼠标放置到生成器 Generator 上时，GAN Lab 会展示出从噪声空间转换成生成数据流形的动态过程，如图 4-10 所示。

图 4-10   动态转换过程

对于训练数据的分布，可以选择 GAN Lab 内置的 4 种类型，如图 4-11 所示。

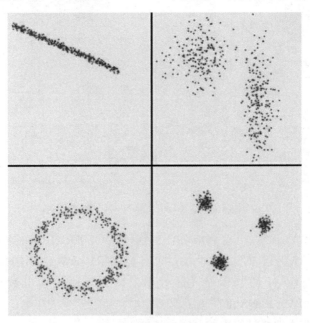

图 4-11   训练数据分布的类型

也可以自行使用绘图的功能"描绘"出想要的训练数据分布，选择第 5 种类型 Draw one by yourself，在白板内勾画数据分布，然后点击 apply 即可，效果如图 4-12 所示。

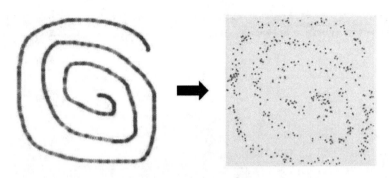

图 4-12 Draw one by yourself 分布

GAN Lab 提供的 GAN 是最简单的 GAN，它只支持单生成器单判别器的结构，并且两者均为全连接层，对生成器 Generator 可设置隐层(hidden layer)的数目以及每个隐层内的神经元(neuron)的数目。为了简单，也可使用已经训练好的模型，在页面上方选择 use pre-trained model 即可。对于损失函数，GAN Lab 提供了 Log loss 和 LeastSq loss，其中前者为原始版本的 GAN 中的目标函数，后者为最小二乘 GAN 中的目标函数。对于生成器和判别器的迭代次数，可以分别设置在每一轮迭代中，生成器(判别器)需要训练的次数，手动调整即可。对于优化算法，GAN Lab 对生成器和判别器均提供了 SGD 和 Adam 两种算法，只需按需选择即可。每种算法均可设置不同的学习速率，在 Learning rate 中自行选择即可。

4.2.2 训练模型

设置完模型的结构、参数等信息后，我们即可在界面上方的控制台控制模型的训练过程，如图 4-13 所示。

图 4-13 控制台

第一个按钮 Reset the model 表示将模型完全重置，可重新设置参数。

第二个按钮 Run/Pause training 表示开始/暂停训练过程，训练过程的可视化内容在不断地更新，同时数据流也会被展示出来。

第三个按钮 Slow-motion mode 表示进入慢动作模式，将其点亮为黄色后，GAN 的运行流程可分步骤展示出来。在 MODEL OVERVIEW GRAPH 页面，只有当前步骤涉及的节点和数据流会被明确展示出来，其他部分则虚化显示，这有助于理解 GAN 正向计算和反向传播运算流程，如图 4-14 和图 4-15 所示分别为判别器和生成器的慢动作模式。

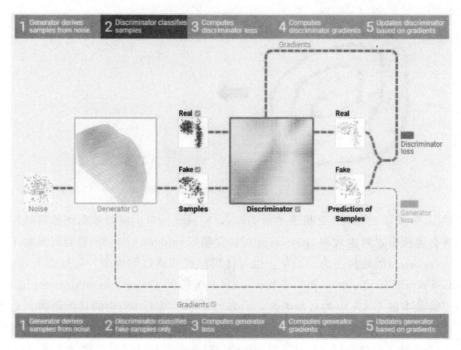

图 4-14　判别器慢动作

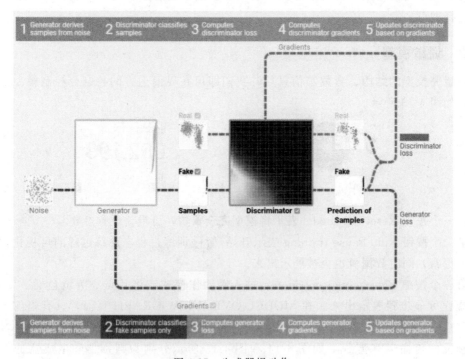

图 4-15　生成器慢动作

第四个按钮 Train for one epoch 可用于控制训练的节奏，即只训练一次，将其点亮为黄色后，表示可选择只训练一次生成器，只训练一次判别器，或两者都分别训练一次，且每点击一次都会进行一个 epoch 训练。

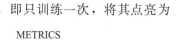

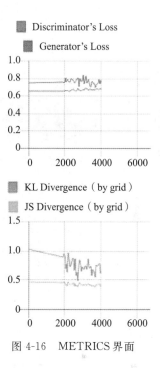

最后的 epoch 记录了目前为止模型的迭代训练次数。

METRICS 部分记录了生成器和判别器的损失，还记录了两个分布的 KL 散度和 JS 散度（网格化计算），如图 4-16 所示。需要注意的是，METRICS 部分每经过 2000 次 epoch 才更新一次。

4.2.3　可视化数据

在 MODEL OVERVIEW GRAPH 模块中，每个节点均被可视化。噪声 Noise 节点的样本分布、训练数据集训练样本节点的样本（左边）分布、生成数据生成样本节点的样本（右边）分布均被在二维平面清晰展示出来，如图 4-17 所示。

在生成器节点（Generator），生成数据的流形会被可视化展示出来，紫色部分表示数据流形的范围，紫色的深浅程度表示了数据分布的概率高低，深紫色表示高概率，浅紫色表示低概率，如图 4-18 所示。

图 4-16　METRICS 界面

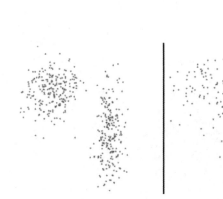

图 4-17　样本展示

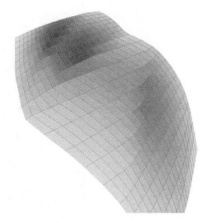

图 4-18　生成数据流形

在判别器节点，判别器的整体预测结果以热图的形式可视化地展示了出来，其中绿色部分表示判别器认为其为训练样本，绿色越深表示判别器输出越接近 1；紫色部分表示判别器认为其为生成样本，紫色越深表示判别器输出越接近 0；白色部分表示判别器输出接近 0.5，也可理解为分类器的分类面，如图 4-19 所示。

在判别器的预测结果节点，每一个训练样本和生成样本经过判别器的输出结果被展示出来，其颜色意义与上相同。

在生成器的梯度节点，可视化结果将生成样本、梯度共同展示出来，用直线段表示每个生成样本计算得到的梯度方向，用线段的长度表示梯度的大小，如图 4-20 所示。

图 4-19　判别器热图　　　　　　　图 4-20　样本梯度示意

LAYERED DISTRIBUTIONS 将训练样本、生成样本、生成样本的流形、判别器的结果图、生成样本的梯度等 5 个节点共同展示在同一幅图中，如图 4-21 所示。

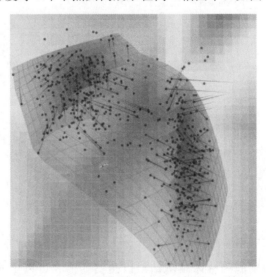

图 4-21　LAYERED DISTRIBUTIONS 界面

可以在 LAYERED DISTRIBUTIONS 模块调整显示的内容来进行有选择性地展示，

只需在下方的介绍中单击 real samples、fake samples、discriminator、generator、gradi-ents 等字样即可，若字样下为实线则表示节点的可视化内容会在 LAYERED DISTRIBU-TIONS 中展示，若字样下为虚线则不展示，如图 4-22 所示。

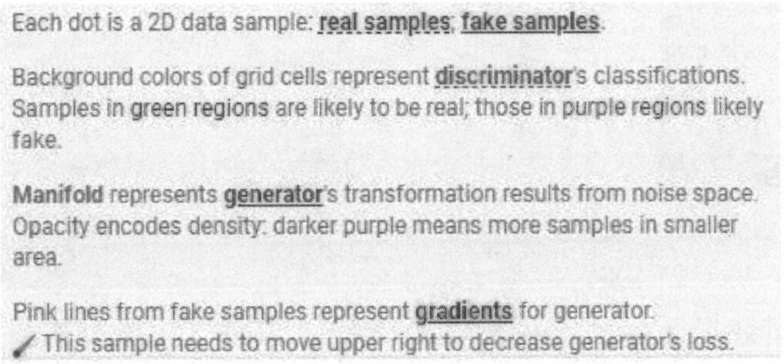

Each dot is a 2D data sample: <u>**real samples**</u>; <u>**fake samples**</u>.

Background colors of grid cells represent <u>**discriminator**</u>'s classifications. Samples in **green regions** are likely to be real; those in **purple regions** likely fake.

<u>**Manifold**</u> represents <u>**generator**</u>'s transformation results from noise space. Opacity encodes density: darker purple means more samples in smaller area.

Pink lines from fake samples represent <u>**gradients**</u> for generator.
✓ This sample needs to move upper right to decrease generator's loss.

图 4-22　模块展示选择

4.2.4　样例演示

我们举一个例子来看看如何通过 GAN Lab 来理解 GAN 的工作流程。首先，训练生成器会使生成样本(紫色)向训练样本(绿色)靠拢，生成样本的梯度也表明训练使得两个分布靠近，如图 4-23 所示。

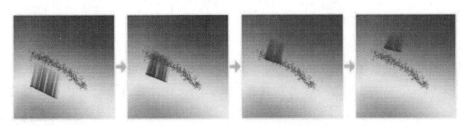

图 4-23　生成器训练过程

接着，训练判别器，判别器不会对样本的分布产生影响，但是会对输出热图产生影响，如图 4-24 所示。

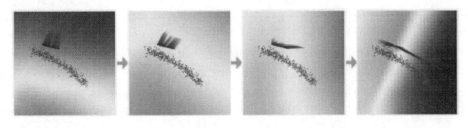

图 4-24　判别器训练过程

不断迭代更新，最后训练样本和生成样本几乎重合，并且判别器在这些样本点的输出为 0.5(白色)，如图 4-25 所示。

图 4-25　迭代过程

　　另外，我们可对数据样本进行分析，以理解模式崩溃问题。如图 4-26 所示，所有生成的生成样本都聚到一个点，生成器完全没有拟合训练样本的分布。

图 4-26　模式崩溃检查

　　GAN Lab 是目前已知的一款非常优秀的 GAN 可视化软件，简单生动，适合入门，但对于难度较高的问题，由于各种限制，它还无法做到完全的可视化。

参考文献

［1］ CHE T, LI Y, JACOB A P, et al. Mode regularized generative adversarial networks [J]. arXiv preprint arXiv：1612.02136, 2016.

［2］ HEUSEL M, RAMSAUER H, UNTERTHINER T, et al. GANs Trained by a Two Time-Scale Update Rule Converge to a Nash Equilibrium [J]. arXiv preprint arXiv：1706.08500, 2017.

［3］ SHMELKOV K, SCHMID C, ALAHARI K. How good is my GAN? [C]//Proceedings of the European Conference on Computer Vision (ECCV). 2018：213-229.

［4］ KAHNG M, THORAT N, CHAU D H, et al. Gan lab：Understanding complex deep generative models using interactive visual experimentation [J]. IEEE transactions on visualization and computer graphics, 2018, 25(1)：310-320.

第 **5** 章

图像生成

图像生成是生成对抗网络的应用领域中第一个被广泛研究的任务，随着近几年来图像生成框架的不断发展，当前由 GAN 生成的图像已经可以达到以假乱真的效果，甚至使得一些国家不得不立法来对伪造图像的传播进行约束。本章总结了图像生成 GAN 的核心技术，具体介绍如下。

5.1 图像生成应用

本节首先来介绍与图像生成相关的应用。通过使用生成模型，我们可以大大降低人工搜集高质量数据的成本，甚至创作出有艺术价值的图像。

5.1.1 训练数据扩充

在机器学习相关任务中，数据是至关重要的环节，数据集的不平衡现象也是广泛存在的现象，该现象会导致模型学习到的结果偏向于样本多的类，从而降低模型的泛化能力。

虽然有非常多的数据增强方法能够生成模式丰富的图像，但它们大多是对已有图像的局部修改，而 GAN 作为一个优秀的生成框架，可以从零开始生成高质量的图像数据。通过数据生成，我们可以扩充数据集，从而训练出泛化能力更好的模型。

目前图像生成在人脸领域中的相关研究是最成熟的，以 StyleGAN[1] 为代表的主流框架可以生成 1024 分辨率的高清人脸图。图 5-1 展示了生成的一些高质量人脸图像。

当然训练 GAN 用于图像生成，本身就需要一个比较大的数据集，这是一个"鸡生蛋"与"蛋生鸡"的问题。在训练样本数非常少的一些领域，如工业缺陷检测领域、医学领域，研究者正在持续研究少样本生成框架，用于解决训练数据量较小的样本生成问题，这属于当前图像生成领域中比较前沿但并不成熟的领域。

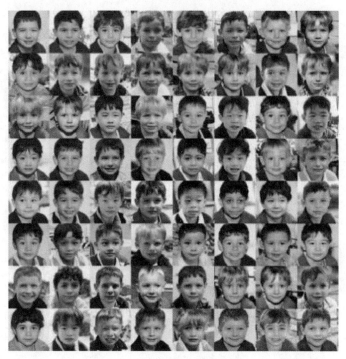

图 5-1   人脸图像生成（见彩插）

5.1.2 数据质量提升

我们经常会使用仿真的数据来训练模型，一方面是
因为仿真的数据可以扩充数据集的容量，另一方面是因
为很多数据的采集难度或者成本很高。但是仿真数据与
真实数据域往往存在着较大的差异，导致训练出的模型
泛化能力受到影响，比如自动驾驶模拟器所仿真的环境
与真实路况就存在较大的差异。

仿真图　　　　改进图

图 5-2   SimGAN 提高仿真眼球
图像的真实性

因此有研究者开始使用 GAN 来提高仿真数据的质
量。图 5-2 展示了 Apple 公司的研究者通过 SimGAN[2]，
对仿真的眼球图像进行改进后得到更加真实的图像的效果。

5.1.3 内容创作

GAN 模型既可以用于辅助生成训练用的数据集，又可以直接被部署为工业级别的产
品，从而降低相关领域的人工成本，其中典型的代表性行业就是设计领域。设计行业一
直以来都是富有挑战性并且工作量非常繁重的领域，它需要创作者具有扎实的设计功底
以及艺术灵感，才能从千千万万的设计中获得可能流行的方案，比如 Facebook 的研究者

们将 GAN 用于服装的设计。

　　图 5-3 展示了 GAN 的一些设计作品，其中最右边名为 *Edmond De Belamy* 的作品被拍卖出 43 万美元的高价。

　　不过对于艺术设计领域，模型的评估面临着一些挑战。比如怎么评估结果的创造性，即如何评价艺术价值高低，以及如何控制好颜色和纹理细节。

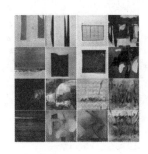  

图 5-3　GAN 设计作品

5.2　深度卷积 GAN

　　通常意义上的 GAN 指的是输入噪声向量，输出真实图像的网络，它包含判别器和生成器两部分。生成器用于图像生成，判别器用于鉴别真实图像和生成的图像。图 5-4 是一个图像生成 GAN 的结构示意图。

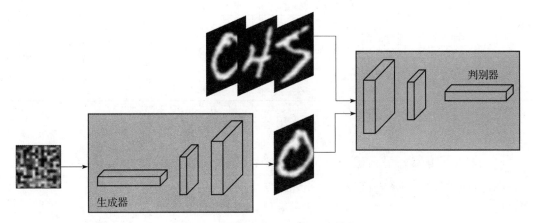

图 5-4　图像生成 GAN 的基本结构

　　生成器输入噪声，输出产生的图像。噪声通常是一个一维的向量，经过变形（reshape）变为二维的特征图，然后利用若干个反卷积层来学习上采样。判别器与基本的图像分类器在模型结构上并没有区别。接下来我们介绍基于深度全卷积 GAN 的具体实现。

5.2.1　DCGAN 原理

DCGAN[3] 是早期的深度卷积图像生成 GAN，可以看作是一系列图像生成架构的通称。DCGAN 生成器的输入为 1×100 的向量，然后经过一个全连接层学习，变形为 $4\times4\times1024$ 的张量，再经过 4 个倍率为 2 的反卷积网络进行上采样，生成 64×64 的图。DCGAN 的生成器结构如图 5-5 所示。

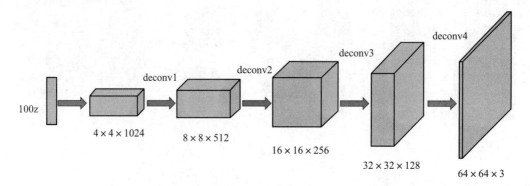

图 5-5　DCGAN 的生成器结构示意图

生成器各卷积层的配置如表 5-1 所示。

表 5-1　生成器各卷积层的配置

生成器卷积层	输入/输出特征分辨率	输入/输出特征通道数	卷积核大小
deconv1	$4\times4/8\times8$	1024/512	5×5
deconv2	$8\times8/16\times16$	512/256	5×5
deconv3	$16\times16/32\times32$	256/128	5×5
deconv4	$32\times32/64\times64$	128/3	5×5

在 DCGAN 的原始实现中，上采样采用了分数步长的卷积，其原理示意图如图 5-6 所示。

图 5-6 的下方为输入矩阵块，上方为输出矩阵块，在进行卷积时，输入矩阵块中的相邻元素中间位置被插入了一个空值，产生步长为 1/2 的效果，因此被称为分数步长的卷积。

判别器的输入为 64×64 的图，可以采用与生成器对称的分辨率与通道变换策略，经过 4 次步长为 2 的卷积，使分辨率最终降低到 4×4，如图 5-7 所示。

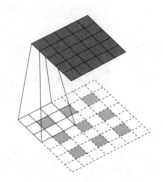

图 5-6　分数步长卷积示意图

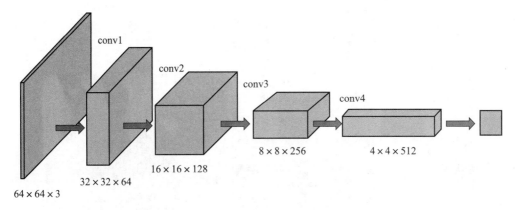

图 5-7　DCGAN 的判别器结构示意图

判别器各卷积层的配置如表 5-2 所示。

表 5-2　判别器各卷积层的配置

判别器卷积层	输入/输出特征分辨率	输入输出通道数	卷积核大小
conv1	64×64/32×32	3/64	5×5
conv2	32×32/16×16	64/128	5×5
conv3	16×16/8×8	128/256	5×5
conv4	8×8/4×4	256/512	5×5

DCGAN 模型比较小，原理简单，可以生成一些纹理类型比较简单的图像，如图 5-8 展示的是 DCGAN 生成的手写数字，其生成的数字效果真实性不错，不过图像分辨率较低，只有 32×32。

5.2.2　DCGAN 的思考

DCGAN 不仅是一个基本的图像生成框架，其作者在 DCGAN 的论文中还探索了更多基本的图像生成任务之外的实验。

作者将判别器学习到的特征用于图像分类，发现可以获得与主流 SVM、CNN 模型相当的分类效果，验证

图 5-8　DCGAN 生成的
手写数字

了判别器的语义鉴别能力。他比较详细地分析了噪声向量 z 对生成图像结果的语义属性的影响。假设 z 是来自潜在空间(Latent Space)中的向量，通过控制向量 z，可以更改生成图像的特定语义内容，以及对语义内容进行编辑，比如更改人脸表情与姿态。

图 5-9 是来自论文中的语义属性编辑的结果。

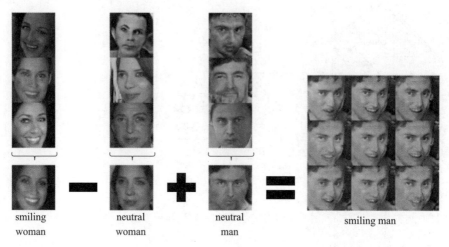

图 5-9　DCGAN 人脸属性编辑结果

其中图像 smiling woman、neutral woman、neutral man 都是生成的具有相关属性的图像集合，对应的平均噪声向量用 Vector("smiling woman")，Vector("neutral woman")，Vector("neutral man")表示。

通过 Vector("smiling woman")−Vector("neutral woman")+Vector("neutral man")得到新的 Vector，然后将其输入生成器，可以生成 smiling man 属性的人脸。这表明了在一定程度上，性别和微笑表情属性可以通过噪声向量 z 来进行线性编辑。

尽管图 5-9 展示了可以通过噪声向量 z 来进行属性编辑，但是生成图像的质量很低，也并未在更多的属性上验证仅通过噪声向量 z 就可以非常有效地编辑复杂的图像属性，这是因为原始的噪声向量 z 与生成结果 $G(z)$ 的对应关系是非常复杂且混乱的。

图 5-10 展示了简单 2 维向量 z 与生成结果分布的示意图。

如图 5-10 所示，不同颜色表示具有不同高层语义属性对应向量 z 中的空间分布，如不同类别的手写数字、不同的人脸属性等，尽管它一定客观存在，但是我们很难获得该分布的显式表达。

假如 z 与生成结果 $G(z)$ 对应的关系是一个更加简单的分布，那么我们就可以更好地控制生成图像的属性。图 5-11 展示了 1 个更加线性的 z 空间。

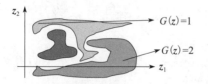

图 5-10　z 向量空间与高层语义的
复杂关系

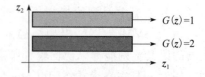

图 5-11　z 向量空间分布与高层语义
分布的简单关系

如何获得更加简单的 z 向量空间，是图像生成框架的重要研究内容，也是接下来我们要介绍的重要内容，包括条件 GAN、属性编辑 GAN。

5.3　条件 GAN

原始的 GAN 虽然可以生成满足训练数据集中数据分布的图像，但是却没有办法直接控制生成结果的属性，比如生成具体的某一类数字，或者某一类笔画风格。而我们往往需要可控的生成结果，这就需要条件可以控制的网络，如有监督条件 GAN 和无监督条件 GAN。

5.3.1　有监督条件 GAN

有监督条件 GAN(Conditional GAN，CGAN)[4]通过将条件控制向量直接作为输入，实现了对生成图像数据的控制。图 5-12 展示的就是 CGAN 结构示意图。

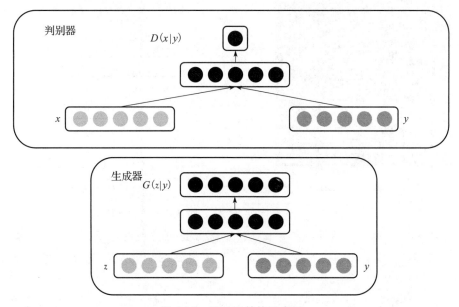

图 5-12　CGAN 结构示意图

图 5-12 中的 y 就是条件向量，比如图像分类的标签变量会分别被当作生成器和判别器的部分输入。当输入生成器时，y 需要和噪声向量 z 直接进行拼接。当输入判别器时，y 需要进行空间维度填充，然后按通道与图像 x 进行拼接。

条件 GAN 的优化目标如式 5.1 所示，除了对生成器和判别器的输入添加了条件约束之外，它与原始 GAN 的优化目标形式一致。

$$\min \max V(D,G)=E_{x\sim p_{\mathrm{data}}(x)}\big[\log D(x\,|\,y)\big]+E_{z\sim p_z(z)}\big[\log\,(1-D(G(z\,|\,y)))\big]$$

$$(5.1)$$

图 5-13 是基于条件变量控制的数字生成结果，图中不同行对应不同的条件向量，即数字类别。CGAN 通过条件向量可以控制生成特定的数字，这是 DCGAN 无法做到的。

5.3.2　无监督条件 GAN

InfoGAN[5] 是一个无监督的条件 GAN，与 CGAN 不同的是，它的条件控制变量并没有被明确地定义，即不具备完全可解释性，而是依靠优化目标的设计来捕获隐含条件变量 c 与生成数据之间的关系。

InfoGAN 的结构如图 5-14 所示。

图 5-13　CGAN 生成结果图

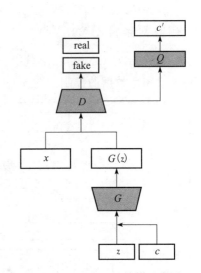

图 5-14　InfoGAN 结构示意图

在 CGAN 中，条件变量 c 被作为标签输入，而 InfoGAN 则将输入噪声隐式地拆解成两部分，一部分是不可压缩的噪声 z，另一部分是可解释的隐变量 c，并且增加了一个全连接层 $Q(c|x)$ 来预测隐变量得到 c'，并将得到的 c' 与 c 计算互信息后添加到损失中。

与 CGAN 相比，InfoGAN 的优势在于，变量 c 可以是类别，也可以是其他的不易解释的属性。与标准 GAN 相比，这个隐式属性的学习可以通过最大化观测变量和隐式变量之间的互信息来进行捕捉。

$$\min_{G,Q}\max_{D} V_{\text{InfoGAN}}(D,G,Q) = V(D,G) - \lambda L_I(G,Q) \tag{5.2}$$

以手写数字生成为例，让 c 的维度为 12，前 10 维表示类别属性，后面 2 维表示隐藏属性，我们期望模型能够学习到笔触和方向两种重要属性，生成结果如图 5-15 所示。

图 5-15 中每一幅图生成的就是某一类数字，实现了对条件类别属性的控制。而图中的数字有不同的笔触和旋转特性，这就是后两维的隐含条件变量的控制结果。由此可以看出，InfoGAN 确实隐式地捕捉了一些属性，后续很多 GAN 都从中受到启发。

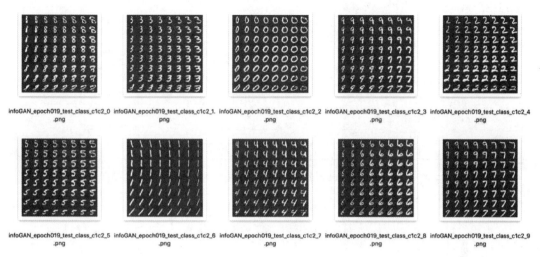

图 5-15　InfoGAN 生成结果

5.3.3　半监督条件 GAN

假如在生成图像的同时还可以对图像的类别进行判别，那么我们就可以将 GAN 用于图像分类任务，其中代表性的框架就是 SGAN 和 ACGAN。

SGAN[6]与标准 GAN 相比，其实就是改变了判别器的输出，使其不仅包括真假判别，还包括多个类别的判别。其预测输出维度为 $N+1$，其中 N 维用于预测真实样本的类别，1 维则用于预测真假。

ACGAN[7]则额外增加了一个分类输出分支，将预测分类输出单独作为辅助任务，将真假判别和类别判别分开，而不是像 SGAN 那样直接通过判别器输出的不同维度来同时完成类别判别与真假判别，进一步提高了图像的生成质量。

ACGAN 的判别器目标与 cGAN 一致，只是额外多了一个分类目标，定义如式 5.3 所示。真假样本都需要进行分类，判别器与生成器都需要最大化。

$$L_c = E[\log P(C = c \mid X_{\text{real}})] + E[\log P(C = c \mid X_{\text{fake}})] \tag{5.3}$$

CGAN、SGAN、InfoGAN、ACGAN 的结构对比如图 5-16 所示。

5.3.4　复杂形式的条件输入

当我们要进行更加复杂的控制时，可以在网络中的多个位置添加条件控制，也可以使用多个条件甚至多模态的条件作为输入。

1. 在多个位置添加条件控制

图 5-17 展示了控制不同域风格的图像生成案例，其中 Domain 就是域向量。对于判别器来说，输入图像具有最明显的域可辨别特征，所以域向量和输入图一起作为输入，而在接下来的卷积层中需要提取域不变的特征，因此不再输入域向量。

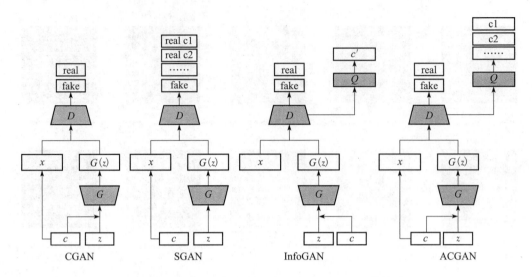

图 5-16 CGAN、SGAN、InfoGAN、ACGAN 的结构对比

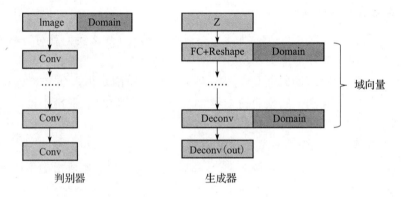

图 5-17 多级条件 CGAN 示意图

生成器的目标则是实现特定域图像的生成，它要求各个抽象层级的特征都包含域的信息，因此域向量被输入各个反卷积层中。

2. 多模态条件控制

基本的条件 GAN 使用一维的标签与图像的拼接作为输入，然而条件向量本身也可以是图像，甚至文本字符串。

以 StackGAN 为例，它将描述文本作为条件分别输入生成器和判别器，实现了文本到图像的生成。StackGAN 生成的图像内容符合文本的描述，比如生成的结果为"一只鸟正在唱歌""一朵红色的花并且花蕊为黄色"等。

条件 GAN 使得基于 GAN 的图像编辑、图像风格化等任务得到了长足发展，成为非常流行的一类 GAN 模型结构。

5.4 多尺度 GAN

早期以 DCGAN 为代表的 GAN 网络有个特点，其生成的图像分辨率太低，质量不够好，都不超过 100×100 分辨率。这是因为生成器难以一次性学习到生成高分辨率的样本，而判别器对于高分辨率图像的判别能力很强，使得整个训练过程不稳定。

基于此，金字塔 GAN（即 LAPGAN）[8]、渐进式 GAN（即 Progressive GAN）[9] 等结构被提出并广泛使用，它们参考图像领域里面的金字塔结构采取由粗到精的方法一步一步生成图像，而且每一次生成过程学习的是残差而不是完整的图像。

5.4.1 LAPGAN

图 5-18 展示了 LAPGAN 的完整结构，它从输入噪声 Z_3 开始，逐级提升，最终生成 I_0，这是一个级连结构。

G_3 是最底层的生成器部分，它的输入只有随机噪声 Z_3，输出 $\widetilde{I}_3$。

D_3 是最底层的判别器，其输入真实样本的采样 I_3 和上一级生成的样本 $\widetilde{I}_3$。

G_2 的输入不仅包括随机噪声 Z_2，还包括 I_3 的上采样的图像 l_2，两者共同产生 $\widetilde{h}_2$。与 $\widetilde{I}_3$ 不同，这里的 $\widetilde{h}_2$ 是一个残差，而不是真实的图像，它将和真实图像 I_2 与 l_2 的残差，以及 l_2 一起进入判别器 D_2。

这样的结构有几个好处，分析如下。

1）针对残差的逼近和学习相对容易，减少了每一次 GAN 需要学习的内容，增加了 GAN 的学习能力。

2）逐级独立训练提高了网络简单记忆输入样本的难度，许多高性能的深度网络都面临这样的问题。

3）判别器仍然需要分辨真实的具有物理意义的图像和生成的图像，比如可识别的鸟，但是生成器需要学习的却只有残差部分，降低了学习的难度。

4）D_1、G_1、D_0、G_0 的原理类似，这样的网络结构取得了比 DCGAN 更稳定的收敛性和更高的分辨率。

由于大部分 GAN 模型是基于一个相同类图像组成的数据集进行采样来学习数据分布，而图像本身就有足够的自相似性，所以 SinGAN[10] 采用了与 LAPGAN 非常类似的结构，只基于同一幅图不同分辨率的局部图像块进行采样学习，这样就可以生成高质量的图像，用于数据增强等领域。图 5-19 中展示了基于一幅图生成各种不同尺度图像的结果。

图 5-19 中第 1 列展示了训练图像，第 2～6 列展示了生成的图像，可以看出生成图像与训练图像具有高度的局部相似性。

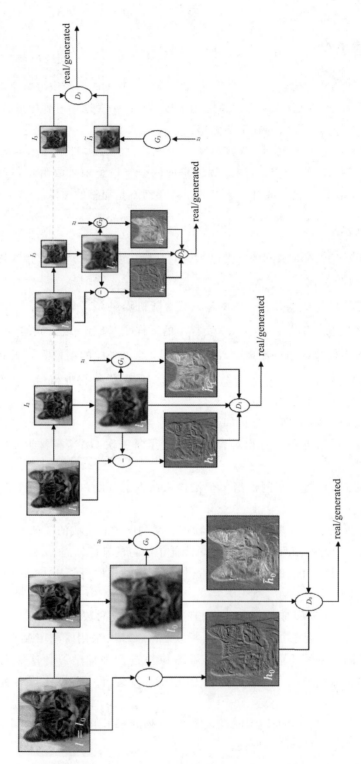

图 5-18 LAPGAN 训练过程

训练图像　　　　　　　　　　　　　随机生成图像

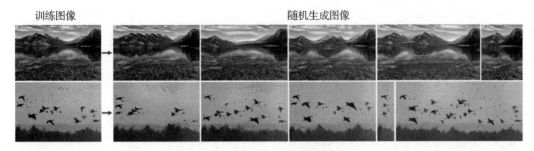

图 5-19　SinGAN 生成图像结果

5.4.2　Progressive GAN

Progressive GAN 虽然也是基于残差和多尺度的框架，但是与 LAPGAN 采用的学习方式有所不同，它通过在训练过程中逐渐添加模块来提升分辨率，整个模型结构只有 1 个生成网络 G，1 个判别网络 D，如图 5-20 所示。

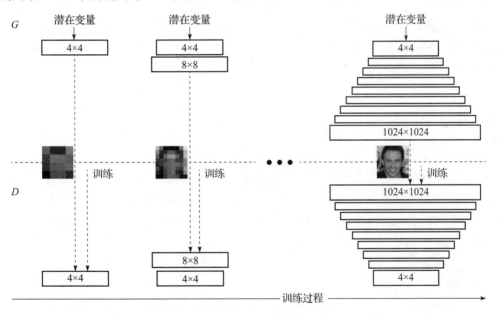

图 5-20　Progressive GAN 的训练过程

Progressive GAN 将更高分辨率的分支作为残差分支，其逐渐增加分辨率的过程如图 5-21 所示。

假设当前已经完成了 16×16 分辨率的学习过程，接下来要添加 32×32 分辨率。生成器的过程如图 5-21a 所示，首先进行特征图上采样，然后分为两个分支，一个分支直接基于低分辨率特征进行上采样，使用 1×1 的 To RGB 模块生成图像；另一个分支为残差分支，使用若干个不改变分辨率的特征层进行学习，然后将两个分支的结果按照系数加权。

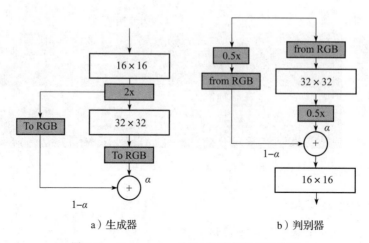

a）生成器   b）判别器

图 5-21   Progressive GAN 的残差学习示意图

判成器的过程如图 5-21b 所示，分为两个分支。一个分支首先进行 0.5 倍下采样，然后使用 from RGB 模块从图像提取特征；另一个分支为残差分支，首先使用 from RGB 模块从图像提取特征，然后使用若干个不改变分辨率的卷积层进行学习，最后进行特征的下采样。

5.5   属性 GAN

5.3 节介绍了条件 GAN，它通过在生成器和判别器中使用条件监督信息来控制生成结果，不仅能产生特定标签的数据，还能够提高生成数据的质量。但是图像本身的属性可能是非常复杂的，如何实现更好地属性解耦合，对生成结果的控制至关重要。为了更好地学习属性向量，提高生成图像属性的可控性，有两种方法，分为显式属性 GAN 和隐式属性 GAN。

5.5.1   显式属性 GAN

IcGAN[11]将 CGAN 的思想反向使用，首先使用编码器完成从图像到属性本身的学习，然后通过更改属性来控制生成结果，它期望通过编码器学习图像到属性的映射，从而实现属性的解耦合，其模型结构如图 5-22 所示。

在 IcGAN 架构中，我们需要学习指定维度的属性向量，如图 5-22 所示，图像 x 通过两个编码器分别编码为特征向量 z 和属性向量 y。

IcGAN 的训练分 3 步进行。

第 1 步：使用数据集的属性标签作为 CGAN 的条件向量，随机采样 z 训练条件人脸生成 GAN。

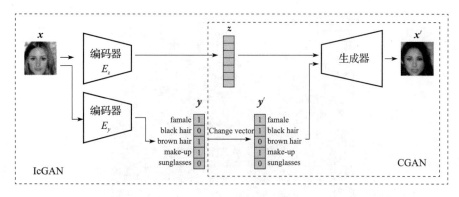

图 5-22 IcGAN 结构示意图

第 2 步：训练特征编码器 E_z，训练数据为第 1 步中人脸生成器生成的数据 x' 和对应的输入向量 z。

第 3 步：训练属性编码器 E_y，训练数据为第 1 步中生成器生成的数据 x' 和对应的标签向量 y。

编码器 E_z 和编码器 E_y 可以是完全独立的两个编码器，也可以通过共享一些底层特征来进一步降低模型参数。

编码器 Z 和 Y 使用的损失函数如下：

$$L_{ez} = \mathbb{E}_{z \sim p_z, y' \sim p_y} \| z - E_z(G(z, y')) \|_2^2 \tag{5.4}$$

$$L_{ey} = \mathbb{E}_{x, y \sim p_{\text{data}}} \| y - E_y(G(x)) \|_2^2 \tag{5.5}$$

因为生成的图像质量可能不好，在第 2 步和第 3 步中，也可以使用真实的数据集 x 和对应的标签 y 进行训练。

在使用模型生成图像的时候，可以通过编码器 E_z 获得特征向量 z，通过编码器 E_y 获得标签向量 y，然后编辑 y 和 z 一起输入生成器。

5.5.2 隐式属性 GAN

虽然 IcGAN 可以学习属性向量，但是图像本身的许多微观属性很难定量描述，而且 IcGAN 也只能实现离散的属性控制，无法实现连续平滑的属性变换。

StyleGAN[1] 是一个性能非常优良的框架，它借鉴了 Progressive GAN 的渐进式分辨率提升生成策略，能够生成分辨率为 1024×1024 的人脸图像，并且可以进行属性的精确控制与编辑。图 5-23 展示了 StyleGAN 论文中生成的人脸图像。

传统生成器与 StyleGAN 生成器的对比结构如图 5-24 所示。

图 5-24b 是 StyleGAN 的结构示意图，包含一个映射网络 f 和一个生成网络 g。下面我们对其各个部分结构进行解读。

图 5-23   StyleGAN 生成的人脸图

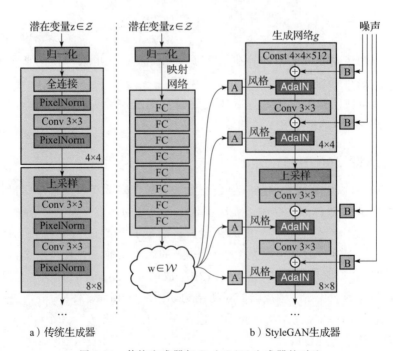

a）传统生成器   b）StyleGAN生成器

图 5-24   传统生成器与 StyleGAN 生成器的对比

1. 映射网络 f

映射网络 f 总共有 8 层全连接层，输入是 512 维的噪声向量 Z，经过 8 个全连接层，得到 512 维的潜在空间向量 W，这样编码的好处是可以摆脱输入向量受输入数据集分布的影响。下面参考论文中的简单案例进行说明，如图 5-25 所示。

a）训练集中的特征分布　　　b）从 Z 到特征的映射　　　c）从 W 到特征的映射

图 5-25　映射网络 f 的作用

训练数据集通常是有偏的，比如在人脸的属性中，性别包括男、女，头发包括长、短，其中{男，长发}属性一起出现的概率较低，而{男，短发}，{女，长发}，{女，短发}一起出现的概率较高，反映到空间中就是一个不均匀的分布，如图 5-25a 所示。

如果我们仅仅使用随机采样的噪声向量 Z 来映射，因为噪声 Z 的分布在全空间，为了拟合训练数据集，必定存在不均匀的映射区域，如图 5-25b 所示，这增加了从 Z 到生成图像的模型学习难度，因为属性之间的耦合关系非常复杂。

假如通过映射网络 f 首先对 Z 进行映射得到 W，不仅可以保证与训练集一致的分布，还可以获得更加均匀的属性分布。潜在向量空间 W 与生成图像的属性之间有更好的线性关心，将有利于对生成图像的属性控制，因此 W 更适合作为生成器的输入。

2. 生成网络 g

接下来我们再看生成网络 g，它通过分层的控制来实现不同粒度人脸属性的编辑。

AdaIN 层是一个在生成对抗网络和风格化领域中应用非常广泛的归一化层，在风格编码任务中，它可以替换批归一化层（BN）获得更好的结果，其定义如下：

$$\text{AdaIN}(x_i, y) = y_{s,i} \frac{x_i - \mu(x_i)}{\sigma(x_i)} + y_{b,i} \tag{5.6}$$

AdaIN 的具体实现过程是：将 512 维的向量 W 通过一个可学习的仿射变换，生成缩放因子 $y_{s,i}$ 与偏差因子 $y_{b,i}$，这两个因子会与实例标准化（Instance Normalization，IN）之后的输出做加权求和，如式 5.6 所示，原理示意图如图 5-26 所示。

后来 StyleGAN 的研究者发现，对不同的 AdaIN 层使用不同的 W 向量是有益的，因此 W 的维度被拓展成 18×512，称之为 W'，其中 18 对应 AdaIN 层的数量。

由于实例标准化对每个特征图单独计算，尺度 $y_{s,i}$ 和偏移 $y_{b,i}$ 的维度也与特征图通道数有关，所以通过缩放因子 $y_{s,i}$ 与偏差因子 $y_{b,i}$，我们可以实现图像的整体样式控制，它们也被称为风格向量。

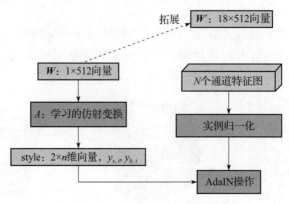

图 5-26　AdaIN 原理示意图

生成网络 g 是一个分辨率逐级提升的结构，总共有 18 个卷积层，除了第 1 层以外，每两层上采样一个尺度，分辨率从 4×4 提升到 1024×1024，训练方式与 Progressive GAN 相同。每一级分辨率都有两个 AdaIN 层，我们可以将其称为 1 个风格化模块，一共 9 个风格化模块。

以 StyleGAN 生成的人脸图像为例，其作者在论文的实验中发现，按照尺度可以将人脸特征分为 3 个层级，即全局特征、中级特征与细节特征，如图 5-27 所示。

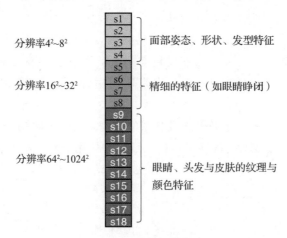

图 5-27　人脸分层样式表达

全局特征由分辨率不超过 8×8 的风格化模块控制，主要包括面部姿态、形状、发型等特征。

中级特征由分辨率在 16×16 和 32×32 的风格化模块控制，主要包括更精细的特征，如眼睛的睁闭等。

细节特征由分辨率从 64×64 到 1024×1024 的风格化模块控制，主要包括眼睛、头发和皮肤等纹理和颜色特征。

另外在每 1 个风格化模块的卷积层之后，AdaIN 层之前，都添加了通道特征图级别的高斯噪声，每一层的各个通道的噪声输入共用，但是需要乘以可学习的权重后再添加到特征图中。通过添加噪声，我们可以对更加细微的生成结果进行随机控制，增强生成图像的模式丰富性，相关实验结果可以看 5.8 节的实践。

因为 StyleGAN 生成图像的特征是由 W 和 AdaIN 层控制，所以生成器的初始输入不再需要输入噪声，而是用全 1 的常量值替代。

3. 训练技巧

StyleGAN 是一个非常优秀的生成结构，但仅仅依靠优良的结构并不足以取得非常高质量的生成结果，还需要一些训练技巧辅助模型的训练，主要包含两个，样式正则化（mixing regularization）与 W 向量截断。

为了降低 StyleGAN 生成器中各个级别特征的相关性，StyleGAN 采用了样式正则化训练技巧。它通过在训练时随机选择两个输入向量 $Z1$ 和 $Z2$，经过映射网络得到中间向量 $W1$、$W2$，然后随机交换 $W1$ 和 $W2$ 的部分内容，从而实现两幅图像风格的交换。

如图 5-28 所示，向量 a 分为 $a1$ 和 $a2$ 两段，向量 b 分别 $b1$ 和 $b2$ 两段，将 $a1$ 和 $b2$ 组合成一个新的与 a、b 长度相同的向量，就是一种常用的样式向量混合。

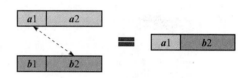

图 5-28　样式向量混合

作者发现，将 B 域的风格在 4～8 粗粒度（小尺度）往 A 域进行迁移时，结果会保留 B 域的发型、脸型等全局信息，而颜色以及纹理则来自 A 域。

将 B 域的风格在 16～32 中等粒度往 A 域进行迁移时，结果会保留 B 域小尺度的脸部细节，如发型、眼神等，而姿态等全局信息则来自 A 域。

将 B 域的风格在 64～1024 细粒度（大尺度）往 A 域进行迁移时，结果会保留 B 域的一些细节纹理和颜色风格，其他则都来自 A 域。

另外一个重要的技巧就是 W 向量截断技巧，具体的做法是首先对 W 向量计算出统计均值，获得 $\overline{W}$，然后通过截断函数 ψ 来生成新的 W 向量，如式

$$W' = \overline{W} + \psi(W - \overline{W}) \tag{5.7}$$

其中截断函数 ψ 的值域是 $(-1,1)$。

相关训练技巧对生成图像结果的影响可以参考 5.8 节的实践部分。

4. StyleGAN 的评估

我们在前面章节中已经介绍了非常多的 GAN 评估技巧，而 StyleGAN 额外提出了两个新的评估方法，包括感知路径长度（Perceptual Path Length）和线性可分性（Linear Separability）。

路径长度评估的是潜在空间 Z 或者 W 中端点的平均距离，具体是指训练过程中相邻时间节点上的两个生成图像的距离，基于 Z 的路径长度定义如式（5.8），基于 W 的定义

方法也与此相同：

$$l_z = \mathrm{E}\left[\frac{1}{\epsilon^2}d\big(G(\mathrm{slerp}(z_1,z_2;t)),G(\mathrm{slerp}(z_1,z_2;t+\epsilon))\big)\right] \tag{5.8}$$

其中 slerp 表示 spherical interpolation，是一种球形空间的采样方法；d 表示 VGG 特征空间的 L1 距离；t 表示某一个时间点，ϵ 表示相邻的时间步。

一个非常好的潜在空间向量在空间中应该是线性分布的，即沿着某一个路径，可以编辑相关属性，当我们想要生成特定属性的图像时，在该路径上进行采样是最高效的，比如图 5-29 中的实线路径，可以在任意节点采样生成"猫"图。

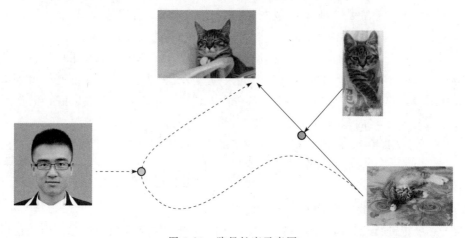

图 5-29　路径长度示意图

而虚线表示一条更长的路径，虽然在路径的终点进行采样可以生成满足属性的图像，但是其中间节点采样得到的向量不能够生成"猫"，因此虚线路径质量不如实线。它们的质量差异在图中的直观表达就是路径的长度，更短的路径表示质量更高的空间映射。

另一个评估指标即线性可分性，它用于评估 Latent 向量是否具有足够的属性可分类性。

首先我们使用分布 $z \sim P(z)$ 生成 200 000 张图像，然后对其训练 1 个 CNN 图像分类器得到某一个属性的二分类标签，比如是否微笑；

接下来我们对潜在空间向量 Z 或者 W 使用 SVM 进行分类，计算条件熵 $H(Y|X)$，其中 X 是 SVM 的分类器结果，Y 是 CNN 的图像分类器结果。

图 5-30a 展示了微笑与不微笑两类样本，图 5-30b 展示了属性向量的空间分布。

潜在空间中的属性向量的线性可分性越好，则条件熵 $H(Y|X)$ 会越小，该值实际上表示需要多少额外信息来决定样本的类别，更低的条件熵表示属性向量具有更可分的分布。

5. StyleGAN v2 的结构改进

StyleGAN 有一个明显的缺陷，即生成的图像都会包含斑点似的伪影，这主要是 AdaIN 层带来的问题，如图 5-31 所示。

不微笑　　　微笑
a)　　　　　　　　　　　　　　b)

图 5-30　样本与属性向量空间分布

图 5-31　StyleGAN 的缺陷

StyleGAN v2[12] 通过修改生成器的结构改善了这个问题，它与 StyleGAN 的对比如图 5-32 所示。

StyleGAN v2 的改进包含三部分。

1) 在归一化层中去除均值，将噪声和卷积层的偏置移到风格模块外。

2) 简化了噪声广播操作，不再对每 1 个特征图使用不同的噪声，而是对某一层所有特征图使用相同的噪声。

3) 权重归一化：将实例归一化层替换为解调制层，基于特征的统计假设，而不是特征图的实际内容，相比实例归一化层，是更加弱的信号调制。

在原始的 StyleGAN 中，A 表示从 W 学习的仿射变换，它产生样式向量 y，B 则表示噪声的广播操作。

每 1 个风格模块的输入是上一个风格模块的 IN 层归一化输出，接下来使用仿射变换学习到的样式向量进行调制，即添加缩放与偏置，再进行上采样、卷积、添加噪声，完成归一化操作。

StyleGAN v2 修改了风格模块中的操作：包括将偏置 b 和噪声 B 相加移到风格模块区域之外，并仅调整每个特征图的标准偏差，而不修改均值。

经过修改后的结构可以进一步简化为 Mod 和 Demod 两个操作。

Mod 操作如下：

$$w'_{ijk} = s_i \cdot w_{ijk} \tag{5.9}$$

Mod 操作通过缩放卷积权重来替换缩放卷积的每个输入特征图，其中 i 表示输入特征图，j 表示输出特征图，k 表示空间位置。

修改前的操作是先乘以风格向量，后接卷积操作；修改后则是对卷积核进行输入通道级别的乘法操作，即每 1 个输入通道对应的权重乘以风格向量。

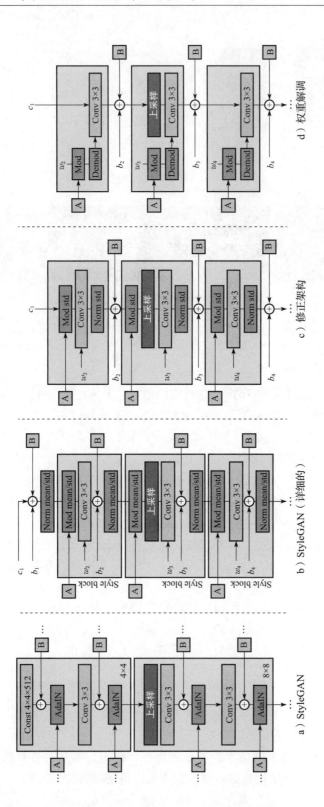

图 5-32　StyleGAN v2 的改进

Demod 操作如下:

$$w''_{ijk} = w'_{ijk} \Big/ \sqrt{\sum_{i,k} {w'_{ijk}}^2 + \varepsilon} \qquad (5.10)$$

Demod 操作通过除以相应权重的 L2 范数来缩放输出，它将卷积核进行输出通道级别的归一化，对应式 5.10 分母中将每 1 个与输出通道 j 相连的卷积权重进行求和。

6. StyleGAN v2 的训练技巧

StyleGAN v2 使用了一些新的训练技巧，包括路径正则化、延迟正则化、残差训练模块。

1) 路径正则化：StyleGAN 使用路径长度来对结果进定量评估，StyleGAN v2 则直接使用路径正则化，将其添加到损失函数中，定义如下:

$$E_{w,y\sim N(0,I)} = (\|J_w^T y\|_2 - a)^2 \qquad (5.11)$$

其中 $J_w^T y = \nabla_w(g(w) \cdot y)$，$y$ 是像素值为正态分布的图像，$w \sim f(z)$、z 是均匀分布，J_w 是生成器对 w 的一阶矩阵，表示图像在 w 上的变化，a 是 $J_w y$ 的长期指数移动平均，通过训练迭代可以自动找到全局最优值。

2) 延迟正则化(Lazy Regularization)，即每 k 个 batch 才计算一次正则项，降低了正则化损失项的计算成本和整体内存使用量。同时在计算时乘以 k 来平衡其梯度的整体大小。对于判别器，$k=16$，对于生成器，$k=8$。

3) 残差训练模块，即通过添加跳层连接同时生成不同分辨率，而不再采用 Progressive GAN 中的渐进式生成策略，这是因为作者发现渐进式增长导致中间层的频率成分明显更高，损害了网络的平移不变性，使得某些微观语义区域虽然精度很高，但是不符合真实图像特点。比如当人脸姿态发生变化时，牙齿区域并没有跟着发生姿态的变化，从而生成纹理逼真但不真实的图像。

5.6 多判别器与生成器 GAN

常规的 GAN 只包含一个判别器与一个生成器，而增加生成器和判别器也是一类设计思想，可以从某些方面提高 GAN 模型的性能，本节将简单介绍相关设计。

5.6.1 多判别器 GAN

训练一个过于好的判别器，会损坏生成器的性能，这是 GAN 面临的一个难题。能够训练多个没有那么强的判别器，进行级联，然后取得不错的效果，这就是多判别器结构的设计初衷。

多判别器 GAN(Generative Multi-Adversarial Network)[13] 是一个包括多个判别器、单个生成器的结构，如图 5-33 所示。

采用多个判别器的好处是使 GAN 拥有了类似于模型集成的优势，甚至可应用 Dropout 技术。

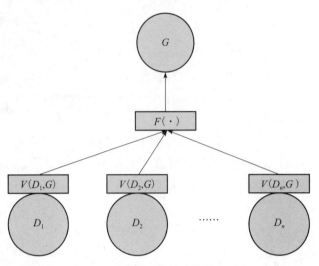

图 5-33　多判别器单生成器 GAN

多个判别器可以进行任务分工，比如在图像分类中，用一个判别器进行粗粒度的分类，用另一个判别器进行细粒度的分类；在语音任务中，规定不同判别器用于不同声道的处理。

5.6.2　多生成器 GAN

一般来说，生成器相比判别器要完成的任务更难，因为它要完成数据概率密度的拟合，而判别器只需要进行判别，导致影响 GAN 性能的一个问题就是模式坍塌，即生成高度相似的样本。采用多个生成器单个判别器的方法可以有效地缓解这个问题。

多生成器 GAN(Multi-Agent Diverse GAN)[14] 是一种包含多个生成器、单个判别器的结构，如图 5-34 所示。

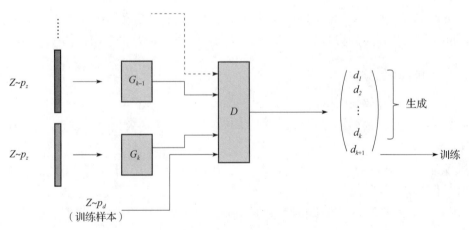

图 5-34　多生成器单判别器 GAN

多生成器 GAN 包含多个结构相同的生成分支,每一个分支就是一个生成器,各自生成特定分布的样本,这些生成器在浅层共享了一些参数,以此降低模型的参数复杂度。

假如有 k 个生成器,则生成器的优化目标是最小化下面的式(5.12):

$$E_{x \sim p_d} \log D_{k+1}(x) + \sum_{i=1}^{k} E_{x \sim p_{g_i}} \log(1 - D_{k+1}(x)) \tag{5.12}$$

$D_{k+1}(x)$ 是一个交叉熵损失,用于判断样本来自哪个生成器。

5.7 数据增强与仿真 GAN

数据生成框架是方法,而如何将其应用于各类任务是我们更关心的内容。我们在前面已经介绍过将 GAN 用于数据增强和仿真的应用方法,接下来将针对数据增强和仿真这两个方面分别介绍一个相关的代表性框架。

5.7.1 数据增强 GAN

GAN 作为一个优秀的生成框架,可以用于数据增强,BAGAN(Balancing GAN)[15]是其中的一个代表,它包含两个步骤,如图 5-35 所示。

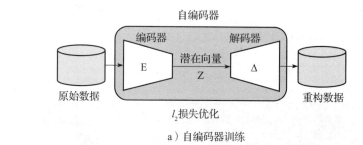

a)自编码器训练

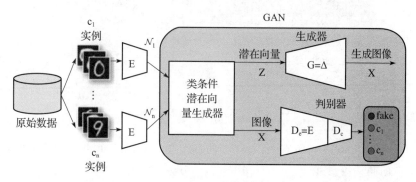

b)GAN 初始化

图 5-35 BAGAN 的原理图

第 1 步:使用自编码器对原始的所有数据进行学习,得到小样本类别和多样本类别的共同特征，这可以避免小样本数据学习到的特征不足导致 GAN 网络训练效果不好的问题。

第 2 步：使用第 1 步学习完的自编码器的编码器初始化 GAN 的判别器，使用自编码器的解码器初始化 GAN 的生成器，接下来训练 GAN。

GAN 的生成器输入向量来自正态分布的采样，正态分布的均值和方差则通过对需要生成的特定类别的样本集合输入编码器后得到的特征进行统计计算得来。

判别器的预测输出向量为 $n+1$ 维，其中 n 维是类别分类信息，另外一维是真假样本分类。

5.7.2 数据仿真 GAN

我们有时会使用仿真的图像来训练机器学习模型，比如基于仿真的环境训练自动驾驶领域中的感知模型，但是由于仿真图像和真实图像有较大的差异，导致训练出的模型泛化能力会受到影响。

GAN 除了可以重新生成数据之外，还可以用于增强仿真数据的真实性。SimGAN[2] 是一个用于优化仿真数据的方案，其生成器 G 的输入是合成图像，而不是随机向量。

SimGAN 使用真实图像作为监督，让生成器学习到了人工合成图像数据分布到真实图像数据分布的映射。

它利用对抗思路和没有标签的真实图像对仿真图像进行数据增强，框架原理图如图 5-36 所示。

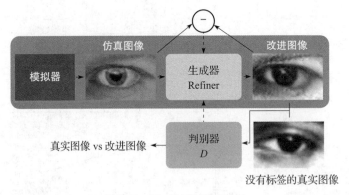

图 5-36 SimGAN 的原理图

如图 5-35 所示，输入为仿真图像，它经过生成器 Refiner 可以生成更加真实的图像。生成器使用自回归损失（self-regularization loss）来保证改进的图像（refined image）和仿真图像（synthetic image）的身份信息不变，使用对抗损失来判别样本为生成图像的概率，损失定义如下：

$$L_R(\theta) = \sum_i L_{real}(\theta; x_i, y) + \lambda L_{reg}(\theta; x_i) \tag{5.13}$$

L_{real} 是真实性约束分类损失，y 表示真实样本，x_i 表示生成的样本，具体定义如式(5.14)，D_ϕ 表示判别器，R_θ 为生成器 Refiner。

$$L_{real}(\theta;x_i,y)=-\log(1-D_\phi(R_\theta(x_i))) \tag{5.14}$$

L_{reg} 是维持身份信息的回归损失，它可以使用图像的 L1 距离，也可以使用特征空间中的距离。

为了让 Refiner 能够关注图像的局部特征，作者提出了局部对抗损失(local adversarial loss)来保证生成图像的每一个小图像区域都足够真实，具体来说就是让将图像分为 $H \times W$ 个局部图像块，然后对每一个图像块进行真假判别，而不是直接对整张图像进行计算，最后对所有区域结果进行平均，如图 5-37 所示。

图 5-37　基于图像块的判别

GAN 训练中存在一个问题，D 网络只使用最新的生成图像进行判别，而 G 网络可能会生成重复的图像，但是 D 网络对此没有记忆。因此在训练 SimGAN 时作者使用了一个技巧，即在每一个 batch 的训练中，定义用于判别的图像一半来自当前生成的 batch 图像，另一半则来自历史缓存，从而保证 D 网络的学习更加稳定。

5.8　DCGAN 图像生成实践

DCGAN 是第一个真正意义上的全卷积生成对抗网络，它的生成器输入为 1×100 的向量，生成 64×64 的图，对于手写数字识别任务有不错的效果。虽然现在有更多更好的 GAN 模型，但是 DCGAN 仍然值得学习，因此我们首先来完成 DCGAN 模型的训练。

5.8.1　项目解读

在实验之前我们首先详细解读项目中数据集的载入、模型的定义以及优化等模块的代码。

1. 数据读取

本次将完成一个人脸表情图像生成的任务，使用的数据集共包含 4358 张图像，部分案例图如图 5-38 所示。

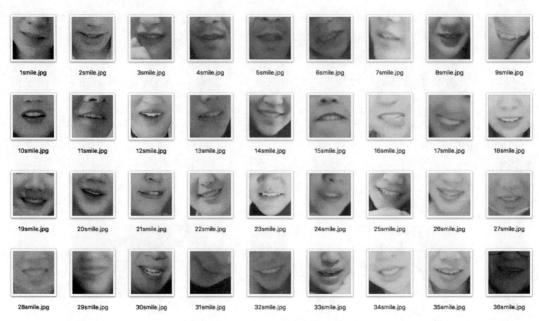

图 5-38　DCGAN 训练图像示意图

由于只有一类图像，我们将其全部放在一个文件夹中。数据的读取非常简单，直接使用 torchvision 的 ImageFolder 接口即可，核心代码如下，这里不再赘述。

```
## 读取数据
dataroot = "mouth/"
dataset = datasets.ImageFolder(root=dataroot,
                        transform=transforms.Compose([
                            transforms.Resize(image_size),
                            transforms.ToTensor(),
                            transforms.Normalize((0.5, 0.5, 0.5), (0.5, 0.5, 0.5)),
                        ]))
dataloader = torch.utils.data.DataLoader(dataset, batch_size=batch_size,
                                shuffle=True, num_workers=workers)
```

使用 datasets.ImageFolder 创建数据集类，输入图像的根目录 root，数据预处理函数 transform 中包含缩放操作、转换成向量的操作，以及标准化操作。

2. 判别器定义

接下来我们再看判别器的定义，它就是一个图像分类模型，与原始 DCGAN 论文中的参数配置略有差异。

```
## 判别器定义
class Discriminator(nn.Module):
    def __init__(self, ndf=64, nc=3):
        super(Discriminator, self).__init__()
        self.ndf = ndf
```

```python
        self.nc = nc
        self.main = nn.Sequential(
            # 输入图像大小为(nc) x 64 x 64，输出(ndf) x 32 x 32，卷积核大小 4 x 4，步长为 2

            nn.Conv2d(nc, ndf, 4, 2, 1, bias=False),
            nn.LeakyReLU(0.2, inplace=True),

            # 输入(ndf) x 32 x 32，输出.(ndf*2) x 16 x 16，卷积核大小 4 x 4，步长为 2
            nn.Conv2d(ndf, ndf * 2, 4, 2, 1, bias=False),
            nn.BatchNorm2d(ndf * 2),
            nn.LeakyReLU(0.2, inplace=True),

            # 输入(ndf*2) x 16 x 16，输出(ndf*4) x 8 x 8，卷积核大小 4 x 4，步长为 2
            nn.Conv2d(ndf * 2, ndf * 4, 4, 2, 1, bias=False),
            nn.BatchNorm2d(ndf * 4),
            nn.LeakyReLU(0.2, inplace=True),

            # 输入(ndf*4) x 8 x 8，输出(ndf*8) x 4 x 4，卷积核大小 4 x 4，步长为 2
            nn.Conv2d(ndf * 4, ndf * 8, 4, 2, 1, bias=False),
            nn.BatchNorm2d(ndf * 8),
            nn.LeakyReLU(0.2, inplace=True),

            # 输入(ndf*8) x 4 x 4，输出 1 x 1 x 1，卷积核大小 4 x 4，步长为 1
            nn.Conv2d(ndf * 8, 1, 4, 1, 0, bias=False),
            nn.Sigmoid())

    def forward(self, input):
        return self.main(input)
```

以上代码包含 5 层卷积，其中前面 4 个卷积层的卷积核大小为 4×4，宽和高的步长等于 2，边界填充值为 1。每一个卷积层后都跟随一个 BN 层和 ReLU 层。

假设输入空间尺度为 F_{in}，卷积核尺度为 k，边界填充为 p，步长为 s，对于卷积层，[·]表示向下取整操作。

输入输出的空间尺度变化关系如式(5.15)：

$$F_o = \left[\frac{F_{in} - k + 2p}{s} + 1 \right] \tag{5.15}$$

由于前 4 个卷积层的步长都等于 2，通过式(5.15)可以计算出每经过一次卷积，图像长宽都降低为原来的 1/2。

输出层也是一个卷积层，其特征图的空间尺寸为 4×4，卷积核也是 4×4，所以输出空间层维度为 1，使用 sigmoid 激活函数，输出是一个 0 到 1 之间的概率值。

使用 Netron 工具可视化后的判别器结构如图 5-39 所示。

3. 生成器定义

接下来我们再看生成器的定义，它输入一维的噪声向量，输出二维的图像，与原始 DCGAN 论文中的参数配置略有差异。

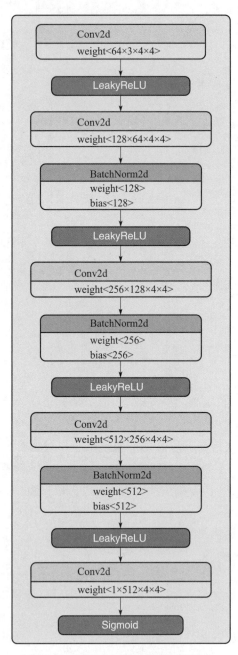

图 5-39　DCGAN 判别器模型可视化

```
## 生成器定义
class Generator(nn.Module):
    def __init__(self, nz=100, ngf=64, nc=3):
        super(Generator, self).__init__()
```

```
self.ngf = ngf
self.nz = nz
    self.nc = nc
    self.main = nn.Sequential(
        # 输入 nz x 1 x 1，输出 (ngf*8) x 4 x 4，卷积核大小 4 x 4，步长为 1
        nn.ConvTranspose2d( nz, ngf * 8, 4, 1, 0, bias=False),
        nn.BatchNorm2d(ngf * 8),
        nn.ReLU(True),

        # 输入 (ngf*8) x 4 x 4，输出 (ngf*4) x 8 x 8，卷积核大小 4 x 4，步长为 2
        nn.ConvTranspose2d(ngf * 8, ngf * 4, 4, 2, 1, bias=False),
        nn.BatchNorm2d(ngf * 4),
        nn.ReLU(True),

        # 输入 (ngf*4) x 8 x 8，输出 (ngf*2) x 16 x 16，卷积核大小 4 x 4，步长为 2
        nn.ConvTranspose2d( ngf * 4, ngf * 2, 4, 2, 1, bias=False),
        nn.BatchNorm2d(ngf * 2),
        nn.ReLU(True),

        # 输入 (ngf*2) x 16 x 16，输出 (ngf) x 32 x 32，卷积核大小 4 x 4，步长为 2
        nn.ConvTranspose2d( ngf * 2, ngf, 4, 2, 1, bias=False),
        nn.BatchNorm2d(ngf),
        nn.ReLU(True),

        # 输入 (ngf) x 32 x 32，输出 (nc) x 64 x 64，卷积核大小 4 x 4，步长为 2
        nn.ConvTranspose2d( ngf, nc, 4, 2, 1, bias=False),
        nn.Tanh())

def forward(self, input):
    return self.main(input)
```

可以看出，生成器共包含 5 个上采样层，每一个上采样使用卷积核大小为 4×4 的转置卷积，而原作者使用了 5×5 的分数卷积(fractional convolution)。

转置卷积输入输出的空间尺度变化关系如式(5.16)：

$$F_o = [(F_{in} - 1)s + k - 2p + p_o]\qquad(5.16)$$

与卷积过程中的填充不同，转置卷积中多了一个输出填充参数 p_o，它是对卷积后特征图单侧的元素增加操作，而输入填充 p 则是对双侧边界的元素删除操作。式(5.16)中其他参数的意义与式(5.15)中对应的参数相同。

根据式(5.16)可知，第一个转置卷积层将输入的一维噪声向量经过上采样生成 4×4 的特征图，后面的 4 个转置卷积层则进行 2 倍的上采样。

其中前 4 个转置卷积层后接有 BN 层和 ReLU 层，最后一个转置卷积层后则是 Tanh 激活函数。

使用 Netron 工具可视化后的生成器结构如图 5-40 所示。

4. 损失函数与优化方法定义

损失函数使用了 BCE 交叉熵损失，真样本和假样本标签分别为 1 和 0。

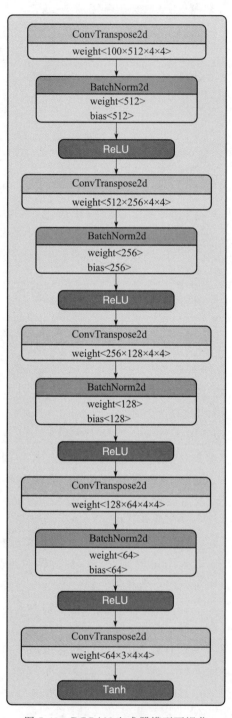

图 5-40 DCGAN 生成器模型可视化

```
criterion = nn.BCELoss()
real_label = 1.        # "真"标签
fake_label = 0.        # "假"标签
```

判别器和生成器都采用 Adam 方法作为优化器，且使用了同样的配置，定义如下：

```
lr = 0.0003
beta1 = 0.5
optimizerG = torch.optim.Adam(netG.parameters(), lr=lr, betas=(beta1, 0.999))
optimizerD = torch.optim.Adam(netD.parameters(), lr=lr, betas=(beta1, 0.999))
```

5. 训练参数配置

我们再来配置训练相关的参数，包括训练输入图大小、批处理大小、特征图的大小、训练迭代次数等，具体如下。

```
# 批处理大小
batch_size = 64
# 训练图像大小
image_size = 64
# 训练图像通道
nc = 3
# 噪声向量 z 的长度
nz = 100
# 生成器特征图数量单位
ngf = 64
# 判别器特征图数量单位
ndf = 64
# 训练 epochs 数
num_epochs = 100
```

6. 训练核心代码

每一次训练迭代的代码如下：

```
for epoch in range(num_epochs):
    lossG = 0.0
    lossD = 0.0
    for i, data in enumerate(dataloader, 0):
        ###########################
        ## (1) Update D network: maximize log(D(x)) + log(1 - D(G(z)))
        ###########################

        ## 训练真实图像
        netD.zero_grad()
        real_data = data[0].to(device)
        b_size = real_data.size(0)
        label = torch.full((b_size,), real_label, device=device)

        output = netD(real_data).view(-1)
        ## 计算真实图像损失，梯度反向传播
```

```
errD_real = criterion(output, label)
errD_real.backward()

## 训练生成图像
## 产生 latent vectors
noise = torch.randn(b_size, nz, 1, 1, device=devic
## 使用 G 生成图像
fake = netG(noise)
label.fill_(fake_label)
output = netD(fake.detach()).view(-1)

## 计算生成图像损失，梯度反向传播
errD_fake = criterion(output, label)
errD_fake.backward()

## 累加误差，参数更新
errD = errD_real + errD_fake
optimizerD.step()

#############################
# (2) Update G network: maximize log(D(G(z)))
#############################
netG.zero_grad()
label.fill_(real_label)        # 给生成图赋标签

## 因为判别器已经更新，对生成图再进行一次判别
output = netD(fake).view(-1)

## 计算生成图像损失，梯度反向传播
errG = criterion(output, label)
errG.backward()
optimizerG.step()

## 存储损失
lossG = lossG + errG.item()
lossD = lossD + errD.item()

iters += 1

writer.add_scalar('data/lossG', lossG, epoch)
writer.add_scalar('data/lossD', lossD, epoch)
torch.save(netG.state_dict(),'models/netG.pt')
```

5.8.2　实验结果

完成以上重要模块的定义后，我们就可以进行训练了。

1. 训练结果

训练结果曲线如图 5-41 所示。

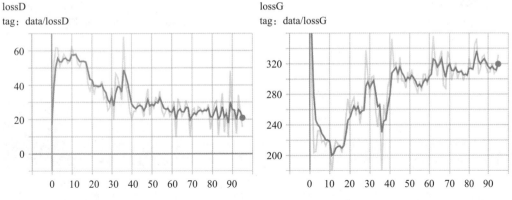

图 5-41　DCGAN 嘴唇生成损失曲线

由于生成对抗网络的判别器和生成器是交替训练、相互对抗，所以它们各自的损失曲线不可能像通常的图像任务一样处于一直下降直到很低的水平的过程，而是先下降再上升的过程。

对于判别器来说，刚开始没有学习，因此性能很差，随着训练进行，判别器的损失降低，但是因为生成器的性能不断提升，所以一段时间之后，判别器的损失又会开始振荡。

对于生成器来说，刚开始没有学习，性能很差，随着训练进行，性能越来越好。

两者相互对抗，直到达到一个较好的平衡，但是仅从损失曲线本身来看，我们仍然难以分辨出模型的性能好坏，因此还要看真正生成的样本，如图 5-42 所示。

图 5-42 从左到右分别是第 0、10、100 个 epoch 的生成结果。

图 5-42　第 0、10、100 个 epoch 的生成结果（见彩插）

从图 5-42 的结果来看，随着训练的进行，逐渐生成了许多有意义且非常逼真的样本，第 10 个 epoch 时的生成图像都有明显的瑕疵，到第 100 个 epoch 时已经开始生成一些逼真的样本。不过最终生成的图像仍然有一部分效果很差，这是因为 DCGAN 本身模型性能所限，我们可以使用更好的模型来进行改进。

2. 测试结果

上面已经训练好了模型，我们接下来的目标就是要用它来做推理，真正把模型用起来。

```python
import torch
import torch.nn as nn
import torchvision.utils as vutils
import matplotlib.pyplot as plt

from net import Generator
device = torch.device("cuda:0" if (torch.cuda.is_available() and ngpu > 0) else "cpu")
netG = Generator().to(device)

modelpath = sys.argv[1]    ## 模型路径
savepath = sys.argv[2]     ## 存储路径
netG.load_state_dict(torch.load(modelpath,map_location=lambda storage,loc: storage))
netG.eval()                ## 设置推理模式，使得 dropout 和 batchnorm 等网络层在 train 和 val 模式间切换
torch.no_grad()            ## 停止 autograd 模块的工作，以起到加速和节省显存的作用
nz = 100                   ## 输入噪声向量维度

for i in range(0,100):
    noise = torch.randn(64, nz, 1, 1, device=device)
    fake = netG(noise).detach().cpu()
    rows = vutils.make_grid(fake, padding=2, normalize=True)
    fig = plt.figure(figsize=(8, 8))
    plt.imshow(np.transpose(rows, (1, 2, 0)))
    plt.axis('off')
    plt.savefig(os.path.join(savepath,"%d.png" % (i)))
    plt.close(fig)
```

推理的核心代码就是使用 torch. load 函数载入生成器模型，然后输入随机的噪声向量，得到生成的结果。图 5-43 展示了一些生成的样本图。

图 5-43   更多嘴唇图像生成结果

从图 5-43 中我们可以看到，总体的生成结果还是不错的，不过本次任务还有许多可以提升的空间，包括但不限于：做更多的数据增强；改进模型。这些就留给大家去进行实验了。

5.9　StyleGAN 人脸图像生成实践

StyleGAN 是一个非常重要的框架，本节将主要使用预训练模型进行测试，对 Style-GAN 核心的模型代码进行解读。

5.9.1　项目简介

本项目是 StyleGAN 的 PyTorch 复现。一方面，由于训练 StyleGAN 模型需要用到很多资源，大部分读者并不一定能够复现；另一方面，由于模型本身非常优秀，被很多研究当作预训练模型使用，所以这里将重点介绍该模型的使用，而不再像 DCGAN 一样复现整个模型的训练。

参考的项目地址为 https://github.com/rosinality/style-based-gan-pytorch，笔者在使用时进行了一些小的修改，但没有改变核心功能代码。

5.9.2　模型解读

接下来我们对模型进行详细的解读。

1. 生成器定义

首先我们来看图像生成网络的定义：

```
## synthesis network 定义
class Generator(nn.Module):
    def __init__(self, code_dim, fused=True):
        super().__init__()
        ## 9 个尺度的卷积 block，从 4×4 到 64×64，使用双线性上采样；从 64×64 到 1024×1024，使用转
           置卷积进行上采样
        self.progression = nn.ModuleList(
            [
                StyledConvBlock(512, 512, 3, 1, initial=True),                   ## 4×4
                StyledConvBlock(512, 512, 3, 1, upsample=True),                  ## 8×8
                StyledConvBlock(512, 512, 3, 1, upsample=True),                  ## 16×16
                StyledConvBlock(512, 512, 3, 1, upsample=True),                  ## 32×32
                StyledConvBlock(512, 256, 3, 1, upsample=True),                  ## 64×64
                StyledConvBlock(256, 128, 3, 1, upsample=True, fused=fused),     ## 128×128
                StyledConvBlock(128, 64, 3, 1, upsample=True, fused=fused),      ## 256×256
                StyledConvBlock(64, 32, 3, 1, upsample=True, fused=fused),       ## 512×512
                StyledConvBlock(32, 16, 3, 1, upsample=True, fused=fused),       ## 1024×1024
            ]
        )
        ## 9 个尺度的 1×1 to_rgb 卷积层，将特征图输出为 RGB 图像，与 9 个风格模块对应
        self.to_rgb = nn.ModuleList(
            [
                EqualConv2d(512, 3, 1),
```

```
            EqualConv2d(512, 3, 1),
            EqualConv2d(512, 3, 1),
            EqualConv2d(512, 3, 1),
            EqualConv2d(256, 3, 1),
            EqualConv2d(128, 3, 1),
            EqualConv2d(64, 3, 1),
            EqualConv2d(32, 3, 1),
            EqualConv2d(16, 3, 1),
        ]
    )

def forward(self, style, noise, step=0, alpha=1, mixing_range=(-1, 1)):
out = noise[0]                                       ## 取噪声向量为输入

    if len(style) < 2:                              ## 输入只有 1 个风格向量，表示不进行
                                                    ##    样式混合，inject_index=10

        inject_index = [len(self.progression) + 1]
    else:
        ## 不止一个 style 向量，可以进行样式混合训练，生成长度为 len(style) - 1))的样式混合交
            叉点序列，其数值大小不超过 step
        inject_index = sorted(random.sample(list(range(step)), len(style) - 1))

    crossover = 0                                    ## 用于样式混合的位置

    for i, (conv, to_rgb) in enumerate(zip(self.progression, self.to_rgb)):
        if mixing_range == (-1, 1):
        ## 根据前面生成的随机数，来决定样式混合的 index
            if crossover < len(inject_index) and i > inject_index[crossover]:
                crossover = min(crossover + 1, len(style))

            style_step = style[crossover]           ## 获得交叉的 style 起始点

        else:
            ## ## 根据 mixing_range 来决定样式混合的区间，mixing_range[0] <= i <= mixing_
                range[1]取 style[1]，其他取 style[0]
            if mixing_range[0] <= i <= mixing_range[1]:
                style_step = style[1]               ## 取第 2 个样本样式
            else:
                style_step = style[0]               ## 取第 1 个样本样式

        if i > 0 and step > 0:
            out_prev = out

        ## 将噪声与风格向量输入风格模块
        out = conv(out, style_step, noise[i])

        if i == step:                               ## 最后 1 级分辨率，输出图像
            out = to_rgb(out)                       ## 1×1 卷积
```

```
        ## 最后结果是否进行 alpha 融合
        if i > 0 and 0 <= alpha < 1:
            skip_rgb = self.to_rgb[i - 1](out_prev)   ## 获得上一级分辨率结果进行 2 倍上采样
            skip_rgb = F.interpolate(skip_rgb, scale_factor=2, mode='nearest')
            out = (1 - alpha) * skip_rgb + alpha * out

        break

    return out
```

首先可以看到生成器共包含 9 个风格模块，即 StyledConvBlock，其中第 1 个风格模块不需要进行上采样，剩下 8 个模块则需要进行上采样。每 1 个风格模块都对应 1 个 to_rgb 卷积层，可以输出当前分辨率的图像。

风格模块的输入包括噪声向量和风格向量。接下来我们解读风格模块：

```
## 风格模块层，包括两个卷积，两个 AdaIN 层
class StyledConvBlock(nn.Module):
    def __init__(
        self,
        in_channel,
        out_channel,
        kernel_size=3,
        padding=1,
        style_dim=512,
        initial=False,
        upsample=False,
        fused=False,
    ):
        super().__init__()

        ## 第 1 个风格层，初始化 4×4×512 的特征图
        if initial:
            self.conv1 = ConstantInput(in_channel)

        else:
            if upsample:                    ## 上采样层
                if fused:                    ## 对于 128 及以上的分辨率，使用转置卷积上采样
                    self.conv1 = nn.Sequential(
                        FusedUpsample(
                            in_channel, out_channel, kernel_size, padding=padding
                        ),
                        Blur(out_channel),  ## 滤波操作
                    )

                else:
                    ## 分辨率小于 128，使用最近邻上采样
                    self.conv1 = nn.Sequential(
                        nn.Upsample(scale_factor=2, mode='nearest'),
```

```
                    EqualConv2d(
                        in_channel, out_channel, kernel_size, padding=padding
                    ),
                    Blur(out_channel),                         ## 滤波操作
                )

        else:                                                  ## 非上采样层
            self.conv1 = EqualConv2d(
                in_channel, out_channel, kernel_size, padding=padding
            )

        self.noise1 = equal_lr(NoiseInjection(out_channel))              ## 噪声模块 1
        self.adain1 = AdaptiveInstanceNorm(out_channel, style_dim)    ## AdaIN 模块 1
        self.lrelu1 = nn.LeakyReLU(0.2)

        self.conv2 = EqualConv2d(out_channel, out_channel, kernel_size, padding=padding)
        self.noise2 = equal_lr(NoiseInjection(out_channel))              ## 噪声模块 2
        self.adain2 = AdaptiveInstanceNorm(out_channel, style_dim)    ## AdaIN 模块 2
        self.lrelu2 = nn.LeakyReLU(0.2)

    def forward(self, input, style, noise):
        out = self.conv1(input)
        out = self.noise1(out, noise)
        out = self.lrelu1(out)
        out = self.adain1(out, style)

        out = self.conv2(out)
        out = self.noise2(out, noise)
        out = self.lrelu2(out)
        out = self.adain2(out, style)

        return out
```

从代码中可以看到，除了第 1 个风格层输出 $4 \times 4 \times 512$ 且值为全 1 的常量特征图，其他都需要进行上采样，对于 128 及以上的分辨率使用转置卷积上采样，对于 128 以下的分辨率使用最近邻上采样。

其中 ConstantInput 的定义如下：

```
class ConstantInput(nn.Module):
    def __init__(self, channel, size=4):
        super().__init__()
        self.input = nn.Parameter(torch.randn(1, channel, size, size))

    def forward(self, input):
        batch = input.shape[0]
        out = self.input.repeat(batch, 1, 1, 1)
        return out
```

转置卷积上采样定义如下：

```
## 转置卷积上采样，其中权重参数可自己定义
class FusedUpsample(nn.Module):
    def __init__(self, in_channel, out_channel, kernel_size, padding=0):
        super().__init__()

        weight = torch.randn(in_channel, out_channel, kernel_size, kernel_size)
        bias = torch.zeros(out_channel)

        fan_in = in_channel * kernel_size * kernel_size    ## 神经元数量
        self.multiplier = sqrt(2 / fan_in)

        self.weight = nn.Parameter(weight)
        self.bias = nn.Parameter(bias)

        self.pad = padding

    def forward(self, input):
        weight= F.pad(self.weight * self.multiplier, [1, 1, 1, 1])
        weight = (
            weight[:, :, 1:, 1:]
            + weight[:, :, :-1, 1:]
            + weight[:, :, 1:, :-1]
            + weight[:, :, :-1, :-1]
        ) / 4

        out = F.conv_transpose2d(input, weight, self.bias, stride=2, padding=self.pad)

        return out
```

噪声模块的定义如下，它通过权重和图像进行相加融合：

```
## 添加噪声,噪声权重可以学习
class NoiseInjection(nn.Module):
    def __init__(self, channel):
        super().__init__()
        self.weight = nn.Parameter(torch.zeros(1, channel, 1, 1))

    def forward(self, image, noise):
        return image + self.weight * noise
```

AdaIN 模块的定义如下，它通过缩放和偏置系数控制风格：

```
## 自适应的 IN 层
class AdaptiveInstanceNorm(nn.Module):
    def __init__(self, in_channel, style_dim):
        super().__init__()
        self.norm = nn.InstanceNorm2d(in_channel)          ## 创建 IN 层
        self.style = EqualLinear(style_dim, in_channel * 2) ## 全连接层，将 W 向量变成 AdaIN 层系数 S
        self.style.linear.bias.data[:in_channel] = 1
        self.style.linear.bias.data[in_channel:] = 0
```

```
def forward(self, input, style):
    ## 输入 style 为风格向量 W，长度为 512；经过 self.style 得到输出风格矩阵 S，通道数等于输入通道数的 2 倍
    style = self.style(style).unsqueeze(2).unsqueeze(3)
    gamma, beta = style.chunk(2, 1)      ## 获得缩放和偏置系数，按 1 轴（通道）分为 2 部分
    out = self.norm(input)               ## IN 归一化
    out = gamma * out + beta

    return out
```

Style 向量需要通过仿射变换从 W 向量中学习，EqualLinear 的定义如下：

```
## 全连接层
class EqualLinear(nn.Module):
    def __init__(self, in_dim, out_dim):
        super().__init__()

        linear = nn.Linear(in_dim, out_dim)
        linear.weight.data.normal_()
        linear.bias.data.zero_()

        self.linear = equal_lr(linear)

    def forward(self, input):
        return self.linear(input)
```

EqualLinear 层的输入维度是 style_dim，即 512，输出是 in_channel * 2，其中乘以 2 是因为缩放和偏置系数要产生两份，而 in_channel 对应的就是要作用的通道的数量。

在上述代码中我们可以看到不管是卷积层还是全连接层，都需要调用 equal_lr 函数进行权重的归一化，这是 StyleGAN 的训练工程技巧之一。它根据当前层的神经元数量，对权重进行归一化，从而实现让各层有等价学习率的效果。equal_lr 函数的实现如下。

```
## 归一化学习率
class EqualLR:
    def __init__(self, name):
        self.name = name

    def compute_weight(self, module):
        weight = getattr(module, self.name + '_orig')
        ## 输入神经元数目，每一层卷积核数量= Nin*Nout*K*K,
        fan_in = weight.data.size(1) * weight.data[0][0].numel()
        return weight * sqrt(2 / fan_in)

    @staticmethod
    def apply(module, name):
        fn = EqualLR(name)
```

```
        weight = getattr(module, name)
        del module._parameters[name]
        module.register_parameter(name + '_orig', nn.Parameter(weight.data))
        module.register_forward_pre_hook(fn)

        return fn

    def __call__(self, module, input):
        weight = self.compute_weight(module)
        setattr(module, self.name, weight)


def equal_lr(module, name='weight'):
    EqualLR.apply(module, name)

return module
```

完整的生成器定义如下：

```
## 完整的生成器定义
class StyledGenerator(nn.Module):
    def __init__(self, code_dim=512, n_mlp=8):
        super().__init__()

        self.generator = Generator(code_dim) ## synthesis network

        ## mapping network 定义，包含 8 个全连接层，n_mlp=8
        layers = [PixelNorm()]
        for i in range(n_mlp):
            layers.append(EqualLinear(code_dim, code_dim))
            layers.append(nn.LeakyReLU(0.2))

        ## mapping network f，用于从噪声向量 Z 生成 Latent 向量 W（即风格向量）
        self.style = nn.Sequential(*layers)

    def forward(
        self,
        input,                              ## 输入向量 Z
        noise=None,                         ## 噪声向量，可选的
        step=0,                             ## 上采样因子
        alpha=1,                            ## 融合因子
        mean_style=None,                    ## 平均风格向量 W
        style_weight=0,                     ## 风格向量权重
        mixing_range=(-1, -1),              ## 混合区间变量
    ):
        styles = []                         ## 风格向量 W
        if type(input) not in (list, tuple):
            input = [input]

        for i in input:
```

```
            styles.append(self.style(i))         ## 调用 mapping network, 生成第 i 个风格向量 W

batch = input[0].shape[0]                ## batchsize 大小

if noise is None:
    noise = []

    for i in range(step + 1):            ## 0～8，共 9 层 noise
        size = 4 * 2 ** i                ## 每一层的尺度，第一层为 4*4，每一层的各个通道共用噪声
        noise.append(torch.randn(batch, 1, size, size, device=input[0].device))

## 基于平均风格向量和当前生成的风格向量，获得完整的风格向量
if mean_style is not None:
    styles_norm = []                     ## 风格数组 [1*512]

    for style in styles:
        styles_norm.append(mean_style + style_weight * (style - mean_style))

    styles = styles_norm

return self.generator(styles, noise, step, alpha, mixing_range=mixing_range)
```

以上就是生成器的主要代码，接下来我们再来看判别器的定义。

2. 判别器定义

判别器也采用了 Progressive GAN 中渐进式的判别结构，定义如下：

```
class Discriminator(nn.Module):
    def __init__(self, fused=True, from_rgb_activate=False):
        super().__init__()
        self.progression = nn.ModuleList(
            [
                ConvBlock(16, 32, 3, 1, downsample=True, fused=fused),    ## 512×512
                ConvBlock(32, 64, 3, 1, downsample=True, fused=fused),    ## 256×256
                ConvBlock(64, 128, 3, 1, downsample=True, fused=fused),   ## 128×128
                ConvBlock(128, 256, 3, 1, downsample=True, fused=fused),  ## 64×64
                ConvBlock(256, 512, 3, 1, downsample=True),               ## 32×32
                ConvBlock(512, 512, 3, 1, downsample=True),               ## 16×16
                ConvBlock(512, 512, 3, 1, downsample=True),               ## 8×8
                ConvBlock(512, 512, 3, 1, downsample=True),               ## 4×4
                ConvBlock(512, 512, 3, 1, 4, 0),
            ]
        )

        ## 从 RGB 图像转为概率
        def make_from_rgb(out_channel):
            if from_rgb_activate:
                return nn.Sequential(EqualConv2d(3, out_channel, 1), nn.LeakyReLU(0.2))

            else:
```

```
            return EqualConv2d(3, out_channel, 1)

        self.from_rgb = nn.ModuleList(
            [
                make_from_rgb(16),
                make_from_rgb(32),
                make_from_rgb(64),
                make_from_rgb(128),
                make_from_rgb(256),
                make_from_rgb(512),
                make_from_rgb(512),
                make_from_rgb(512),
                make_from_rgb(512),
            ]
        )

        self.n_layer = len(self.progression)
        self.linear = EqualLinear(512, 1)

    def forward(self, input, step=0, alpha=1):
        for i in range(step, -1, -1):
            index = self.n_layer - i - 1

            if i == step:                                          ## 最高级，输入图像
                out = self.from_rgb[index](input)

            if i == 0:
                out_std = torch.sqrt(out.var(0, unbiased=False) + 1e-8)
                mean_std = out_std.mean()
                mean_std = mean_std.expand(out.size(0), 1, 4, 4)
                out = torch.cat([out, mean_std], 1)

            out = self.progression[index](out)

            ## 判别器的相邻层融合
            if i > 0:
                if i == step and 0 <= alpha < 1:
                    skip_rgb = F.avg_pool2d(input, 2)
                    skip_rgb = self.from_rgb[index + 1](skip_rgb)
                    out = (1 - alpha) * skip_rgb + alpha * out

        out = out.squeeze(2).squeeze(2)
        out = self.linear(out)

        return out
```

首先可以看到判别器共包含 9 个卷积模块，即 ConvBlock，其中第 9 个风格模块不需要进行下采样，剩下 8 个模块均需要进行下采样。每 1 个风格模块都对应 1 个 make_from_ rgb 卷积层，可以根据当前分辨率的图像输出真假预测概率。

ConvBlock 模块的定义如下：

```python
class ConvBlock(nn.Module):
    def __init__(
        self,
        in_channel,
        out_channel,
        kernel_size,
        padding,
        kernel_size2=None,
        padding2=None,
        downsample=False,
        fused=False,
    ):
        super().__init__()

        pad1 = padding
        pad2 = padding
        if padding2 is not None:
            pad2 = padding2

        kernel1 = kernel_size
        kernel2 = kernel_size
        ## 最后一层 kernel_size2=4，其他层输入为 none
        if kernel_size2 is not None:
            kernel2 = kernel_size2

        self.conv1 = nn.Sequential(
            EqualConv2d(in_channel, out_channel, kernel1, padding=pad1),
            nn.LeakyReLU(0.2),
        )

        if downsample:
            if fused:  ## 对于 128 及以上的分辨率，使用步长为 2 的卷积
                self.conv2 = nn.Sequential(
                    Blur(out_channel),
                    FusedDownsample(out_channel, out_channel, kernel2, padding=pad2),
                    nn.LeakyReLU(0.2),
                )

            else:  ## 对于 64 及以下的分辨率，使用平均池化
                self.conv2 = nn.Sequential(
                    Blur(out_channel),
                    EqualConv2d(out_channel, out_channel, kernel2, padding=pad2),
                    nn.AvgPool2d(2),
                    nn.LeakyReLU(0.2),
                )
```

```
        else:
            self.conv2 = nn.Sequential(
                EqualConv2d(out_channel, out_channel, kernel2, padding=pad2),
                nn.LeakyReLU(0.2),
            )

    def forward(self, input):
        out = self.conv1(input)
        out = self.conv2(out)

        return out
```

与生成器中对不同分辨率模块采用不同上采样方法的策略类似，在判别器中，对于 128 及以上的分辨率使用带步长的卷积进行下采样，对于 128 以下的分辨率使用平均池化进行下采样，完整的代码请读者自行阅读，这里不再赘述。

5.9.3 预训练模型的使用

接下来我们来生成人脸图像。首先我们需要根据开源项目中的提示下载相关的预训练模型，本次下载 1024 分辨率的生成模型，然后使用该预训练模型来生成图像。

1. 人脸生成

首先我们构建预测器并生成人脸，核心的推理代码如下：

```
## 构建预测器
class Predictor():
    def __init__(self,modelpath):
        self.device = torch.device("cuda" if torch.cuda.is_available() else "cpu")
        self.generator = StyledGenerator(512).to(self.device)   ## 定义生成器

        ## 载入训练好的模型权重
        weights = torch.load(modelpath,map_location=self.device)
        self.generator.load_state_dict(weights["generator"])
        self.generator.eval()                                ## 设置推理模式

        ## 获得平均风格向量
        self.mean_style = get_mean_style(self.device)

    ## 预测函数
    def predict(self, seed, output_path):
        torch.manual_seed(seed)                              ## 为 CPU 设置种子用于生成随机
                                                             ## 数，使得结果确定

        step = int(math.log(SIZE, 2)) - 2
        nsamples = 15
        img = self.generator(
            torch.randn(nsamples, 512).to(self.device),
            step=step,
```

```
            alpha=1,
            mean_style=self.mean_style,
            style_weight=0.7,
        )
    utils.save_image(img, output_path, normalize=True)


if __name__ == '__main__':
    modelpath = "checkpoints/stylegan-1024px-new.model"
predictor = Predictor(modelpath)
## 基于不同的随机种子，运行 10 次获得生成结果
    for i in range(0,10):
        predictor.predict(i,'results/'+str(i)+'.png')
```

在初始化函数 init 中定义生成器，获得平均风格向量，在 predict 函数中调用 generator 函数生成图像。其中平均风格向量的获取函数为：

```
## 平均风格向量获取
@ torch.no_grad()
def get_mean_style(generator, device):
    mean_style = None
for i in range(100):
        ## 从随机向量 Z，经过 mapping network 得到 W
        style = generator.mean_style(torch.randn(1024, 512).mean(0, keepdim=True).to(device))
        if mean_style is None:
            mean_style = style
        else:
            mean_style += style

    mean_style /= 100
    return mean_style
```

核心代码为将 $1×512$ 维的随机向量 Z 输入生成器 generator 中的 mean_style 函数，产生 $1×512$ 维的向量 W，共统计 100 次平均值，得到的结果就是 mean_style 向量。

generator 每次生成 n_sample 个样本，输入参数包括随机向量 Z、step、alpha、style_weight。其中 step 是上采样次数因子，当生成图像的分辨率为 1024 时，它等于 8。因为输入是 $4×4$ 大小的图，要经过 $2^8 = 256$ 倍上采样。alpha 是一个跳层连接的融合因子，用于融合不同层不同分辨率的特征，默认为 1，表示不进行融合。style_weight 是截断权重，权重越大，生成的图像越偏离平均脸，权重为 0，则会生成平均脸。

图 5-44 是截断权重为 0 的生成结果，可以看出生成的主体没有发生变化，只有背景有微小变化，它来自在生成网络中添加的输入噪声的影响。假如我们想要生成完全一样的人脸，可以将随机种子固定。

图 5-45 是截断权重为 0.7 的生成结果，可以看出生成的主体发生了变化，可以生成各种真实的人脸。

图 5-44   截断权重为 0 的生成结果（见彩插）

图 5-45   截断权重为 0.7 的生成结果（见彩插）

2. 样式混合编辑

StyleGAN 在训练的时候使用了样式混合来提供正则化。我们接下来查看样式混合的结果，核心代码如下。

```
## 样式混合
@ torch.no_grad()
def style_mixing(generator, step, mean_style, n_source, n_target, device):
    ## 两个样式向量
    source_code = torch.randn(n_source, 512).to(device)
    target_code = torch.randn(n_target, 512).to(device)

    shape = 4 * 2 ** step ## 1024 分辨率
```

```
alpha = 1

images = [torch.ones(1, 3, shape, shape).to(device) * -1]

## 源域图
source_image = generator(
    source_code, step=step, alpha=alpha, mean_style=mean_style, style_weight=0.7
)
## 目标域图
target_image = generator(
    target_code, step=step, alpha=alpha, mean_style=mean_style, style_weight=0.7
)

images.append(source_image) ## 存储源域图

## 样式混合
for i in range(n_target):
    image = generator(
        [target_code[i].unsqueeze(0).repeat(n_source, 1), source_code],
        step=step,
        alpha=alpha,
        mean_style=mean_style,
        style_weight=0.7,
        mixing_range=(0, 1),
    )
    images.append(target_image[i].unsqueeze(0)) ## 存储目标域图
    images.append(image) ## 存储混合样式图

images = torch.cat(images, 0)
```

在上述代码中，首先根据 n_source、n_target 生成源域和目标域的图，然后逐个将各自的样式向量进行混合。

混合的方式由 mixing_range 决定，在 5.9.2 节的代码中可以看到有两种混合方式。当 mixing_range＝(－1，1)时，为随机混合方式，即随机选择两个向量的交换点。当指定有效的范围时，则根据有效范围进行混合。对于分辨率为 1024 的图像，总共有 9 个风格化层，对应 4、8、16、32、64、128、256、512、1024 共 9 级分辨率。因此有效的样式混合范围处于 0～8 之间，我们取(0，1)进行接下来的样式混合实验，根据代码可以知道它表示 4、8 分辨率的特征取自第 2 个风格向量，16、32、64、128、256、512、1024 分辨率的特征取自第 1 个风格向量。

图 5-46 展示了样式混合的结果图。

其中第 1 行表示源域图，第 1 列表示目标域图，其他表示源域图和目标域的样式混合结果图。可以看出样式混合图保留了源域图的姿态、发型、脸型等宏观属性，保留了目标域图中的肤色、眼睛、毛发纹理等微观特征，实现了逼真的样式混合，而且与 5.5.2 节中的人脸特征层级一致。

图 5-46　StyleGAN 样式混合结果（见彩插）

5.9.4　小结

本节介绍了基于 PyTorch 框架实现的 StyleGAN 工程，以及 StyleGAN 在不同参数下的图像生成、样式混合结果，同时对 StyleGAN 的生成模型和判别模型核心代码进行了解读，读者可以参考项目进行训练复现。

StyleGAN 是一个非常重要的图像生成框架，也是一个非常重要的图像编辑框架。当从图像投影到潜在空间后，可以对图像的各种属性进行编辑，如人的年龄、表情等，这是当前人脸编辑应用的核心技术，值得读者深入掌握，我们在后面的章节中还会重点介绍。

参考文献

［1］　KARRAS T，LAINE S，AILA T. A style-based generator architecture for generative adversarial networks ［C］//Proceedings of the IEEE Conference on Computer Vision and Pattern Recognition. 2019：4401-4410.

［2］　SHRIVASTAVA A，PFISTER T，TUZEL O，et al. Learning from Simulated and Unsupervised Images through Adversarial Training ［C］. computer vision and pattern recognition，2017：2242-2251.

［3］　RADFORD A，METZ L，CHINTALA S. Unsupervised representation learning with deep convolutional generative adversarial networks ［J］. arXiv preprint arXiv：1511.06434，2015.

［4］　MIRZA M，OSINDERO S. Conditional generative adversarial nets ［J］. arXiv preprint arXiv：1411.1784，2014.

［5］　CHEN X，DUAN Y，HOUTHOOFT R，et al. Infogan：Interpretable representation learning by information maximizing generative adversarial nets [C]//Advances in neural information processing systems. 2016：2172-2180.

[6]   ODENA A. Semi-supervised learning with generative adversarial networks [J]. arXiv preprint arXiv：1606.01583，2016.

[7]   ODENA A，OLAH C，SHLENS J. Conditional image synthesis with auxiliary classifier gans [C]// International conference on machine learning. PMLR，2017：2642-2651.

[8]   DENTON E L，CHINTALA S，FERGUS R. Deep generative image models using a laplacian pyramid of adversarial networks [C]//Advances in neural information processing systems. 2015：1486-1494.

[9]   KARRAS T，AILA T，LAINE S，et al. Progressive growing of gans for improved quality，stability，and variation [J]. arXiv preprint arXiv：1710.10196，2017.

[10]   SHAHAM T R，DEKEL T，MICHAELI T. Singan：Learning a generative model from a single natural image [C]//Proceedings of the IEEE/CVF International Conference on Computer Vision. 2019：4570-4580.

[11]   PERARNAU G，VAN De WEIJER J，RADUCANU B，et al. Invertible conditional gans for image editing [J]. arXiv preprint arXiv：1611.06355，2016.

[12]   KARRAS T，LAINE S，AITTALA M，et al. Analyzing and improving the image quality of stylegan [C]//Proceedings of the IEEE/CVF conference on computer vision and pattern recognition. 2020：8110-8119.

[13]   DURUGKAR I，GEMP I，MAHADEVAN S. Generative multi-adversarial networks [J]. arXiv preprint arXiv：1611.01673，2016.

[14]   GHOSH A，KULHARIA V，NAMBOODIRI V P，et al. Multi-agent diverse generative adversarial networks [C]//Proceedings of the IEEE Conference on Computer Vision and Pattern Recognition. 2018：8513-8521.

[15]   MARIANI G，SCHEIDEGGER F，ISTRATE R，et al. Bagan：Data augmentation with balancing gan [J]. arXiv preprint arXiv：1803.09655，2018.

CHAPTER6

第 6 章

图 像 翻 译

图像翻译并不是指特定的研究领域，而是一系列研究领域的统称，包括图像风格化等任务。本章将介绍图像翻译 GAN 的经典模型与核心技术。

6.1 图像翻译基础

首先我们来看图像翻译的基本概念与应用，以及图像翻译模型的类型划分。

6.1.1 什么是图像翻译

介绍图像翻译之前，我们首先要明白一个基本概念，一系列具有相同风格的图像集合即域(Domain)。图像翻译(Image Translation)需要实现的是从一个域到另一个域的转换，它与域迁移任务(Domain Transfer)联系非常紧密，比如图 6-1 展示的是从 RGB 图像域到动漫图像域的迁移。

Domain 1：RGB图像　　　　　　　　　　　Domain 2：动漫图像

图 6-1　不同域图像案例

因为图像翻译是从一张图到另一张图的变换，所以各类图像处理算法都可以称为图像翻译算法。图 6-2 展示了一系列经典的案例。

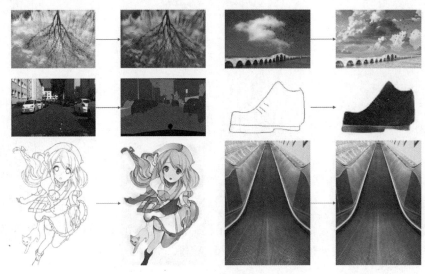

图 6-2　常见的图像翻译任务（见彩插）

在图 6-2 中，包括图像的风格化、图像分割、图像上色、从轮廓图到 RGB 图像的转化，都是常见的图像翻译任务。

6.1.2　图像翻译任务的类型

在图像翻译领域，根据对图像进行编辑的区域不同，可以将图像翻译任务分为全局与局部的图像翻译任务。根据图像翻译模型是否需要不同域成对匹配的图像来进行训练，又可以将图像翻译任务分为有监督与无监督的图像翻译任务。

1. 全局与局部的图像翻译任务

许多经典的图像处理问题都是全局的图像翻译任务。比如图像分割是从原始图到掩膜的变换，边缘检测是从原始图到二值边缘的转换。

再如图像风格化是一个很宽泛的偏娱乐性质的应用，常用于创建特定的风格图，比如摄影作品中不同的天气、从普通作品到油画作品的转换。图 6-3 展示了一幅图像不同风格化的效果。

除了通用的图像风格化，在一些垂直领域也有特殊的风格化需求，比如人脸卡通化是指将真实人脸图像转换成卡通图像，可以用于娱乐社交领域。

另一方面，有时候我们只需要对图像中的一些属性进行编辑，这种对图像的编辑操作通常是局部的，其中比较常见的就是人脸的属性编辑。图 6-4 展示了两个典型的局部人脸编辑任务，分别是人脸表情编辑与人脸上妆。

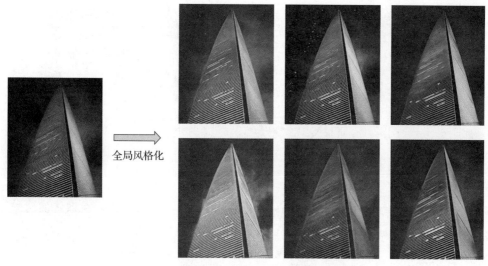

图 6-3 全局的图像翻译(图像风格化)(见彩插)

图 6-4 局部的图像编辑(见彩插)

2. 有监督与无监督的图像翻译任务

对于一些经典任务,预测结果必须是唯一的,比如图像分割、边缘检测,且我们可以非常容易地获得一些成对的样本数据来训练有监督的图像翻译模型,如图 6-5 所示。

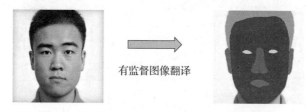

图 6-5 典型有监督图像翻译任务(图像分割)

而有些任务的预测结果并不是唯一的,甚至我们本来就希望模型有更加丰富的输出,且无法获得成对的数据,因此需要研究无监督的图像翻译模型,如图 6-6 所示的人脸动漫风格化。

接下来我们主要基于有监督与无监督的分类划分来对各种图像翻译模型进行介绍,它们在本质上都属于条件 GAN,还会介绍其核心的改进技术。

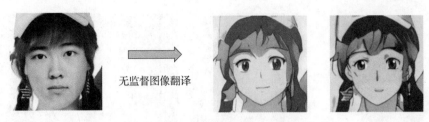

图 6-6　典型无监督图像翻译任务（人脸风格化）

6.2　有监督图像翻译模型

对于有监督图像翻译模型，模型的输入/输出图像是一一对应的，在训练的时候也需要使用成对图像组成的数据集，典型代表为 Pix2Pix。

6.2.1　Pix2Pix

Pix2Pix[1] 是一个典型的有监督图像翻译模型 GAN，它使用成对的图像，完成图像到图像的翻译。

在 Pix2Pix 框架中，生成器的输入不是随机噪声，而是一幅要转换的真实图像，输出是转换结果。为了实现成对的关系，生成器 G 的输入和输出一起被输入判别器。

Pix2Pix 架构如图 6-7 所示。

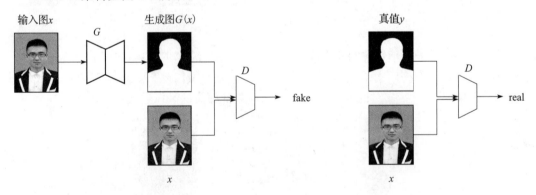

图 6-7　Pix2Pix 架构

生成器使用了 UNet 结构，可以保留不同分辨率下像素级别的细节信息，这对于获得好的结果是非常重要的。

判别器使用 PatchGAN，PatchGAN 不是对整张图像直接预测一个真假概率，而是对 $N \times N$ 区域大小的子图进行预测，最后将子图的预测结果取平均值。图 6-8 是 PatchGAN 的预测示意图。

使用 PatchGAN 后，GAN 可以对更加高频的图像细节信息进行监督。Pix2Pix 论文中对比了使用不同大小图像块的生成结果，对于 256×256 的输入图，图像块大小在 70×70 的时候比将整张图像作为判别器输入，拥有更好的细节。

GAN 可以鼓励生成高频成分，而低频成分的生成则采用重建损失来建模。Pix2Pix 的完整损失函数为一个标准的 CGAN 损失加上 L1 重建损失，如式（6.1）所示：

$$G^* = \underset{G}{\arg\min}\underset{D}{\max}\mathcal{L}_{cGAN}(G,D)+\lambda L_{L1}(G) \quad (6.1)$$

其中重建损失为 L1 损失，如式（6.2），相比 L2 损失，它更有利于降低重建图像的模糊程度：

$$\mathcal{L}_{L1}(G)=\mathbb{E}_{x,y,z}\big[\|y-G(x,z)\|_1\big] \quad (6.2)$$

条件 GAN 损失如式（6.3）所示：

$$\mathcal{L}_{cGAN}(G,D)=\mathbb{E}_{x,y}\big[\log D(x,y)\big]+$$
$$\mathbb{E}_{x,z}\big[\log(1-D(x,G(x,z)))\big] \quad (6.3)$$

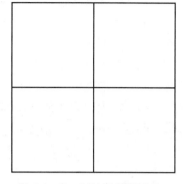

图 6-8　PatchGAN 预测示意，原图被分为 2×2 的区域进行预测

z 是噪声，在 Pix2Pix 的模型结构示意图中并未出现，它可以作为额外的输入变量与输入图像进行通道拼接后作为新的输入。另外，Pix2Pix 框架作者通过添加 Dropout 层来实现类似效果。

Pix2Pix 架构可以用于大部分的图像翻译任务，包括风格迁移、灰度图与彩色图转换、图像分割、边缘检测、图像增强等。

6.2.2　Pix2PixHD

Pix2PixHD（高精度 Pix2Pix）[2] 是对 Pix2Pix 的改进，它使用多尺度的生成器以及判别器等方式生成 2048×1024 的高分辨率图像，解决了高分辨率图像生成不稳定的问题，其架构如图 6-9 所示。

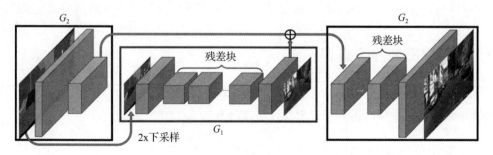

图 6-9　Pix2PixHD 架构

生成器由两部分组成，G_1 和 G_2。G_1 和 Pix2Pix 的生成器没有差别，就是一个标准的 U-Net 架构。

G_2 则是一个上采样模型，其左半部分提取特征，并和 G_1 的输出层的前一层特征进行相加融合，把融合后的信息送入 G_2 的后半部分输出高分辨率图像。训练的时候首先训练 G_1，然后联合训练 G_1 和 G_2。

判别器同样使用了 PatchGAN 架构，但是使用了多尺度判别器，即在 3 个不同的尺度上对生成器进行判别，然后将结果取平均值。

用于判别的 3 个尺度为：原图、原图的 1/2 降采样图、原图的 1/4 降采样图。图的分辨率越低，感受野越大，越关注图像的全局一致性。

损失函数包含两部分，如式(6.4)所示，分别是 GAN 损失和特征匹配损失(Feature Matching Loss)。

$$\min_G\left(\left(\max_{D_1,D_2,D_3}\sum_{k=1,2,3}\mathcal{L}_{\mathrm{GAN}}(G,D_k)\right)\right)+\lambda\sum_{k=1,2,3}\mathcal{L}_{\mathrm{FM}}(G,D_k) \qquad (6.4)$$

其中 GAN 损失 $\mathcal{L}_{\mathrm{GAN}}$ 和 Pix2Pix 中的一样，而特征匹配损失 $\mathcal{L}_{\mathrm{FM}}$ 则是将生成的样本和真实样本分别送入判别器提取特征，然后对特征计算 L1 距离，该损失有利于让训练过程更加稳定。

另外，还可以加上额外的内容损失(Content Loss)来进一步提高生成质量：即将生成的样本和真实样本分别送入 VGG16 模型提取中间层特征，然后计算 L1 距离。

特征匹配损失和内容损失的形式相同，只是用于计算的网络不同，它们可以约束模型使其生成图和输入图的总体内容一致，而细节则由 GAN 去学习。

6.2.3　Vid2Vid

GAN 在图像翻译领域虽然取得了很好的效果，然而在视频翻译领域却还存在许多问题，主要原因在于生成的视频很难保证前后帧的一致性，容易出现抖动。对于这个问题，最直观的想法便是加入前后帧的光流信息作为约束。

Vid2Vid[3] 是 Pix2PixHD 的视频版本，它在判别器中加入了光流信息，对前景、背景分别建模，重点解决了视频到视频转换过程中前后帧的不一致性问题。

Vid2Vid 建立在 Pix2PixHD 模型的基础之上，因此可以实现高分辨率视频生成。

6.3　无监督图像翻译模型

一对一的图像翻译需要高质量的一对一数据集，但这往往是不可获取的，所以我们需要研究无监督的模型。本节将介绍几种非常具有代表性的模型。

6.3.1　基于域迁移与域对齐的无监督模型

首先我们来介绍基于域迁移与域对齐的无监督模型，它们的核心都是将图像变换到统一的特征空间中。

1. 域迁移网络

域迁移网络(Domain Transfer Network，DTN)[4] 使用风格迁移的思想完成从一个域到另一个域的转换，不管输入来自什么域，模型都会将其映射到同一个域。

　　DTN 结构如图 6-10 所示。给定两个域 S 和 T，我们希望学习一个生成函数 G，它包括编码器 f 和解码器 g。f 用于提取输入图像的特征，得到一个特征向量。g 的输入为 f 的输出，输出为目标风格的图像。我们希望实现的目标是不管 f 的输入来自域 S 还是 T，f 都能将其编码为目标域的信息。

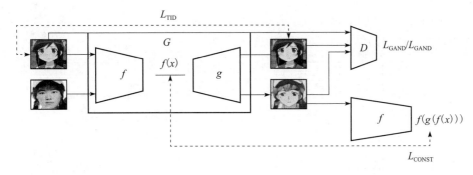

图 6-10　DTN 结构示意图

　　训练时原图像与目标图像不需要一一对应，分别采用原图像库、目标风格图像库即可训练。

　　对于源域中的图像，我们希望输入 f 提取的特征向量和原图像通过生成网络 G 生成的图像再经过 f 提取的特征向量尽量相似，构造损失函数 L_{CONST}。式中 $x \in s$，表示图像 x 为原图像，s 为原图像集合。

$$L_{\mathrm{CONST}} = \sum_{x \in s} \mathrm{d}(f(x), f(g(f(x)))) \tag{6.5}$$

　　对于目标域的图像，当它输入生成网络 G 后输出也应该还是该图像，即生成网络对目标图像起到恒等映射（identity matrix）的作用，构造损失函数 L_{TID}。式中 $x \in t$，表示图像 x 为目标图像，t 为目标图像集合。

$$L_{\mathrm{TID}} = \sum_{x \in t} \mathrm{d}_2(x, G(x)) \tag{6.6}$$

　　DTN 还包括一个判别网络 D，判别网络的作用是判别输入为生成图像（fake）还是输入图像（real），需要判别的图像包括原图像的生成图像、目标图像及目标图像的生成图像，损失函数 L_D 为：

$$L_D = -\sum_{x \in s} \log D_1(g(f(x))) - \sum_{x \in t} \log D_2(g(f(x))) - \sum_{x \in t} \log D_3(x) \tag{6.7}$$

　　式中 D_1 用于判别原图像经过生成网络 G 的生成图像，D_2 用于判别目标图像经过生成网络 G 的生成图像，D_3 用于判别目标图像，这里的 D 是一个三分类器。

　　再加上一个 TV 平滑损失，总的生成网络 G 的损失函数如式（6.8）所示：

$$L_G = L_{\mathrm{GANG}} + \alpha L_{\mathrm{CONST}} + \beta L_{\mathrm{TID}} + \gamma L_{\mathrm{TV}} \tag{6.8}$$

这里的 $L_{\mathrm{GANG}} = -\sum\limits_{x \in s} \log D_3(g(f(x))) - \sum\limits_{x \in t} \log D_3(g(f(x)))$

具体训练模型时，我们首先对 f 进行预训练，这是一个源域和目标域的分类网络，训练完之后就能得到一个较好的特征提取网络，接下来再训练整个网络。

Unsup-Im2Im[5] 也是一个类似的框架，其训练过程分 3 步，如图 6-11 所示。

1) 先训练一个 GAN 网络。

2) 然后固定 GAN 的生成器 G，训练一个编码器 E。

3) 用训练好的编码器 E 和生成器 G 进行转换。

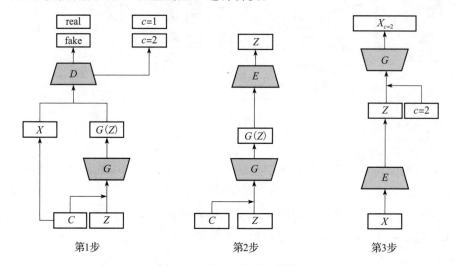

图 6-11　Unsup-Im2Im 框架

判别器和生成器的目标函数分别为：

$$L_D = -\log(P(s \mid D(X_{\mathrm{real}}))) + \log(1 - P(s \mid D(X_{\mathrm{fake}}))) + \log(P(c \mid D(X_{\mathrm{real}}))) \quad (6.9)$$

$$L_G = \log(P(s \mid D(X_{\mathrm{fake}}))) + \log(P(c \mid D(X_{\mathrm{fake}}))) \quad (6.10)$$

其中 s 表示图像为真实图像的分数，c 表示类别，X_{real} 为真实图像，X_{fake} 为生成的图像，可以 Unsup-Im2Im 看出在 GAN 的基础上添加了分类损失函数。

生成器 G 的输入是类别信息和随机向量 Z，编码器 E 的输入是生成器 G 生成的图像，输出则是期望重构的生成器 G 的输入向量。这样就能在给定一张图像的时候抽取其特征向量，且该特征向量所表示的语义信息和 Z 向量所表达的语义信息相同。

训练好编码器 E 和生成器 G 网络后，给定一张待转换图像经过编码器提取出的编码特征 Z，然后将 Z 和想要转换的目标标签一起输入生成器 G 中就可以生成目标转换图像了。

2. 域对齐网络

要实现从域 D_1 到域 D_2 的转换，首先要使用域 D_1 对应的特征编码器 e_1 进行编码，再使用域 D_2 对应的特征解码器 d_2 进行解码。但是如果各自独立进行学习，特征编码器

e_1 和特征编码器 e_2 可能会有比较大的差异，比如使用不同的通道和卷积层来提取同样的属性，那么再送入各自的解码器时就容易出现解码错误。

CoupleGAN[6] 采用了权值共享约束策略来解决这个问题，其架构如图 6-12 所示。

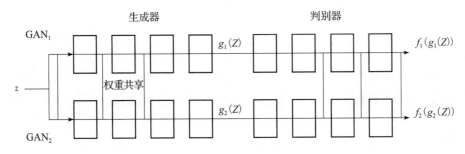

图 6-12 CoupleGAN 架构

在传统的领域自适应（domain adaption）中，我们需要学习或者训练一个领域自适应器，训练过程需要用源域（source domain）和对应的目标域（target domain）的图像来进行监督学习，而 CoupleGAN 可以在两个域不存在对应图像的情况下以无监督的方式学习它们之间的联合分布。

在图 6-12 中，GAN_1 和 GAN_2 分别是两个域的 GAN，它们拥有完全相同的结构。同时，两者各自的生成器和判别器都共享了若干网络层的权重。

其中生成器（编码器）的共享权重靠近网络前端，因为编码器是逐步生成细节，在网络的前端获取的是高层语义信息，比如目标轮廓，而在网络后端才是边缘纹理等细节。判别器（解码器）的共享权重靠近网络后端，因为在网络后端才会获取更高层的语义信息用于判别。

与直接训练这两个 GAN 相比，CoupleGAN 获得了两个域的联合分布而不是两个边际分布的内积。具体的优化目标和大部分 GAN 相同。后来作者们对 CoupleGAN 进行了延伸，提出了 UNIT 框架[7]，原理如图 6-13 所示。

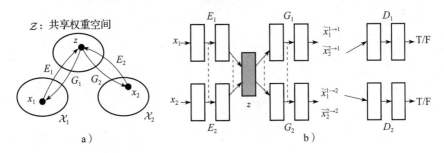

图 6-13 UNIT 框架

UNIT 框架包括两个编码器、两个生成器、两个判别器。两个编码器首先将 X_1 和 X_2 映射到共享权重空间，然后分别输入生成器和判别器。

图 6-13a 展示了一对来自两个不同图像领域的图像$(x_1，x_2)$，在共享权重空间 Z 中，它们能被映射成相同的潜在码 z。

图 6-13b 中的 E_1 和 E_2 是两个编码器，负责把图像编码成潜在码 z。G_1 和 G_2 是两个生成函数，负责把潜在码 z 转换成图像。

UNIT 框架与 CoupleGAN 架构相同，使用了权重共享策略来共享权重空间，具体做法是共享 E_1 和 E_2 的后几层，以及 G_1 和 G_2 的前几层，以提取高层特征。

UNIT 是一个融合了 VAE 和 GAN 的框架，其中 E 和 G 构成了 VAE，G 和 D 则构成了 GAN。UNIT 要求解的优化目标如下，包括 VAE 重建损失、GAN 损失、循环损失，如式(6.11)所示。

$$\min_{E_1,E_2,G_1,G_2,D_1,D_2} \max \mathcal{L}_{\mathrm{VAE}_1}(E_1,G_1)+\mathcal{L}_{\mathrm{GAN}_1}(E_1,G_1,D_1)+\mathcal{L}_{\mathrm{CC}_1}(E_1,G_1,E_2,G_2)+$$
$$\mathcal{L}_{\mathrm{VAE}_2}(E_2,G_2)+L_{\mathrm{GAN}_2}(E_2,G_2,D_2)+$$
$$\mathcal{L}_{CC_2}(E_2,G_2,E_1,G_1) \tag{6.11}$$

其中 VAE 的损失定义如式(6.12)和式(6.13)所示：

$$\mathcal{L}_{\mathrm{VAE}_1}(E_1,G_1)=\lambda_1 KL(q_1(z_1|x_1)\|p_\eta(z))-\lambda_2 \mathbb{E}_{z_1\sim q_1(z_1|x_1)}[\log p_{G_1}(x_1|z_1)] \tag{6.12}$$

$$\mathcal{L}_{\mathrm{VAE}_2}(E_2,G_2)=\lambda_1 KL(q_2(z_2|x_2)\|p_\eta(z))-\lambda_2 \mathbb{E}_{z_2\sim q_2(z_2|x_2)}[\log p_{G_2}(x_2|z_2)] \tag{6.13}$$

其中第 1 项是 KL 散度，它是后验分布与先验分布的散度，第 2 项实际上是图像重建损失。

GAN 的损失定义如下：

$$\mathcal{L}_{\mathrm{GAN}_1}(E_1,G_1,D_1)=\lambda_0 \mathbb{E}_{x_1\sim Px_1}[\log D_1(x_1)]+\lambda_0 \mathbb{E}_{z_2\sim q_2(z_2|x_2)}[\log(1-D_1(G_1(z_2)))] \tag{6.14}$$

$$\mathcal{L}_{\mathrm{GAN}_2}(E_2,G_2,D_2)=\lambda_0 \mathbb{E}_{x_2\sim Px_2}[\log D_2(x_2)]+\lambda_0 \mathbb{E}_{z_1\sim q_1(z_1|x_1)}[\log(1-D_2(G_2(z_1)))] \tag{6.15}$$

CC 的损失定义如下：

$$\mathcal{L}_{\mathrm{CC}_1}(E_1,G_1,E_2,G_2)=\lambda_3 KL(q_1(z_1|x_1)\|p_\eta(z))+\lambda_3 KL(q_2(z_2|x_1^{1\to2})\|p_\eta(z))-$$
$$\lambda_4 \mathbb{E}_{z_2\sim q_2}(z_2|x_1^{1\to2})[\log p_{G_1}(x_1|z_2)] \tag{6.16}$$

它对应的是从域 2 到域 1 的变换，即 $F_{2\to1}(x_2)=G_1(z_2\sim q_2(z_2|x_2)$

$$\mathcal{L}_{\mathrm{CC}_2}(E_2,G_2,E_1,G_1)=\lambda_3 KL(q_2(z_2|x_2)\|p_\eta(z))+\lambda_3 KL(q_1(z_1|x_2^{2\to1})\|p_\eta(z))-$$
$$\lambda_4 \mathbb{E}_{z_1\sim q_1}(z_1|x_2^{21})[\log p_{G_2}(x_2|z_1)] \tag{6.17}$$

它对应的是从域 1 到域 2 的变换，即 $F_{1\to2}(x_1)=G_2(z_1\sim q_1(z_1|x_1))$

训练时采用两步策略：

1) 固定 E_1、E_2、G_1、G_2，训练 D_1、D_2；

2) 固定 D_1、D_2，训练 E_1、E_2、G_1、G_2。

6.3.2   基于循环一致性约束的无监督模型

CycleGAN[8] 是一个可以在源域和目标域之间无须建立训练数据间一对一的映射的图像翻译框架。

该方法通过对源域图像进行两步变换：首先尝试将其映射到目标域，然后返回源域得到二次生成图像，从而消除在目标域中进行图像配对的要求，这是一个循环的结构，因此称为 CycleGAN。CycleGAN 框架示意图如图 6-14 所示。

从图 6-14 中我们可以看出 CycleGAN 其实就是两个方向相反的单向 GAN，它们共享两个生成器，然后各自有一个判别器，加起来共有两个判别器和两个生成器。一个单向 GAN 有两个损失，所以 CycleGAN 共有四个损失。

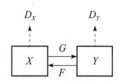

图 6-14 CycleGAN 框架示意图

X 和 Y 分别表示两个域的图像，需要两个生成器 G 和 F 分别用于从 X 到 Y 的生成和从 Y 到 X 的生成，还需要两个判别器，分别是 D_x 和 D_y。完整的损失如下：

$$L(G,F,D_X,D_Y)=L_{GAN}(G,D_Y,X,Y)+L_{GAN}(F,D_X,X,Y)+\lambda L_{CYC}(F,G) \quad (6.18)$$

其中 $L_{GAN}(G,D_Y,X,Y)$，$L_{GAN}(F,D_X,X,Y)$ 就是普通的 GAN 的损失，而 $L_{CYC}(F,G)$ 如下：

$$L_{CYC}(F,G)=E_{x\sim p_{data(x)}}\big[\|F(G(x))-x\|_1\big]+E_{y\sim p_{data(y)}}\big[\|G(F(y))-y\|_1\big] \quad (6.19)$$

其意义就是样本从一个空间转换到另一个空间后，反之还可以转换回来，即：

$$x \rightarrow G(x) \rightarrow F(G(x)) \approx x \quad (6.20)$$

循环损失是非常必要的，因为理论上在足够大的样本容量下，网络可以将相同的输入图像集合映射到目标域中图像的任何随机排列，这样一来就无法保证输入 X 映射到期望的输出 Y。比如将某一个姿态的马映射成另一个姿态的斑马，这不是我们想要的，因为我们只想改变纹理风格，而不想改变马的姿态。

CycleGAN 的作者发现判别器如果是对数损失则会导致训练不稳定，因此使用了均方差损失 LSGAN，定义如下：

$$L_{LSGAN}(G,D_Y,X,Y)=E_{y\sim p_{data(y)}}\big[\|D_Y(y)-1\|_2\big]+E_{x\sim p_{data(x)}}\big[\|D_Y(G(x))\|_2\big] \quad (6.21)$$

另外，当我们将 X 输入 F，或者将 Y 输入 G 时，因此输入图和目标图本身就在同一个域中，此时不应该进行风格转换，而是应该尽可能保持输入图像的内容和风格，以此可以定义身份一致性损失，如下：

$$L_{identity}(G,F)=E_{y\sim p_{data(y)}}\big[\|G(y)-y\|_1\big]+E_{x\sim p_{data(x)}}\big[\|F(x)-x\|_1\big] \quad (6.22)$$

除了 CycleGAN 之外，同时期还有几个非常类似的网络，包括 DualGAN、DiscoGAN、XGAN[9]。

DiscoGAN 与 CycleGAN 使用了同样的损失函数，只是具体的生成器结构和判别器结构有所不同，它没有使用 Pix2Pix 中的 U-Net 结构作为生成器，也没有使用 PatchGAN 结构作为判别器，而是采用了非常简单的结构。

DualGAN 与 CycleGAN 的不同之处在于损失函数，它使用的是 WGAN 中的损失函数，而不是标准 GAN 中的交叉熵。

XGAN 和 CycleGAN 也非常类似，因其模型结构像 "X" 而命名，如图 6-15 所示。

图 6-15 中 e_1 和 e_2 表示两个编码器，d_1 和 d_2 表示两个解码器，中间的 Shared Embedding（共享嵌入特征）表示共享的特征表达。假如我们使用 D_1 和 D_2 表示两个域，要实现从域 D_1 到 D_2 的转变，则需要首先使用 e_1 进行编码，再使用 d_2 进行解码。

编码器的最后几层和解码器的前几层都使用了权值共享的策略，从而使得在转换的过程中，尽可能地保留图像高级特征的信息，转换后的结果最大程度地保留了输入图像的基本特征。在 XGAN 作者所做的真实人脸和卡通人脸的转换实验中，转换后的人脸的头发、鼻子、眼睛等特征基本上不会变化太大。

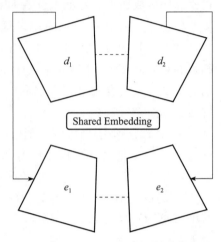

图 6-15　XGAN 模型结构

XGAN 使用语义一致性损失（Semantic-Consistency Loss）来保留图像在语义级别的特征信息，而 CycleGAN 中关注的是像素级的一致性损失，所以 XGAN 可以保留更高层次的特征信息，生成图像的结果更好。

XGAN 模型的损失函数共包含有 5 项：

$$L_{\text{XGAN}} = L_{\text{rec}} + \omega_{\text{d}} L_{\text{dann}} + \omega_{\text{s}} L_{\text{sem}} + \omega_{\text{g}} L_{\text{gan}} + \omega_{\text{t}} L_{\text{teach}} \qquad (6.23)$$

重建损失项 L_{rec}：用于约束编码器学习到有意义的特征表达，即希望在编码器编码得到的关于某个域的特征信息输入到解码器中后，得到的重建图像尽量接近输入图像：

$$L_{\text{rec},1} = E_{x \sim p_{D1}} \left[\| F(d_1(e_1(x)) - x) \|_2 \right] \qquad (6.24)$$

域对抗损失 L_{dann}：它使得 e_1、e_2 学到的嵌入特征信息分布在相同的子空间中。如果每个编码器处理后的图像仍可被分类器分辨，则表示编码后包含域信息，而不仅仅是特征信息；反之若不能被分辨，则表示编码后仅包含两域共通的特征信息。因此，分类器要最大化分类的精度，e_1 和 e_2 则要最小化它，两者形成对抗。

$$L_{\text{dann}} = E_{x \sim p_{D1}} l(c_{\text{dann}}(e_1(x)), 1) + E_{x \sim p_{D2}} l(c_{\text{dann}}(e_2(x)), 2) \qquad (6.25)$$

这里的 $l(\cdot)$ 就是分类损失，通常是交叉熵。L_{dann} 可以使得模型在训练开始的时候加速模型的收敛，拉近不同域的编码。

语义一致性损失 L_{sem}：它要求编码后在语义特征层次上应该保持一致，从而保留人脸的身份信息，其中从域 1 到 2 的方向的损失定义如下。相对于像素级别的损失，这个约束语义层级更高，也更容易优化：

$$L_{\text{sem},1 \to 2} = E_{x \sim p_{D1}} \| e_1(x) - e_2(g_{1 \to 2}(x)) \|_2 \qquad (6.26)$$

指导损失 L_{teach}：这是一个可选项，允许使用先验知识来加速模型的训练，可以看作是对学习到的共享嵌入特征的一种正则化方式，它的表达形式如下所示：

$$L_{\text{teach}} = E_{x \sim p_{D1}} \| (T(x) - e_1(x)) \|_2 \qquad (6.27)$$

其中 T 表示基于一个已经学习好的模型的输出层得到的特征向量。比如可以使用人脸识别模型，这时候指导损失相当于将人脸识别模型学习到的知识迁移到编码器。

6.4 图像翻译模型的关键改进

我们在前面已经介绍了有监督与无监督的经典图像翻译模型，但是这些模型还不能满足各类图像翻译任务的需求，比如 Pix2Pix、CycleGAN 都只能实现两个领域之间的转换。另外为了更好地对图像的局部细节进行编辑，我们往往需要将一些先验知识输入模型中，以获得更加理想的图像翻译结果。本节将重点介绍一些图像翻译模型的关键改进技术。

6.4.1 多领域转换网络 StarGAN

如果使用 Pix2Pix 和 CycleGAN 实现 C 个领域之间的相互转换，则需要学习 $C \times (C-1)$ 个模型，这是非常低效的。本节我们来介绍更合适的多领域转换网络 StarGAN。

1. StarGAN v1

StarGAN[10] 提出了比较好的单模型多领域间转换的解决方案，与多模型的对比示意如图 6-16 所示，也被称为 StarGAN v1。

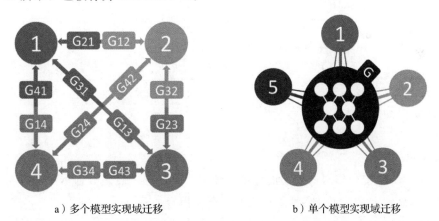

a）多个模型实现域迁移   b）单个模型实现域迁移

图 6-16　多模型与单模型实现多领域之间的迁移对比

StarGAN v1 通过加入域的控制信息作为条件输入来实现多域之间的迁移。在架构设计上，StarGAN v1 的判别器不仅仅需要学习鉴别样本是否真实，还需要判断真实图像来自哪个域，StarGAN v1 网络架构如图 6-17 所示。

整个网络的处理流程包括三部分。

第一部分：将输入图 x 和目标域向量 c 进行通道级拼接，输入生成网络 G 得到生成图，c 往往是一个独热编码向量。

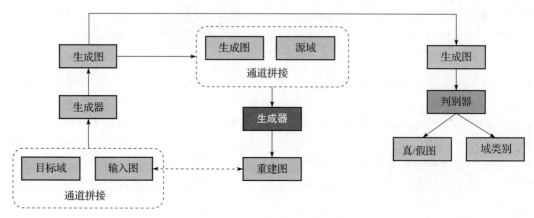

图 6-17　StarGAN v1 网络架构

第二部分：将生成图和真实图分别输入判别器 D，D 需要判断图像是否真实，还需要判断它来自哪个域。

第三部分：与 CycleGAN 类似，将生成的生成图和原始图的域信息 c' 进行通道级拼接，输入生成器 G 中，同时要求能重建原始的输入图像 x，即实现一致性约束。

除了基本的 GAN 损失外，StarGAN v1 还包含域分类损失和重建损失。

在判别器中使用真实图像的域分类损失，定义如下：

$$L_{cls}^r = E_{x,c'}[-\log D_{cls}(c'|x)] \tag{6.28}$$

在生成器中，使用生成图像的域分类损失，定义如下：

$$L_{cls}^f = E_{x,c}[-\log D_{cls}(c|G(x,c))] \tag{6.29}$$

为了使得生成器 G 只改变域相关的属性信息而不改变图像的内容，需要添加重建一致性损失，定义如下。

$$L_{rec} = E_{x,c,c'}[\|x - G(G(x,c),c')\|_1] \tag{6.30}$$

2. StarGAN v2

StarGAN v1 只能依靠显式定义的标签来控制风格迁移，但是数据本身的风格非常复杂，很难进行显式定义，而且各种属性之间还存在耦合关系。

StarGAN v2[11] 在 StarGAN v1 的基础上借鉴了 StyleGAN 中风格化模块的思想，通过添加风格网络，去除属性标签来实现更加复杂的多域迁移，其总体网络架构如图 6-18 所示。

图 6-18 中包含 4 个部分，分析如下。

1) 生成器。其输入包括两部分，一是图像，二是某个域的风格向量（style code）。生成器网络结构包括编码器和解码器，编码器负责提取图像特征，解码器则负责将这些图像特征与风格向量的数据分布进行融合，输出 $G(x;s)$。

2) 映射网络，其输出包含多个分支。它对随机高斯噪声进行编码，生成多个域的风

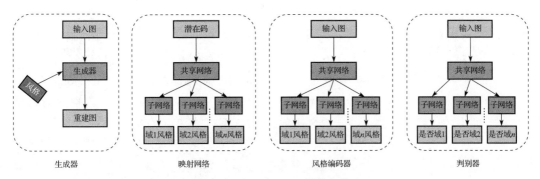

图 6-18 StarGAN v2 网络架构

格向量, $s=F_y(z)$, 每次随机采样一个域 y 进行训练。

3) 风格编码器, 其输出包含多个分支。它对输入图像进行风格提取, 获得域对应的风格向量, $s=E_y(x)$, 每次只选择对应的分支进行训练。

4) 判别器, 其输出包含多个分支, 每一个分支都判断样本是否属于当前域。

整个优化目标包含四部分。

1) 对抗损失。假设输入图像为 x, 域标签为 y, s 是基于域标签采集的风格, 损失如下。判别器负责对域进行正确分类, 生成器则负责基于 s 和 x 学习混淆判别器。

$$L_{adv}=E_{x,y}[\log D_y(x)]+E_{x,\tilde{y},z}[\log(1-D_{\tilde{y}}(G(x,\tilde{s})))] \tag{6.31}$$

2) 风格重建损失, 让风格编码器学习风格的编码。

$$L_{sty}=E_{x,\tilde{y},z}[\|\tilde{s}-E_{\tilde{y}}(G(x,\tilde{s}))\|] \tag{6.32}$$

3) 风格多样性损失。鼓励随机采样的向量 z_1 和 z_2 能产生差异较大的风格, 保证生成结果的丰富性。

$$L_{ds}=E_{x,\tilde{y},z_1,z_2}[\|G(x,\tilde{s_1})-G(x,\tilde{s_2})\|] \tag{6.33}$$

4) 循环一致性损失。用于约束一些不应该随着域变化而进行改变的特征, 如身份特征、姿态特征。

$$L_{cyc}=E_{x,y,\tilde{y},z}[\|x-G(G(x,\tilde{s}),\hat{s})\|] \tag{6.34}$$

6.4.2 丰富图像翻译模型的生成模式

Pix2Pix 可以完成从一个域到另一个域的转换, 但是结果是唯一的, 即不同的隐编码特征会映射到样样的输出, 无法获得丰富的纹理样式结果, 这也可以被称为模式崩塌, 因为从高维输入到高维输出分布的多模式映射具有很大的挑战性。

如果想要生成更加丰富的结果, 就需要对每个可能的输出学习一个低维的隐编码。该隐编码不存在于输入图像中, 从而不会被输入图像所限制。在使用时, 生成器输入图像和一个随机采样的隐编码, 从而生成模式丰富的结果。

接下来我们介绍两个具有代表性的框架。

1. MUINT 框架

MUINT 框架[12]通过两个独立的编码器实现内容和风格的独立学习。它假设图像所在的潜在空间（latent space）可以被分解为内容空间（content space）和风格空间（style space），并且内容码是一个有着复杂分布特性的高维空间特征图（high-dimensional spatial map），而风格码是一个符合高斯分布特性的低维向量。不同域直接共享内容空间的内容，但风格空间中的内容只被某个特定的域所独有。MUINT 框架示意图如图 6-19 所示。

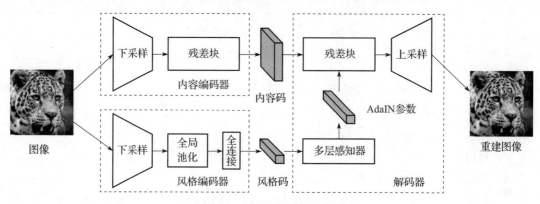

图 6-19   MUINT 框架示意图

两个对应的图像对(x_1, x_2)的生成过程如下。$x_1 = G_1(c, s_1)$，$x_2 = G_2(c, s_2)$，其中 c、s_1、s_2 来自一些特定的分布，G_1、G_2 是潜在的生成器。

在具体实现的时候，内容编码器所有的卷积层后面都会添加 IN（Instance Normalization，实例归一化）层。因为 IN 层会从原图特征中移除风格信息，所以风格编码器中没有使用 IN 层。

解码器在每个残差块（Residual Block）后添加了 AdaIN 层，AdaIN 层的参数由 MLP 学习得来。

2. Augmented CycleGAN 框架

CycleGAN 只能实现一对一的映射，虽然我们可以通过添加随机噪声扰动来影响输出，但是循环一致性的约束仍然会使得生成结果的模式不够丰富。

Augmented CycleGAN[13]对 CycleGAN 进行了改进，通过将潜在编码作为显式输入，可以实现多对多的映射。它与 CycleGAN 的框架对比示意图如图 6-20 所示。

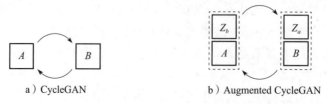

a）CycleGAN   b）Augmented CycleGAN

图 6-20   CycleGAN 与 Augmented CycleGAN 的框架对比示意图

Augmented CycleGAN 框架将源域的样本 A 和潜在编码 Z_b 作为输入，然后输出目标域的样本 B 和潜在变量 Z_a。A 和 Z_b 一起组成了增强后的源域，所以称为 Augmented CycleGAN。

模型共包含 8 个子网络。

1）两个生成器 G_{AB} 和 G_{BA}。G_{AB} 输入 (A, Z_b)，输出 B 域图像。G_{BA} 输入 (B, Z_a)，输出 A 域图像，它们都是在图像的基础上加上向量 Z 作为输入，可以看作一个条件 GAN。

2）两个编码器 E_A 和 E_B。E_A 输入 (A, B)，输出 A 域潜在编码 Z_a，E_B 输入 (A, B)，输出 B 域潜在编码 Z_b。

表达式如下：

$$\widetilde{b} = G_{AB}(a, z_b),\ \widetilde{z}_a = E_A(a, \widetilde{b}) \tag{6.35}$$

$$\widetilde{a} = G_{BA}(b, z_a),\ \widetilde{z}_b = E_B(b, \widetilde{a}) \tag{6.36}$$

具体的学习关系如图 6-21 所示。

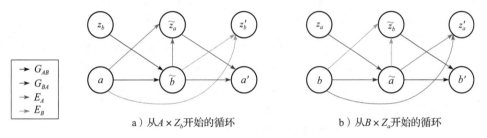

a）从 $A \times Z_b$ 开始的循环　　　　b）从 $B \times Z_a$ 开始的循环

图 6-21　Augmented CycleGAN 学习关系

3）4 个判别器，分别对应 A 域的图像与编码，以及 B 域的图像与编码。

更多关于 MUINT 和 Augmented CycleGAN 的具体优化目标的内容可参考原始论文，这里我们重点介绍的是其背后的模型设计思想。

6.4.3　给模型添加监督信息

前面介绍过的框架在进行图像翻译的时候，都没有考虑不同的图像区域的差异，实际上我们需要通过注意力机制来让模型重点处理图像中真正重要的语义区域，才能获得更好的结果。这在人脸相关的编辑任务中很常见，常见的监督形式包括关键点热图、面部分割掩膜。这里我们以 Landmark Assisted CycleGAN 为代表进行介绍。

Landmark Assisted CycleGAN 是一个人脸卡通图像生成框架，它使用面部关键点信息作为监督，约束风格化后的五官分布合理满足先验知识。图 6-22 展示了该框架的生成器示意图。

生成器的输入包括 RGB 图和关键点热图，经过生成器 G 得到风格图，然后使用预先训练好的关键点回归器 R 对风格图进行检测，获得关键点热图，再与输入 RGB 图的关键点热图计算损失。这样可以约束在经过风格化后五官分布的一致性，不改变身份信息，

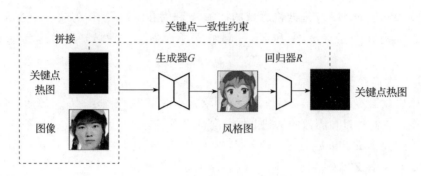

图 6-22   基于关键点的人脸监督

关键点损失就是 1 个普通的 L2 距离。

判别器包含全局和局部判别器。其中全局判别器根据是否输入关键点信息，可以分为有条件与无条件的判别器，有条件的判别器是将风格图与关键点热图拼接作为输入，无条件的判别器就是只将风格图作为输入。

局部判别器与全局判别器的区别在于它是通过多个判别器对人脸的语义子区域进行判别，包括鼻子、眼睛、嘴巴 3 个部位，用于约束生成图像的局部真实性。

Landmark Assisted CycleGAN 框架使用了关键点信息对人脸器官进行全局的约束，关键点对于人脸表情变换[14]等任务也至关重要。

另外还有一些框架使用更加精细的分割掩膜来进行语义感知，其对于提升生成图像的质量也是非常关键的。

6.5   基于 Pix2Pix 模型的图像上色实践

前面我们已经介绍了图像翻译的经典框架，其中 Pix2Pix 是最早的重要工作。本节将基于 Pix2Pix 来进行图像上色实践，选择基于 PyTorch，并参考了 Pix2Pix 作者的开源代码，地址为 https://github.com/junyanz/pytorch-CycleGAN-and-pix2pix。

6.5.1   数据处理

本次我们将完成 3 种图像的上色任务实践，分别是人像图、植物图、建筑图，下面来介绍数据相关的处理工作。

1. 数据集

人像上色任务采用了一个高清的人脸数据集 Celeba-HQ，该数据集发布于 2019 年，包含 30 000 张不同属性的高清人脸图，其中图像大小均为 1024×1024。

植物上色任务采用了公开数据集 Oxford 102 Flowers Dataset，该数据集发布于 2008 年，包含 102 个类别，共计 102 种花，其中每个类别包含 40～258 张图像。

建筑上色任务数据集来自搜索引擎与摄影网站，共 8564 张图。

2. 数据读取

对于图像上色任务来说，在 CIELab 颜色空间上色比在 RGB 颜色空间上色有更好的效果，因为 CIELab 颜色空间中的 L 通道只有灰度信息，而 A 和 B 通道只有颜色信息，实现了亮度与颜色的分离。因此，在数据读取模块中，我们需要将 RGB 图像转换到 CIELab 颜色空间，然后构建成对的数据。

下面来查看数据读取类中的核心功能函数，包括初始化函数 _init_ 与数据迭代器 _getitem_。

```
## 数据类定义如下
class ColorizationDataset(BaseDataset):
    def __init__(self, opt):
        BaseDataset.__init__(self, opt)
        self.dir = os.path.join(opt.dataroot, opt.phase)
        self.AB_paths = sorted(make_dataset(self.dir, opt.max_dataset_size))
        assert(opt.input_nc == 1 and opt.output_nc == 2 and opt.direction == 'AtoB')
        self.transform = get_transform(self.opt, convert=False)

    def __getitem__(self, index):
        path = self.AB_paths[index]
        im = Image.open(path).convert('RGB')       ## 读取 RGB 图
        im = self.transform(im)                    ## 进行预处理
        im = np.array(im)
        lab = color.rgb2lab(im).astype(np.float32) ## 将 RGB 图转换为 CIELab 图
        lab_t = transforms.ToTensor()(lab)
        L = lab_t[[0], ...] / 50.0 - 1.0           ## 将 L 通道(index=0)数值归一化到-1 到 1 之间
        AB = lab_t[[1, 2], ...] / 110.0            ## 将 A、B 通道(index=1,2)数值归一化到 0 到 1 之间
        return {'A': L, 'B': AB, 'A_paths': path, 'B_paths': path}
```

上面的 _getitem_ 函数首先使用了 PIL 包读取图像，然后将其预处理后转换到 CIELab 空间中。读取后的 L 通道的数值范围是 $0 \sim 100$，通过处理后归一化到 -1 和 1 之间。读取后的 A 和 B 的通道的数值范围是 $0 \sim 110$，通过处理后归一化到 0 和 1 之间。

另外 _init_ 函数中进行了预处理，调用了 get_transform 函数，它主要包含图像缩放、随机裁剪、随机翻转、减均值除以方差等操作。由于这些都是比较通用的操作，因此这里不再对关键代码进行解读。

6.5.2　模型代码解读

下面我们首先来对模型的关键代码进行解读，包括数据的预处理、模型的配置。

1. 生成器网络

生成器采用了 U-Net 结构，开源项目中提供了残差结构和 U-Net 结构供选择，这里

我们使用 U-Net 完成实验。

```
## U-Net 生成器定义如下
class UnetGenerator(nn.Module):
    def __init__(self, input_nc, output_nc, num_downs, ngf=64, norm_layer=nn.BatchNorm2d,
        use_dropout=False):
        super(UnetGenerator, self).__init__()
        unet_block = UnetSkipConnectionBlock(ngf*8, ngf*8, input_nc=None, submodule=None,
            norm_layer=norm_layer, innermost=True)            # add the innermost layer
        for i in range(num_downs - 5):
            unet_block=UnetSkipConnectionBlock(ngf*8,ngf*8,input_nc=None, submodule=unet_
                block, norm_layer=norm_layer, use_dropout=use_dropout)
            ## 逐步减小通道数，从 ngf * 8 到 ngf
        unet_block=UnetSkipConnectionBlock(ngf*4,ngf*8,input_nc=None, submodule=unet_
            block, norm_layer=norm_layer)
        unet_block=UnetSkipConnectionBlock(ngf*2,ngf*4,input_nc=None, submodule=unet_
            block, norm_layer=norm_layer)
        unet_block=UnetSkipConnectionBlock(ngf,ngf*2,input_nc=None, submodule=unet_
            block, norm_layer=norm_layer)
        self.model=UnetSkipConnectionBlock(output_nc, ngf, input_nc=input_nc, submod
            ule=unet_block, outermost=True, norm_layer=norm_layer)  ## 最外层

    def forward(self, input):
        """Standard forward"""
        return self.model(input)
```

从上面的代码可以看出，UnetGenerator 主要由跳层连接模块 UnetSkipConnection-Block 组成。

在输入的重要参数中，input_nc 是输入通道数，output_nc 是输出通道数，num_downs 是降采样次数，它会控制除了最内和最外层的跳层连接模块外中间层还有多少个跳层连接模块，ngf 是生成器最后一个卷积层的输出通道数，norm_layer 是归一化层。

UnetSkipConnectionBlock 的定义如下：

```
class UnetSkipConnectionBlock(nn.Module):
    def __init__(self, outer_nc, inner_nc, input_nc=None,
                submodule=None,outermost=False,innermost=False, norm_layer=nn.
                    BatchNorm2d, use_dropout=False):
        super(UnetSkipConnectionBlock, self).__init__()
        self.outermost = outermost
        if type(norm_layer) == functools.partial:
            use_bias = norm_layer.func == nn.InstanceNorm2d
        else:
            use_bias = norm_layer == nn.InstanceNorm2d
        if input_nc is None:
            input_nc = outer_nc
        downconv = nn.Conv2d(input_nc, inner_nc, kernel_size=4,
                        stride=2, padding=1, bias=use_bias)
        downrelu = nn.LeakyReLU(0.2, True)
```

```
        downnorm = norm_layer(inner_nc)
        uprelu = nn.ReLU(True)
        upnorm = norm_layer(outer_nc)

        if outermost:              ## 最外层
            upconv = nn.ConvTranspose2d(inner_nc * 2, outer_nc,
                                        kernel_size=4, stride=2,
                                        padding=1)
            down = [downconv]
            up = [uprelu, upconv, nn.Tanh()]
            model = down + [submodule] + up
        elif innermost:            ## 最内层
            upconv = nn.ConvTranspose2d(inner_nc, outer_nc,
                                        kernel_size=4, stride=2,
                                        padding=1, bias=use_bias)
            down = [downrelu, downconv]
            up = [uprelu, upconv, upnorm]
            model = down + up
        else: ## 中间层
            upconv = nn.ConvTranspose2d(inner_nc * 2, outer_nc,
                                        kernel_size=4, stride=2,
                                        padding=1, bias=use_bias)
            down = [downrelu, downconv, downnorm]
            up = [uprelu, upconv, upnorm]

            ## 是否使用 dropout
            if use_dropout:
                model = down + [submodule] + up + [nn.Dropout(0.5)]
            else:
                model = down + [submodule] + up
        self.model = nn.Sequential(*model)

    def forward(self, x):
        if self.outermost:        ## 最外层直接输出
            return self.model(x)
        else:                     ## 添加跳层
            return torch.cat([x, self.model(x)], 1)
```

　　outer_nc 是外层通道数，inner_nc 是内层通道数，input_nc 是输入通道数，submodule 是中间的子模块，outermost 用于判断是否是最外层，innermost 用于判断是否是最内层，norm_layer 用于指定归一化层类别，user_dropout 用于指定是否使用 dropout。

　　Pix2Pix 模型使用的归一化层默认为 nn.BatchNorm2d，当 batch=1 时，它实际上与 InstanceNorm 等价。

　　将训练后的生成器转换为 ONNX 格式的可视化结果如图 6-23 所示。

　　从图 6-23 中可以看出 U 型结构中一共包含 6 个跳层连接模块。

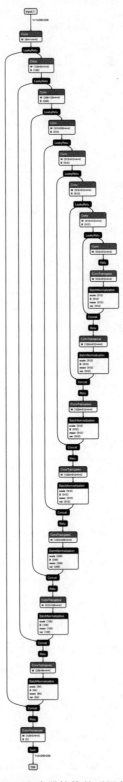

图 6-23　生成器结构的可视化结果

2. 判别器网络

判别器是一个分类模型，它的输出不是单独的预测概率值，而是有一定尺寸的概率图，再进行平均池化，即相加平均后得到最终的概率，定义如下。

```python
## PatchGAN 的定义如下
class NLayerDiscriminator(nn.Module):
    def __init__(self, input_nc, ndf=64, n_layers=3, norm_layer=nn.BatchNorm2d):
        super(NLayerDiscriminator, self).__init__()
        if type(norm_layer) == functools.partial:
            use_bias = norm_layer.func == nn.InstanceNorm2d
        else:
            use_bias = norm_layer == nn.InstanceNorm2d

        kw = 4                          ## 卷积核大小
        padw = 1                        ## 填充大小

        ## 第一个卷积层，步长为 2
        sequence = [nn.Conv2d(input_nc, ndf, kernel_size=kw, stride=2, padding=padw), nn.
            LeakyReLU(0.2, True)]

        ## 多个卷积层堆叠，每一个的步长为 2
        nf_mult = 1
        nf_mult_prev = 1
        for n in range(1, n_layers):  ## 逐渐增加通道宽度，每次扩充为原来两倍
            nf_mult_prev = nf_mult
            nf_mult = min(2 ** n, 8)
            sequence += [
                nn.Conv2d(ndf * nf_mult_prev, ndf * nf_mult, kernel_size=kw, stride=2, pad-
                    ding=padw, bias=use_bias),
                norm_layer(ndf * nf_mult),
                nn.LeakyReLU(0.2, True)
            ]

        ## 最后一个卷积层，步长为 1
        nf_mult_prev = nf_mult
        nf_mult = min(2 ** n_layers, 8)
        sequence += [
            nn.Conv2d(ndf * nf_mult_prev, ndf * nf_mult, kernel_size=kw, stride=1, padding=
                padw, bias=use_bias),
            norm_layer(ndf * nf_mult),
            nn.LeakyReLU(0.2, True)
        ]

        ## 输出单通道预测结果图
        sequence += [nn.Conv2d(ndf * nf_mult, 1, kernel_size=kw, stride=1, padding=padw)]
        self.model = nn.Sequential(*sequence)

    def forward(self, input):
        return self.model(input)
```

其中 input_nc 是输入图通道，ndf 是第一个卷积层的输出通道数，n_layers 是除了第 1 个和最后 1 个卷积层外的卷积层数量。默认的 PatchGAN 对应的 n_layers＝3。整个模型有 5 个卷积层，其中前 4 个卷积层步长为 2，最后 1 个卷积层步长为 1，全局步长大小为 16。norm_layer 是归一化层类型，默认是 BN 层。

将训练后的判别器转换为 ONNX 格式的可视化结果如图 6-24 所示。

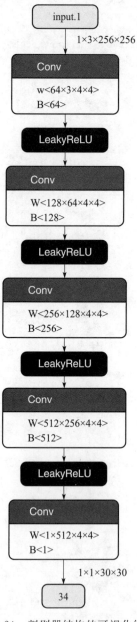

图 6-24   判别器结构的可视化结果

从图 6-24 中可以看出判别器一共包含 5 个卷积层，最后输出的概率图大小为 30×30。

3. 损失函数

接下来我们再看损失函数的定义。

```
class GANLoss(nn.Module):
    def __init__(self, gan_mode, target_real_label=1.0, target_fake_label=0.0):
        ## GAN 损失类型，支持原始损失，lsgan 损失
        super(GANLoss, self).__init__()
        self.register_buffer('real_label', torch.tensor(target_real_label))
        self.register_buffer('fake_label', torch.tensor(target_fake_label))
        self.gan_mode = gan_mode
        if gan_mode == 'lsgan':
            self.loss = nn.MSELoss()
        elif gan_mode == 'vanilla':
            self.loss = nn.BCEWithLogitsLoss()
        elif gan_mode in ['wgangp']:
            self.loss = None
        else:
            raise NotImplementedError('gan mode %s not implemented' % gan_mode)

    ## 将标签转为与预测结果图同样大小
    def get_target_tensor(self, prediction, target_is_real):
        if target_is_real:
            target_tensor = self.real_label
        else:
            target_tensor = self.fake_label
        return target_tensor.expand_as(prediction)

    ## 损失调用
    def __call__(self, prediction, target_is_real):
        if self.gan_mode in ['lsgan', 'vanilla']:
            target_tensor = self.get_target_tensor(prediction, target_is_real)
            loss = self.loss(prediction, target_tensor)
        elif self.gan_mode == 'wgangp':
            if target_is_real:
                loss = -prediction.mean()
            else:
                loss = prediction.mean()
        return loss
```

以上代码主要是 GAN 的对抗损失的定义，可以支持原始 GAN 的对数损失、LSGAN 的损失。

4. 完整的模型

定义好生成器和判别器之后，我们来看完整的 Pix2Pix 模型的定义，代码如下：

```
class Pix2PixModel(BaseModel):
    ## 配置默认参数
def modify_commandline_options(parser, is_train=True):
```

```
## 默认使用 batchnorm，网络结构为 unet_256，使用成对的 (aligned) 图像数据集
    parser.set_defaults(norm='batch', netG='unet_256', dataset_mode='aligned')
    if is_train:
        parser.set_defaults(pool_size=0, gan_mode='vanilla') ## 使用经典 GAN 损失
        parser.add_argument('--lambda_L1', type=float, default=100.0, help='weight for
            L1 loss')                                       ## L1 损失权重为 100
    return parser

def __init__(self, opt):
    BaseModel.__init__(self, opt)
    self.loss_names = ['G_GAN', 'G_L1', 'D_real', 'D_fake']    ## 损失
    self.visual_names = ['real_A', 'fake_B', 'real_B']         ## 中间结果图
    if self.isTrain:
        self.model_names = ['G', 'D']
    else:  # during test time, only load G
        self.model_names = ['G']

    ## 生成器和判别器的定义
    self.netG = networks.define_G(opt.input_nc, opt.output_nc, opt.ngf, opt.netG, opt.
        norm, not opt.no_dropout, opt.init_type, opt.init_gain, self.gpu_ids)
    ## 判别器定义，输入 RGB 图和生成器图的拼接
    if self.isTrain:
        self.netD = networks.define_D(opt.input_nc+ opt.output_nc, opt.ndf, opt.netD,
            opt.n_layers_D, opt.norm, opt.init_type, opt.init_gain, self.gpu_ids)

    if self.isTrain:
        ## 损失函数定义，GAN 标准损失和 L1 重建损失
        self.criterionGAN = networks.GANLoss(opt.gan_mode).to(self.device)
        self.criterionL1 = torch.nn.L1Loss()
        ## 优化器，使用 Adam
        self.optimizer_G = torch.optim.Adam(self.netG.parameters(), lr=opt.lr, betas=
            (opt.beta1, 0.999))
        self.optimizer_D = torch.optim.Adam(self.netD.parameters(), lr=opt.lr, betas=
            (opt.beta1, 0.999))
        self.optimizers.append(self.optimizer_G)
        self.optimizers.append(self.optimizer_D)

def set_input(self, input):
    ## 输入预处理，根据不同方向进行 A、B 的设置
    AtoB = self.opt.direction == 'AtoB'
    self.real_A = input['A' if AtoB else 'B'].to(self.device)
    self.real_B = input['B' if AtoB else 'A'].to(self.device)
    self.image_paths = input['A_paths' if AtoB else 'B_paths']

## 生成器前向传播
def forward(self):
    self.fake_B = self.netG(self.real_A)  # G(A)

## 判别器损失
```

```
    def backward_D(self):
        ## 假样本损失
        fake_AB = torch.cat((self.real_A, self.fake_B), 1)
        pred_fake = self.netD(fake_AB.detach())
        self.loss_D_fake = self.criterionGAN(pred_fake, False)
        ## 真样本损失
        real_AB = torch.cat((self.real_A, self.real_B), 1)
        pred_real = self.netD(real_AB)
        self.loss_D_real = self.criterionGAN(pred_real, True)
        ## 真样本和假样本损失平均
        self.loss_D = (self.loss_D_fake + self.loss_D_real) * 0.5
        self.loss_D.backward()


    ## 生成器损失
def backward_G(self):
    ## GAN 损失
        fake_AB = torch.cat((self.real_A, self.fake_B), 1)
        pred_fake = self.netD(fake_AB)
        self.loss_G_GAN = self.criterionGAN(pred_fake, True)
        ## 重建损失
        self.loss_G_L1 = self.criterionL1(self.fake_B, self.real_B) * self.opt.lambda_L1
        ## 损失加权平均
        self.loss_G = self.loss_G_GAN + self.loss_G_L1
        self.loss_G.backward()


    def optimize_parameters(self):
        self.forward()                                   ## 计算 G(A)
        ## 更新 D
        self.set_requires_grad(self.netD, True)
        self.optimizer_D.zero_grad()                     ## D 梯度清零
        self.backward_D()                                ## 计算 D 梯度
        self.optimizer_D.step()                          ## 更新 D 权重
        ## 更新 G
        self.set_requires_grad(self.netD, False)         ## 优化 G 时无须迭代 D
        self.optimizer_G.zero_grad()                     ## G 梯度清零
        self.backward_G()                                ## 计算 G 梯度
        self.optimizer_G.step()                          ## 更新 G 权重
```

以上就完成了对工程中核心代码的解读，接下来就是进行模型训练和测试。

6.5.3　模型训练与测试

接下来我们对模型进行训练和测试。

1. 模型训练

模型训练就是完成模型定义、数据载入、可视化以及存储等工作，核心训练代码如下：

```
    if __name__ == '__main__':
```

```
opt = TrainOptions().parse()                        ## 获取一些训练参数
dataset = create_dataset(opt)                        ## 创建数据集
dataset_size = len(dataset)                           ## 数据集大小
print('The number of training images = %d' % dataset_size)

model = create_model(opt)                            ## 创建模型
model.setup(opt)                                     ## 模型初始化
visualizer = Visualizer(opt)                         ## 可视化函数
total_iters = 0                                      ## 迭代 batch 次数

for epoch in range(opt.epoch_count, opt.niter + opt.niter_decay + 1):
    epoch_iter = 0                                   ## 当前 epoch 迭代 batch 数
    for i, data in enumerate(dataset):               ## 每一个 epoch 内层循环
        visualizer.reset()
        total_iters += opt.batch_size                ## 总迭代 batch 数
        epoch_iter += opt.batch_size
        model.set_input(data)                        ## 输入数据
        model.optimize_parameters()                  ## 迭代更新

        if total_iters % opt.display_freq == 0:      ## visdom 可视化
            save_result = total_iters % opt.update_html_freq == 0
            model.compute_visuals()
            visualizer.display_current_results(model.get_current_visuals(), epoch,
                save_result)

        if total_iters % opt.print_freq == 0:        ## 存储损失等信息
            losses = model.get_current_losses()
            t_comp = (time.time() - iter_start_time) / opt.batch_size
            visualizer.print_current_losses(epoch, epoch_iter, losses, t_comp, t_data)
            if opt.display_id > 0:
                visualizer.plot_current_losses(epoch, float(epoch_iter) / dataset_
                    size, losses)

        if total_iters % opt.save_latest_freq == 0:  ## 存储模型
            print('saving the latest model (epoch %d, total_iters %d)' % (epoch, total_iters))
            save_suffix = 'iter_%d' % total_iters if opt.save_by_iter else 'latest'
            model.save_networks(save_suffix)

    if epoch % opt.save_epoch_freq == 0:             ## 每 opt.save_epoch_freq 个 epoch 存储模型
        model.save_networks('latest')
        model.save_networks(epoch)

    model.update_learning_rate()                     ## 每一个 epoch 后更新学习率
```

其中一些重要训练参数配置如下。

❑ input_nc＝1，表示生成器输入为 1 的通道图像，即 L 通道。

❑ output_nc＝2，表示生成器输出为 2 的通道图像，即 AB 通道。

❑ ngf＝64，表示生成器最后 1 个卷积层的输出通道为 64。

❑ ndf＝64，表示判别器最后 1 个卷积层的输出通道为 64。

❑ n_layers_D＝3，表示使用默认的 PatchGAN，它相当于对 70×70 大小的图像块进行判别。

❑ norm＝batch，batch_size＝1，表示使用批次标准化。

❑ load_size＝286，表示载入的图像尺寸。

❑ crop_size＝256，表示图像裁剪(即训练)尺寸。

2. 模型推理

训练的中间结果和损失判断模型已经基本稳定后，接下来我们使用训练好的模型进行推理测试，完整代码如下：

```python
import os
from PIL import Image
import torchvision.transforms astransforms
import cv2
import numpy as np
import torch
from models.networks import define_G

model_path = "checkpoints/portraits_pix2pix/latest_net_G.pth"
# 配置相关参数
input_nc = 3
output_nc = 3
ngf = 64
netG = 'unet_256'
norm = 'batch'

modelG = define_G(input_nc, output_nc, ngf, netG, norm,True)
params = torch.load(model_path,map_location='cpu') # 载入模型
modelG.load_state_dict(params)

if __name__ == '__main__':
    imagedir = "myimages"
imagepaths = os.listdir(imagedir)
## 预处理函数
    transform_list = []
    transform_list.append(transforms.Resize((256,256),Image.BICUBIC))
    transform_list += [transforms.ToTensor()]
    transform_list += [transforms.Normalize((0.5, 0.5, 0.5), (0.5, 0.5, 0.5))]
    transform = transforms.Compose(transform_list)
    for imagepath in imagepaths:
        img = Image.open(os.path.join(imagedir,imagepath))
        img = img.convert('RGB')
        img = transform(img)
        img = np.array(img)
        lab = color.rgb2lab(img).astype(np.float32)
        lab_t = transforms.ToTensor()(lab)
```

```
L = lab_t[[0], ...] / 50.0 - 1.0
L = L.unsqueeze(0)
AB = modelG(L)
AB2 = AB * 110.0
L2 = (L + 1.0) * 50.0
Lab = torch.cat([L2, AB2], dim=1)
Lab = Lab[0].data.cpu().float().numpy()
Lab = np.transpose(Lab.astype(np.float64), (1, 2, 0))
rgb = (color.lab2rgb(Lab) * 255).astype(np.uint8)
```

在上述代码中，由于训练时使用的 batch_size＝1，所以我们测试时并不使用存储的 batch_size 参数，即没有打开 modelG. eval()选项，读者可以自行体验其中的差距。

读取 RGB 图像后，首先转换到 CIELab 空间，然后将 L 通道输入生成器，获得上色结果。

人像图、植物图、建筑图的结果分别如图 6-25、图 6-26、图 6-27 所示。

图 6-25　人像图上色结果(见彩插)

图 6-26　植物图上色结果(见彩插)

图 6-27 建筑图上色结果（见彩插）

图 6-25、图 6-26、图 6-27 中第一排的 RGB 图像为输入生成器的 L 通道图，第二排是真实的 RGB 图像，第三排则是模型上色的结果。其中输入图都不在训练集中，人脸图都是通过 StyleGAN 生成的，植物图和建筑图的一部分由笔者拍摄，一部分随机取自验证集。

从以上 3 类图的结果可以看出，虽然上色结果和原始 RGB 图像的颜色并不完全一致，但是 3 类图像都获得了比较真实的上色效果。人脸的肤色、建筑图的天空、植物的主体，都没有出现明显违反先验常识的颜色，说明模型的确学习到了目标的语义信息。

所有测试图都获得了局部与全局平滑的上色风格，没有出现明显的、不连续的瑕疵，对于一些比较困难的测试图也获得了比较不错的效果。如植物图中的第 2 张图像，其主体和背景都是黄色，上色结果虽然没有和原图一致，但是主体的上色结构一致性非常好，而背景则有更丰富的颜色分布。建筑图中的第 6 张图像，其输入 RGB 图像也是单色风格图，上色结果很好地保持了风格，没有出现不连续的颜色瑕疵，验证了该模型的鲁棒性。

6.5.4 小结

本节使用有监督的 Pix2Pix 图像翻译框架完成了 3 类常见图像的上色任务，验证了模型在图像上色任务中的实际效果。还有一些实验可供感兴趣的读者进行拓展实践，列举如下。

1）比较 RGB 颜色空间、HSV 颜色空间与 CIELab 颜色空间训练模型的结果，验证 CIELab 颜色空间、HSV 颜色空间是否可获得 RGB 颜色空间更好的结果。

2）训练一个统一的上色模型，对 3 类图像进行上色，与专门对单个任务进行训练的模型进行比较，查看后者是否有更好的效果。

参考文献

［1］ ISOLA P，ZHU J Y，ZHOU T，et al. Image-to-image translation with conditional adversarial networks ［C］//Proceedings of the IEEE conference on computer vision and pattern recognition. 2017：1125-1134.

［2］ WANG T，LIU M，ZHU J，et al. High-Resolution Image Synthesis and Semantic Manipulation with Conditional GANs ［C］. computer vision and pattern recognition，2018：8798-8807.

［3］ WANG T，LIU M，ZHU J，et al. Video-to-Video Synthesis ［C］. neural information processing systems，2018：1144-1156.1.

［4］ TAIGMAN Y，POLYAK A，WOLF L. Unsupervised cross-domain image generation ［J］. arXiv preprint arXiv：1611.02200，2016.

［5］ DONG H，NEEKHARA P，WU C，et al. Unsupervised image-to-image translation with generative adversarial networks ［J］. arXiv preprint arXiv：1701.02676，2017.

［6］ LIU M，TUZEL O. Coupled Generative Adversarial Networks ［C］. neural information processing systems，2016：469-477.

［7］ LIU M，BREUEL T M，KAUTZ J，et al. Unsupervised Image-to-Image Translation Networks ［C］. neural information processing systems，2017：700-708.

［8］ ZHU J Y，PARK T，ISOLA P，et al. Unpaired image-to-image translation using cycle-consistent adversarial networks ［C］//Proceedings of the IEEE international conference on computer vision. 2017：2223-2232.

［9］ ROYER A，BOUSMALIS K，GOUWS S，et al. Xgan：Unsupervised image-to-image translation for many-to-many mappings ［M］//Domain Adaptation for Visual Understanding. Springer，Cham，2020：33-49.

［10］ CHOI Y，CHOI M，KIM M，et al. Stargan：Unified generative adversarial networks for multi-domain image-to-image translation ［C］//Proceedings of the IEEE Conference on Computer Vision and Pattern Recognition. 2018：8789-8797.

［11］ CHOI Y，UH Y，YOO J，et al. Stargan v2：Diverse image synthesis for multiple domains ［C］//Proceedings of the IEEE/CVF conference on computer vision and pattern recognition. 2020：8188-8197.

［12］ HUANG X，LIU M，BELONGIE S，et al. Multimodal Unsupervised Image-to-Image Translation ［C］. european conference on computer vision，2018：179-196.

［13］ ALMAHAIRI A，RAJESHWAR S，SORDONI A，et al. Augmented cyclegan：Learning many-to-many mappings from unpaired data ［C］//International Conference on Machine Learning. PMLR，2018：195-204.

［14］ LINGXIAO SONG，ZHIHE LU，RAN HE，ZHENAN SUN，Tieniu Tan. Geometry Guided Adversarial Facial Expression Synthesis ［C］. CoRR abs/1712.03474 (2018).

第 7 章

人脸图像编辑

前面我们介绍了 GAN 在图像生成、图像翻译任务中的基本框架，作为一门新兴的技术，GAN 在很多人脸图像任务中也有广泛的应用。本章将介绍 GAN 在人脸图像编辑中的典型技术框架。

7.1 人脸表情编辑

人脸表情编辑广泛应用于娱乐社交领域。对表情进行归一化有助于提升大表情下人脸图像的关键点定位、人脸识别等算法的性能。本节将介绍人脸表情编辑问题与典型框架。

7.1.1 表情编辑问题

人脸表情编辑，即更改脸部的表情属性。如图 7-1 所示，它实现了从无表情到微笑表情的编辑。人脸的表情单元主要包括嘴唇、鼻子、眼睛等区域，因此表情编辑主要是修改这些区域。

添加微笑表情

图 7-1　人脸微笑表情编辑

在表情编辑任务中，我们不仅需要完成表情的属性编辑，即处理某一个表情的存在与否问题，还需要完成幅度编辑，实现连续平滑的表情变换，这是一个难度更大的问题。

7.1.2　关键点控制的表情编辑模型

由于人脸的表情主要是由嘴唇、鼻子、眼睛等面部单元的几何形变决定，它与人脸关键点任务有较大的关系，因此本节介绍一个基于关键点控制的人脸表情编辑模型 G2-GAN[1]，它将人脸关键点的热图作为条件来控制表情的生成与去除，其生成器结构如图 7-2 所示，判别器如图 7-3 所示。

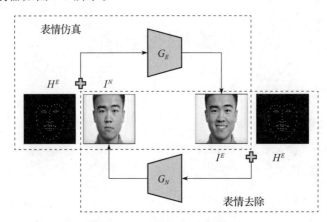

图 7-2　G2-GAN 生成器结构

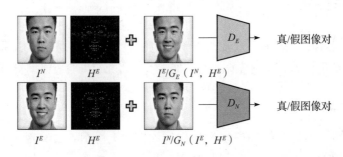

图 7-3　G2-GAN 判别器结构

该模型包括两个生成器和两个判别器。生成器 G_E 是一个表情生成器，输入带表情的关键点热图 H^E 和无表情的正脸图 I^N，生成有表情的图 I^E。生成器 G_N 则相反，输入带表情的关键点热图 H^E 和有表情的正脸图 I^E，生成无表情的图 I^N。在表情生成任务中，H^E 扮演的是控制幅度的角色，而在表情去除的任务中，H^E 扮演的则是一个类似于标注的角色。

判别器 D_E 用于判别真实的三元组 (I^N, H^E, I^E) 和生成的三元组 $(I^N, H^E, G_E(I^N, H^E))$，与 D_N 类似。

整体的损失函数包括四部分。

第一部分是标准的 GAN 损失，这里不再赘述。

第二部分是像素损失，用于约束生成图与输入图的像素平滑，定义如下：

$$L_{\text{pixel}} = E_{I,H,I' \sim P(I,H,I')} \| I' - G(I,H) \|_1 \tag{7.1}$$

第三部分是与 CycleGAN 相同的循环损失，从输入图经过两个生成器后构成一个闭环，定义如式(7.2)所示，其中 G 和 G' 为方向相反的生成器。

$$L_{\text{cyc}} = E_{I,H \sim P(I,H)} \| I - G'(G(I,H)) \|_1 \tag{7.2}$$

第四部分是属性保持损失，用于约束身份信息不会被更改，见式(7.3)，其中 F 表示的是人脸识别的特征提取器。

$$L_{\text{idendity}} = E_{I,H, \sim P(I,H)} \| F(I) - F(G(I,H)) \|_1 \tag{7.3}$$

7.2 人脸年龄编辑

人脸年龄的变化对于人脸识别等算法构成了挑战，年龄的编辑不仅可以用于娱乐社交领域，对年龄进行归一化也有助于提升人脸识别等算法的性能。本节将介绍人脸年龄编辑问题与典型框架。

7.2.1 年龄编辑问题

所谓年龄编辑，即更改照片的年龄属性。年龄变换在电影中的应用比较广泛，例如年轻的演员在电影中变老，或年老的演员需要扮演年轻人等。年龄编辑在生活娱乐以及客群分析统计中也有很多应用。

年龄编辑包含两个子问题，如图 7-4 所示，一是变老(Age Progression)，二是变年轻(Age Regression)。变老问题比变年轻问题容易，当前的大部分模型只能变到某一个年龄组而无法仿真到具体的年龄值。

图 7-4　人脸年龄编辑

7.2.2 基于潜在空间的条件对抗自编码模型

本节介绍人脸年龄编辑的代表性框架，即基于潜在空间的条件对抗自编码模型(Conditional Adversarial AutoEncoder, CAAE)[2]。

CAAE 模型首先假设人脸图像处于一种高维流形(high-dimensional manifold)中，当图像在这个流形中沿着某个特定方向移动时，年龄就会随之发生自然的变化。不过在高维流形中操作人脸图像是一件非常困难的事情，我们无法直接描绘该轨迹。因此与大部分生成模型的思路一样，首先需要将图像映射到低维的潜在空间，得到一个低维的向量，再把处理后的低维向量映射回高维流形中。这两次映射分别由编码器 E 和生成器 G 实现，模型结构如图 7-5 所示。

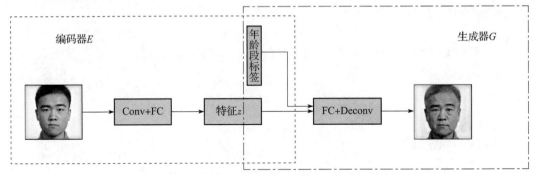

图 7-5　CAAE 模型的编码器 E 和生成器 G

编码器 E 输入图像，输出特征向量 z，之后与 n 维的年龄标签向量进行拼接作为生成器 G 的输入，G 则输出仿真后的人脸。

判别器包含两个，D_{img} 与 D_z。年龄标签向量填充后与人脸图进行通道拼接输入判别器 D_{img}，该判别器判别生成图的真实性，实际上就是判别年龄段的分类。它包含若干个卷积层和若干个全连接层。D_z 则用于约束 z 为一个均匀分布，它包含若干个全连接层。

7.3　人脸姿态编辑

大的姿态对于人脸关键点检测、人脸识别等算法都构成了挑战，姿态编辑算法可以仿真不同姿态的人脸，比如将大姿态的人脸校正到正脸，这有助于提升人脸识别等算法的性能。本节将介绍人脸姿态编辑问题与典型框架。

7.3.1　姿态编辑问题

人脸姿态编辑即更改人脸姿态，如图 7-6 所示，通过人脸三维重建后进行姿态的任意切换。人脸姿态编辑可以用于仿真不同的姿态，有助于提升大姿态的人脸关键点定位以及识别模型的精度。

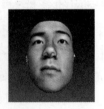

图 7-6　人脸三维重建与姿态编辑

7.3.2　基于 3DMM 的姿态编辑模型

由于人脸的姿态重建通常使用人脸三维重建来完成，当前基于 GAN 的人脸姿态编辑模型也经常需要人脸三维重建任务一起进行联合学习，因此本节将介绍基于 3DMM 的姿态编辑模型 FFGAN。

FFGAN(Face Frontalization)[3] 是一个早期的姿态编辑 GAN，它通过输入人脸和 3DMM 的系数，使用生成器来生成正脸，并使用判别器判断真假，使用人脸识别模型来约束人脸身份属性。

在 FFGAN 模型中，3DMM 系数提供了全局的姿态信息以及低频的细节，而输入的大姿态图像则提供了高频细节。整个损失函数包括 5 部分，除了人脸重建损失、全变分平滑损失、GAN 的对抗损失以及人脸识别身份保持损失之外，还添加了一个人脸对称性的约束作为对称损失。

FaceID-GAN[4] 与 FFGAN 的思想类似，同样是通过一个 3DMM 来控制生成的姿态，通过人脸识别模型 C 来约束身份信息的保持。与 FFGAN 的不同之处在于，FaceID-GAN 中的 C 不仅只是作为一个独立的分类器来鉴别身份信息，而是和判别器 D 一起与生成器 G 对抗，直接参与图像生成的过程，这个时候分类器 C 不仅会区分不同的身份，如 id1 和 id2，还会区分真实的姿态特征和生成的特征。FaceID-GAN 与一般 GAN 的结构对比如图 7-7 所示。

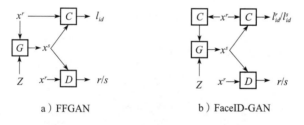

a）FFGAN　　　　　　　b）FaceID-GAN

图 7-7　FaceID-GAN 与一般 GAN 模型的对比

图 7-7a 表示一般的添加身份约束的 GAN 模型，生成器输入真实图像 x^r 和噪声 z，输出生成图像 x^r，分类器 C 输出 l_{id}。可以看出在从真实图像到生成图像的过程中，特征提取使用生成器 G，之后在进行分类时又使用 C 去提特征，两者不在同一个特征空间里，会带来训练困难的问题。

而图 7-7b 的 FaceID-GAN 中生成器的输入是真实图像 x^r 通过 C 提取的特征和噪声，真实图像和生成图像进行分类时也都通过分类器 C 提取特征，这样使用同一个特征空间的特征，有利于减小模型的训练难度。

FaceID-GAN 的结构如图 7-8 所示。

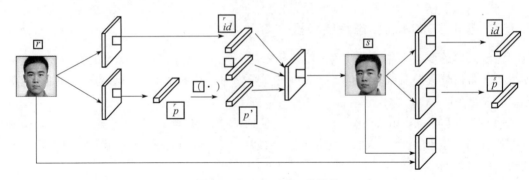

图 7-8 FaceID-GAN 的结构

输入的真实图像 x^r，一方面通过 3DMM 模型 P 提取姿态特征 f_p^r，然后通过函数 g 转变为期望输出的姿态特征 f_p^t；另一方面通过分类器 C 提取分类特征 f_{id}^r，再加上随机噪声 z 一起组成生成器 G 的输入，生成图像 x^s。

生成图像再次分别通过分类器 C、姿态模型 P 和判别器 D 提取生成图像的身份和姿态特征，判别图像是否同一个 id 以及是否真实。

判别器的损失函数就是最小化真实图像的重构误差，最大化生成图像的重构误差，定义如下，k_t 是一个经验参数。

$$R(x) = \|x - D(x)\|_1 \tag{7.4}$$

$$\min_{\theta_D} L_D = R(x^r - k_t R(x^s)) \tag{7.5}$$

分类器 C 的损失函数由两部分组成，分别是真实图像与对应标签和生成图像与对应标签的损失，这两部分都是交叉熵损失，并且加入一个损失权重来均衡生成图像在这个损失函数中的贡献。

$$\min_{\theta_c} L_c = \varphi(x^r, l_{id}^r) + \lambda \varphi(x^s, l_{id}^s) \tag{7.6}$$

最后是生成器 G 的损失函数，如式（7.7）所示。

$$\min_{\theta_G} L_G = \lambda_1 R(x^s) + \lambda_2 d^{\cos}(f_{id}^r, f_{id}^s) + \lambda_3 d^{l2}(f_p^t, f_p^s) \tag{7.7}$$

第一项 R 是生成图像的重构误差，第二项是输入图像和生成图像的身份特征的余弦距离，第三项是输入图像和生成图像的姿态特征的欧氏距离。

由于姿态模型 P 的存在，该生成器可以生成任意视角。另外由于生成器输入的是分类器 C 的特征，而不是整幅图像的特征，而分类器 C 提取的特征滤掉了很多无关的背景信息，所以更关注人脸的特征，使得生成的图像更加逼真。

值得注意的是，我们不仅可以基于 3DMM 编辑姿态，也可以编辑表情。

7.4 人脸风格编辑

人脸的风格编辑与表情、年龄、姿态编辑等不同，会彻底改变人脸本身的纹理和颜色风格，多用于娱乐社交领域。本节将介绍人脸风格编辑问题与典型框架。

7.4.1　风格编辑问题

常见的人脸风格包括多种类型，如图 7-9 所示。

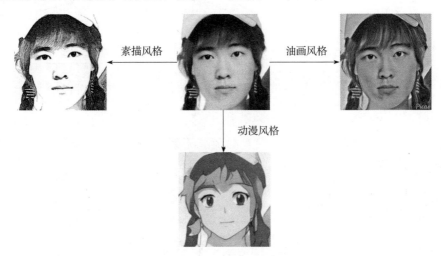

图 7-9　常见的人脸风格

人脸素描图：这属于风格化中较为简单的一类图像，它主要是生成黑白或者彩色的人脸边缘轮廓。传统的人脸素描图生成算法通常包括基于滤波器和基于图像块匹配两种。基于滤波器的方法通常通过边缘检测和灰度变换来完成轮廓的定位和生成，细节不够平滑和完整。基于图像块的方法通过将人脸的各个部位与数据集中已有的卡通部件进行匹配然后组合，步骤比较复杂，而且难以精确对齐。

动画头像：与素描图不同，动画头像生成结果的颜色和纹理更加丰富，最常见的应用便是生成与动漫作品中风格相似但是保留自身身份属性的头像，广泛应用于二次元等个性化社交领域。

艺术油画头像：艺术类油画头像通常具有更浓厚的色彩风格和笔触，缺少图像细节，重在保留整体的风格，可以采用前面介绍的风格迁移网络实现。

7.4.2　基于注意力机制的风格化模型

本节将介绍人脸风格化编辑的代表性框架，即基于注意力机制的风格化模型 UGATIT[5]（Unsupervised Generative Attentional Network with Adaptive Layer-Instance Normalization）。

UGATIT 的第 1 个关键技术是注意力机制，其生成器和判别器结构如图 7-10 和图 7-11 所示。

这里的注意力实际上就是全局和平均池化下的类激活图（Class Activation Map，CAM 特征图）的使用，输入下采样的特征图，输出各个通道的权重。

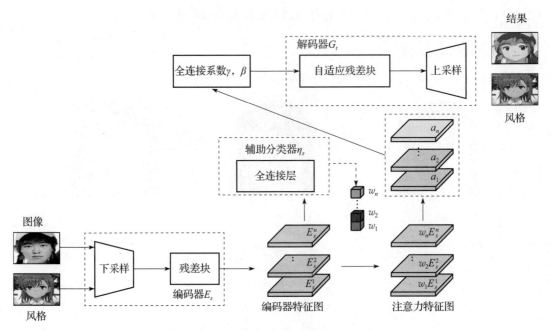

图 7-10　UGATIT 生成器结构

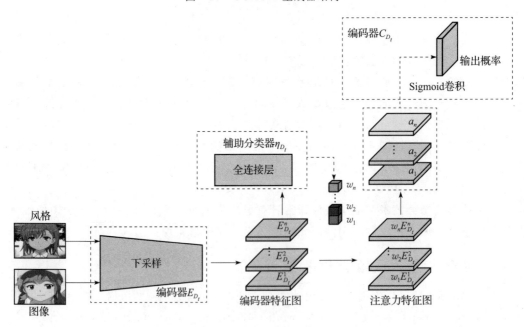

图 7-11　UGATIT 判别器结构

生成器通过分类器 $\eta_s(x)$ 学习权重 w_s^k，如式（7.8）所示。其中 s 表示源域，k 表示第 k 个特征通道，E 表示特征图，i、j 表示 x、y 坐标。

$$\eta_s(x) = \sigma\Big(\sum_k w_s^k \sum_{ij} E_s^{k_{ij}}(x)\Big) \tag{7.8}$$

判别器的注意力机制与此原理相同，该注意力机制的目标是学习那些能够区分源域和目标域的重要区域。

另外 UGATIT 大量使用了 AdaLIN 技术。在图像风格化领域中，相比 BN，IN 和 LN 更常用。

IN 因为对各个图像特征图单独进行归一化，所以会保留较多的内容结构。与 IN 相比，LN 使用多个通道进行归一化，能够更好地获取全局特征。AdaLIN 结合了两者的特点，其表达式如下，其中的参数通过注意力模块进行学习。

$$\hat{a}_I = \frac{a - \mu_I}{\sqrt{\sigma_I^2 + \varepsilon}} \tag{7.9}$$

$$\hat{a}_L = \frac{a - \mu_L}{\sqrt{\sigma_L^2 + \varepsilon}} \tag{7.10}$$

$$\text{AdaLIN}(\alpha, \beta, \gamma) = \gamma \cdot (\rho \cdot \hat{a}_I + (1-\rho) \cdot \hat{a}_L) + \beta \tag{7.11}$$

$$\rho \leftarrow \text{clip}_{[0,1]}(\rho - \tau \Delta \rho) \tag{7.12}$$

其中 μ_I、μ_L 分别是通道级别和层级别的均值，σ_I^2、σ_L^2 分别是通道级别和层级别的方差，γ 和 β 是两个全连接层学习到的参数，τ 是学习率，ρ 的范围是 0~1，当 IN 更有用时 ρ 趋于 1，当 LN 更有用时 ρ 趋于 0。假如 γ 和 β 取固定值，则该模块为 LIN。

判别器采用一个全局判别器加一个局部判别器，区别就在于全局判别器更深，达到了 32 倍的步长，全局判别器的感受野已经超过 256×256。另外判别器中也加入了注意力模块，它可以增强判别器对于目标域中真假图像的判断能力。

损失函数包括四部分，即 GAN 的损失、循环一致性损失、身份损失以及 CAM 损失。前面两个损失我们不过多介绍，身份损失的目标是要保证域迁移的稳定性，即将 A 域中的图像输入从 B 到 A 的转换模型时，输出仍然应该在 A 域中，定义如下：

$$L_{\text{identity}}^{s \to t} = E_{x \sim X_t}\big[\,|x - G_{s \to t}(x)|_1\,\big] \tag{7.13}$$

CAM 损失用于学习在当前状态下哪些特征可以用于改进区分两个域，所以生成器和判别器使用各自学习的辅助分类器进行判别，损失定义分别如式(7.14)和式(7.15)所示。

$$L_{\text{cam}}^{s \to t} = -E_{x \sim X_s}\big[\log(\eta_s(x))\big] + E_{x \sim X_t}\big[1 - \log(\eta_s(x))\big] \tag{7.14}$$

$$L_{\text{cam}}^{D_t} = E_{x \sim X_t}\big[(\eta_{D_t}(x))^2\big] + E_{x \sim X_s}\big[1 - (\eta_{D_t}(G_{s \to t}(x)))^2\big] \tag{7.15}$$

7.5 人脸妆造编辑

在深度学习技术流行之前，人脸美颜算法就发展了许多年，其中以滤波和变形算法为主，它们可以应用于磨皮、美白、五官重塑。而当下更时髦的妆容迁移算法可以将一张人像的妆容迁移到任意一张人像照片中，这是美颜算法中比较复杂的技术，可以采用基于 GAN 的模型来实现。本节将介绍人脸妆造编辑问题与典型框架。

7.5.1   妆造编辑问题

所谓的妆造编辑，即给定一张参考图和一张无妆图，将参考图的妆容迁移到无妆图上，从而实现千人千面的妆造迁移效果，如图 7-12 所示。

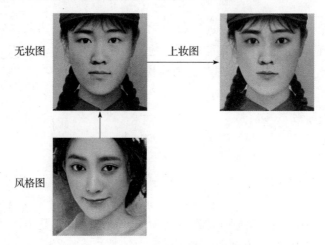

图 7-12   人脸妆造迁移（见彩插）

7.5.2   基于 GAN 的妆造迁移算法

本节将介绍人脸妆造编辑的代表性框架，即 BeautyGAN[6]。在其中输入两张人脸图像，一张无妆图，一张有妆图，输出换妆之后的结果，即一张上妆图和一张卸妆图。

BeautyGAN 采用了经典的图像翻译结构，生成器 G 包括两个输入，分别是无妆图 I_{src} 与有妆图 I_{ref}，通过由编码器、若干个残差模块、解码器组成的生成器 G 得到两个输出，分别是上妆图 I_{src}^{B} 和卸妆图 I_{ref}^{A}，其结构示意图如图 7-13 所示。

BeautyGAN 使用了两个判别器 D_A 和 D_B，其中 D_A 用于区分真假无妆图，D_B 用于区分真假有妆图。

除了基本的 GAN 损失之外，BeautyGAN 还包含 3 个重要的损失，分别是循环一致性损失（Cycle Consistency Loss）、感知损失（Perceptual Loss）、妆造损失（Makeup Loss），前两者是全局损失，最后一个是局部损失。

为了消除迁移细节的瑕疵，我们将上妆图 I_{src}^{B} 和卸妆图 I_{ref}^{A} 再次输入给生成器 G，重新执行一次卸妆和上妆，得到两张重建图 I_{src}^{re} 和卸妆图 I_{ref}^{re}，此时通过循环损失约束一张图经过两次生成器 G 变换后与对应的原始图相同。因为 BeautyGAN 的生成器的输入包含一对图，所以它与 CycleGAN 的不同之处在于这里使用了同一个生成器 G，该损失用于维持图像的背景信息。具体的损失定义与 CycleGAN 相同，这里不再赘述。

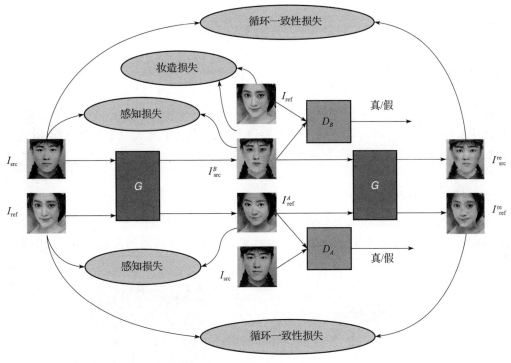

图 7-13　BeautyGAN 算法

上妆和卸妆不能改变原始的人物身份信息,这可以通过基于 VGG 模型的感知损失进行约束,定义如下:

$$L_{\text{per}} = \frac{1}{C_l \times H_l \times W_l} \sum_{ijk} E_l \tag{7.16}$$

其中 C_l、H_l、W_l 分别是网络第 l 层的通道数、特征图高度和宽度, E_l 是特征的欧氏距离,其包含如下两部分:

$$E_l = \left[F_l(I_{\text{src}}) - F_l(I_{\text{src}}^B) \right]_{ijk}^2 + \left[F_l(I_{\text{ref}}) - F_l(I_{\text{ref}}^A) \right]_{ijk}^2 \tag{7.17}$$

为了更加精确地控制局部区域的妆造效果,BeautyGAN 训练了一个语义分割网络提取人脸不同区域的掩膜,使得无妆图和有妆图在脸部、眼部、嘴部 3 个区域需满足妆造损失,妆造损失通过直方图匹配实现,其中一个区域的损失定义如下:

$$L_{\text{item}} = \left\| I_{\text{src}}^B - HM(I_{\text{src}}^B \circ M_{\text{item}}^1, I_{\text{ref}} \circ M_{\text{item}}^2) \right\|_2^2 \tag{7.18}$$

M_{item}^1、M_{item}^2 分别表示两个 I_{src}^B 和 I_{ref} 对应的区域掩膜,$\circ$ 表示逐像素的相乘,item 可以分别表示脸部、眼部、嘴部 3 个区域,HM 是一个直方图匹配操作。

整个妆造损失定义如下:

$$L_{\text{makeup}} = \lambda_l L_{\text{lips}} + \lambda_s L_{\text{shadow}} + \lambda_f L_{\text{face}} \tag{7.19}$$

其中 L_{lips}、L_{shadow}、L_{face} 分别表示嘴唇、眼睛以及脸部, λ_l、λ_s、λ_f 是对应的权重。

完整的 BeautyGAN 生成器损失为：

$$L = \alpha L_{adv} + \beta L_{cyc} + \gamma L_{per} + L_{makeup} \qquad (7.20)$$

7.6　人脸换脸编辑

换脸编辑，即对人脸身份进行编辑，使其变成另外一个人，在影视剧创作、娱乐社交领域中有较广泛的应用，它也对当前人脸识别模型构成了挑战。本节将介绍人脸换脸编辑问题与典型框架。

7.6.1　身份编辑问题

早期的换脸算法包括两大类。第一类是基于 2D 人脸形状的几何变形，即基于检测到的关键点计算两个人脸形状之间的变形矩阵并进行变换，再添加图像融合等后处理技术。目前天天 P 图等应用中的换脸算法便是基于此，如图 7-14 展示了一个典型的换脸案例。

图 7-14　换脸算法示意图

另一类是基于 3D 的方法，涉及人脸重建、跟踪、对齐等多阶段处理技术，每一个阶段都需要复杂的操作，需要多张图像或者视频，无法实时应用。

7.6.2　基于编解码器的 Deepfakes 换脸算法

目前基于深度学习的换脸算法大部分基于 GAN，而一系列主流换脸算法的流行起源于 Deepfakes，因此我们以 Deepfakes 为例介绍换脸算法的核心技术。

Deepfakes 是一个开源项目，同时也是一类算法的统称，其训练流程和测试流程分别如图 7-15 和图 7-16 所示。

Deepfakes 的训练需要两个域的图像集，称为 A 和 B。Deepfakes 在使用同样的编码器的约束下，分别在集合 A 和集合 B 上训练出一个解码器。

在测试时，从集合 A 中选择图像，经过相同的编码器提取特征后，再输入集合 B 上

训练完成的解码器，就可以将图像 A 中的人脸换成集合 B 中的人脸。感兴趣的读者可以
参考开源代码进行尝试。

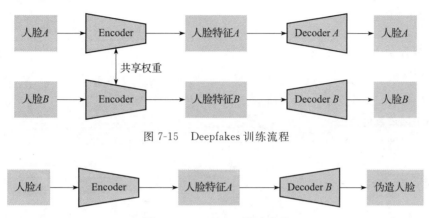

图 7-15　Deepfakes 训练流程

图 7-16　Deepfakes 测试流程

除此之外，换脸算法也可以看作一个人脸到人脸的图像翻译问题，所以也可以直接
应用 Pix2Pix、CycleGAN 等模型，在添加人脸掩膜、姿态、光照等信息的监督下获得非
常逼真的换脸效果。

7.7　通用的人脸属性编辑

StyleGAN 是一个性能非常好的图像生成框架，也可以用于人脸属性编辑。本节将介
绍基于 StyleGAN 的人脸属性编辑关键技术。

7.7.1　StyleGAN 人脸编辑的关键问题

关于 StyleGAN 的原理，可以回顾第 5 章的相关内容。现在我们要使用 StyleGAN 进
行真实人脸的编辑，解决 2 个关键问题，如图 7-17 所示。

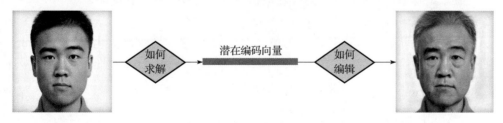

图 7-17　基于 StyleGAN 进行人脸属性编辑的流程与关键问题

1）如何获得真实人脸的潜在编码向量，它对应 StyleGAN 中的映射网络的输入 Z 或
者输出 W。

2）如何通过修改 Z 或者 W，控制生成人脸图像的高层语义属性。

接下来我们重点介绍潜在编码向量的求解，并在下一节中实践基于潜在编码向量的属性编辑。

7.7.2 潜在编码向量的求解

当前对真实人脸编码向量的求取一般基于两种思路，一种是学习一个编码器来实现映射，一种是直接对向量进行优化求解。

1. 基于编码器的求解

基于编码器的求解框架如图 7-18 所示，由两部分模块组成。

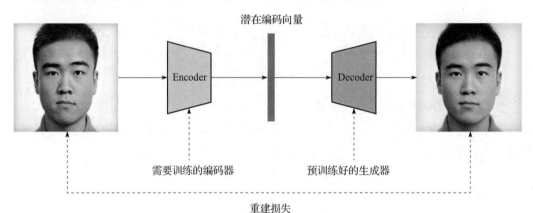

图 7-18　人脸编码器训练框架

Encoder 表示需要训练的编码器，Decoder 表示已经训练完的生成模型，如 Style-GAN 的生成器部分。真实图像输入编码器得到 Z 或者 W，再输入生成器得到生成的人脸，完成人脸图像的重建。

通过直接学习一个编码器，不需要对每一张图都进行优化，实现一次训练对任意图像都能提取潜在编码向量，但是这样在训练数据集上容易发生过拟合。

2. 基于优化求解的方法

另外一种方法就是基于优化求解的方法，直接对每一张图像优化出对应的 W，如 StyleGAN v2、Image2StyleGAN[7] 等框架中均采用了这种方案，并且将 512 维的 W 拓展成 W^+，W^+ 为 18×512 维的矩阵，这样就可以对每一个自适应实例归一化（AdaIN）风格模块使用不同的 W，实现更自由的属性编辑。

基于优化求解的方法包括以下几步。

1）给定图像 I，以及预训练好的生成器 G。

2）初始化潜在编码向量，如 W，其初始值可以为计算得到的统计平均值。

3）根据优化目标进行反复迭代，直到达到预设的终止条件。

优化目标的常见形式为：

$$w^* = \arg\min_w \mathcal{L}_{\text{percept}}(G(w), I) + \frac{\lambda_{\text{mse}}}{N} \|G(w) - I\|_2^2 \tag{7.21}$$

其中 $\mathcal{L}_{\text{percept}}$ 为特征空间中的感知损失距离，在前面我们已经介绍过许多次，这里不再赘述。λ_{mse} 用于平衡感知损失和 MSE 损失之间的权重比。w 可以使用梯度下降算法进行求解。

基于优化求解的方法的优点是精度较高，但是优化速度慢，而且必须对每一个图像都进行优化迭代。

在求解得到潜在编码向量后，我们就可以通过编辑向量来编辑人脸的高层语义属性[9]了。对于 StyleGAN 架构来说，潜在编码向量可以是 Z 也可以是 W，一般基于 W 进行编码会有更好的效果。

7.8　基于 StyleGAN 模型的人脸属性编辑实践

在第 5 章中，我们已经讲解了基于 StyleGAN 模型的人脸生成，本章将介绍基于 StyleGAN 模型的人脸属性编辑实践。本节我们同样采用 5.9 节中的开源项目。根据输入图像的数量不同，人脸属性编辑可以分为单张人脸的编辑和多张人脸的编辑[7-8]。

7.8.1　人脸重建

要使用 StyleGAN 来进行人脸编辑，首先我们需要将人脸投射到潜在编码向量空间，这里采用基于优化求解的方法，即对每一张人脸图像，单独优化求解出潜在编码向量。

1. 优化目标

优化目标基于式(7.21)，并且添加了噪声正则损失，下面简单解读计算损失相关的代码。

首先是感知损失的计算，需要使用预训练模型，常见的模型包括 AlexNet、VGG 等。VGG 模型的定义如下：

```
import torch
from torchvision import models as tv
## VGG 模型定义
class vgg16(torch.nn.Module):
    def __init__(self, requires_grad=False, pretrained=True):
        super(vgg16, self).__init__()
        vgg_pretrained_features = tv.vgg16(pretrained=pretrained).features
        self.slice1 = torch.nn.Sequential()
        self.slice2 = torch.nn.Sequential()
        self.slice3 = torch.nn.Sequential()
        self.slice4 = torch.nn.Sequential()
        self.slice5 = torch.nn.Sequential()
        self.N_slices = 5
```

```
        for x in range(4):
            self.slice1.add_module(str(x), vgg_pretrained_features[x])
        for x in range(4, 9):
            self.slice2.add_module(str(x), vgg_pretrained_features[x])
        for x in range(9, 16):
            self.slice3.add_module(str(x), vgg_pretrained_features[x])
        for x in range(16, 23):
            self.slice4.add_module(str(x), vgg_pretrained_features[x])
        for x in range(23, 30):
            self.slice5.add_module(str(x), vgg_pretrained_features[x])
        if not requires_grad:
            for param in self.parameters():
                param.requires_grad = False


    def forward(self, X):
        h = self.slice1(X)
        h_relu1_2 = h
        h = self.slice2(h)
        h_relu2_2 = h
        h = self.slice3(h)
        h_relu3_3 = h
        h = self.slice4(h)
        h_relu4_3 = h
        h = self.slice5(h)
        h_relu5_3 = h
        vgg_outputs = namedtuple("VggOutputs", ['relu1_2', 'relu2_2', 'relu3_3', 'relu4_3',
            'relu5_3'])
        out = vgg_outputs(h_relu1_2, h_relu2_2, h_relu3_3, h_relu4_3, h_relu5_3)


        return out
```

上述代码块定义了 VGG 模型，并且将不同步长的特征通过数组的形式输出，方便进行特征选取。

在第 5 章中我们介绍了 StyleGAN 的评估准则，即感知路径长度，基于它可以定义感知损失，这也是本次实验中感知损失采用的方案。与直接在 VGG 空间中计算不同，在特征计算完之后，该方案需要额外增加一个 1×1 的卷积层进行维度变换。

接下来我们看感知网络的定义：

```
## 感知网络
class PNetLin(nn.Module):
    def __init__(self, pnet_type='vgg', pnet_rand=False, pnet_tune=False, use_dropout=True,
        spatial=False, version='0.1', lpips=True):
        super(PNetLin, self).__init__()

        self.pnet_type = pnet_type      ## 选择的基准网络
        self.pnet_tune = pnet_tune      ## 是否进行微调
        self.pnet_rand = pnet_rand      ## 是否使用随机参数，否则使用预训练模型
```

```python
        self.spatial = spatial            ## 是否对不同空间位置单独进行计算指标
        self.lpips = lpips                ## 是否使用 lpips 准则，否则直接使用 VGG 特征空间计算损失
        self.version = version            ## 版本
        self.scaling_layer = ScalingLayer()  ## 尺度缩放

        if(self.pnet_type in ['vgg','vgg16']):
            net_type = pn.vgg16
            self.chns = [64,128,256,512,512]
        self.L = len(self.chns)           ## 特征数量

        ## 初始化模型，以及需要训练的参数
        self.net = net_type(pretrained=not self.pnet_rand, requires_grad=self.pnet_tune)

        if(lpips):
            self.lin0 = NetLinLayer(self.chns[0], use_dropout=use_dropout)
            self.lin1 = NetLinLayer(self.chns[1], use_dropout=use_dropout)
            self.lin2 = NetLinLayer(self.chns[2], use_dropout=use_dropout)
            self.lin3 = NetLinLayer(self.chns[3], use_dropout=use_dropout)
            self.lin4 = NetLinLayer(self.chns[4], use_dropout=use_dropout)
            self.lins = [self.lin0,self.lin1,self.lin2,self.lin3,self.lin4]

    def forward(self, in0, in1, retPerLayer=False):
        ## v0.0 没有缩放，v0.1 有输入缩放
        in0_input, in1_input = (self.scaling_layer(in0), self.scaling_layer(in1)) if self.
            version=='0.1' else (in0, in1)
        ## 计算两幅图像的特征
        outs0, outs1 = self.net.forward(in0_input), self.net.forward(in1_input)
        feats0, feats1, diffs = {}, {}, {}

        ## 遍历特征层，计算 L2 归一化后的特征差
        for kk in range(self.L):
            feats0[kk], feats1[kk] = util.normalize_tensor(outs0[kk]), util.normalize_ten
                sor(outs1[kk])
            diffs[kk] = (feats0[kk]-feats1[kk])**2

        ## 计算指标，当为 lpips 时，有需要学习的 1*1 层
        if(self.lpips):
            res = [spatial_average(self.lins[kk].model(diffs[kk]), keepdim=True) for kk in
                range(self.L)]
        else:
            res = [spatial_average(diffs[kk].sum(dim=1,keepdim=True), keepdim=True) for kk
                in range(self.L)]

        val = res[0]
        for l in range(1,self.L):
            val += res[l]

        if(retPerLayer):
            return (val, res)
```

```
        else:
            return val
```

其中尺度缩放层的定义如下：

```
class ScalingLayer(nn.Module):
    def __init__(self):
        super(ScalingLayer, self).__init__()
        self.register_buffer('shift', torch.Tensor([-.030,-.088,-.188])[None,:,None,None])
        self.register_buffer('scale', torch.Tensor([.458,.448,.450])[None,:,None,None])

    def forward(self, inp):
        return (inp - self.shift) / self.scale
```

1×1 的卷积层定义如下。

```
## 1x1 的卷积层
class NetLinLayer(nn.Module):
    def __init__(self, chn_in, chn_out=1, use_dropout=False):
        super(NetLinLayer, self).__init__()

        layers = [nn.Dropout(),] if(use_dropout) else []
        layers += [nn.Conv2d(chn_in, chn_out, 1, stride=1, padding=0, bias=False),]
        self.model = nn.Sequential(*layers)
```

定义好感知损失的计算方式后，我们就可以在高层的感知损失类中进行调用，详细的代码请参考 5.9 节中 StyleGAN 人脸图像生成的工程代码。

接下来我们看看噪声正则化损失的定义：

```
## 噪声正则化损失
def noise_regularize(noises):
    loss = 0
    for noise in noises:
        size = noise.shape[2]
        while True:
            loss = (
                loss
                + (noise * torch.roll(noise, shifts=1, dims=3)).mean().pow(2)
                + (noise * torch.roll(noise, shifts=1, dims=2)).mean().pow(2)
            )

            if size <= 8:
                break

            noise = noise.reshape([-1, 1, size // 2, 2, size // 2, 2])
            noise = noise.mean([3, 5])
            size //= 2
    return loss
```

这个损失实际上就是非常常见的总变分（Total Variation，TV）损失，它在各类图像生成任务中被用于平滑噪声，有助于获得更加平滑的图像重建结果，增加模型的泛化能力。上面的代码在实现时还采用了多尺度的实现。

2. 人脸重建

接下来我们来看人脸重建的求解，核心代码如下：

```python
if __name__ == "__main__":
    ## 预训练模型权重
    parser.add_argument(
        "--ckpt", type=str, required=True, help="path to the model checkpoint"
    )

    ## 输出图像尺寸
    parser.add_argument(
        "--size", type=int, default=256, help="output image sizes of the generator"
    )

    ## 学习率参数
    parser.add_argument(
        "--lr_rampup",
        type=float,
        default=0.05,
        help="duration of the learning rate warmup",
    )
    parser.add_argument(
        "--lr_rampdown",
        type=float,
        default=0.25,
        help="duration of the learning rate decay",
    )
    parser.add_argument("--lr", type=float, default=0.1, help="learning rate")

    ## 噪声相关参数，噪声水平，噪声衰减范围，噪声正则化
    parser.add_argument(
        "--noise", type=float, default=0.05, help="strength of the noise level"
    )
    parser.add_argument(
        "--noise_ramp",
        type=float,
        default=1.0,
        help="duration of the noise level decay",
    )
    parser.add_argument(
        "--noise_regularize",
        type=float,
        default=10000,
        help="weight of the noise regularization",
    )
```

```python
    ## MSE 损失
    parser.add_argument("--mse", type=float, default=0.5, help="weight of the mse loss")

    ## 迭代次数
    parser.add_argument("--step", type=int, default=1000, help="optimize iterations")

    ## 重建图像
    parser.add_argument(
        "--files", type=str, help="path to image files to be projected"
    )

    ## 重建结果
    parser.add_argument(
        "--results", type=str, help="path to results files to be stored"
    )

## 计算学习率
def get_lr(t, initial_lr, rampdown=0.25, rampup=0.05):
    lr_ramp = min(1, (1 - t) / rampdown)
    lr_ramp = 0.5 - 0.5 * math.cos(lr_ramp * math.pi)
    lr_ramp = lr_ramp * min(1, t / rampup)

    return initial_lr * lr_ramp

## 合并 latent 向量和噪声
def latent_noise(latent, strength):
    noise = torch.randn_like(latent) * strength

    return latent + noise

## 生成图像
def make_image(tensor):
    return (
        tensor.detach()
        .clamp_(min=-1, max=1)
        .add(1)
        .div_(2)
        .mul(255)
        .type(torch.uint8)
        .permute(0, 2, 3, 1)
        .to("cpu")
        .numpy()
    )

## 生成与图像大小相等的噪声
def make_noise(device, size):
    noises = []
    step = int(math.log(size, 2)) - 2
    for i in range(step + 1):
```

```
            size = 4 * 2 ** i
            noises.append(torch.randn(1, 1, size, size, device=device))
    return noises

## 噪声归一化
defnoise_normalize_(noises):
    for noise in noises:
        mean = noise.mean()
        std = noise.std()
    noise.data.add_(-mean).div_(std)

args = parser.parse_args()

device = "cpu"
## 计算 latent 向量的平均次数
n_mean_latent = 10000

## 获得用于计算损失的最小图像尺寸
resize = min(args.size, 256)

## 预处理函数
transform = transforms.Compose(
    [
        transforms.Resize(resize),
        transforms.CenterCrop(resize),
        transforms.ToTensor(),
        transforms.Normalize([0.5, 0.5, 0.5], [0.5, 0.5, 0.5]),
    ]
)

## 投影的人脸图像，将图像处理成一个 batch
imgs = []
imgfiles = os.listdir(args.files)
for imgfile in imgfiles:
    img = transform(Image.open(os.path.join(args.files,imgfile)).convert("RGB"))
    imgs.append(img)

imgs = torch.stack(imgs, 0).to(device)

## 载入模型
netG = StyledGenerator(512,8)
netG.load_state_dict(torch.load(args.ckpt,map_location=device)["g_running"], strict=False)
netG.eval()
netG = netG.to(device)
step = int(math.log(args.size, 2)) - 2
with torch.no_grad():
    noise_sample = torch.randn(n_mean_latent, 512, device=device)
    latent_out = netG.style(noise_sample) ## 输入噪声向量 Z，输出 latent 向量 W=latent_out
    latent_mean = latent_out.mean(0)
```

```python
        latent_std = ((latent_out - latent_mean).pow(2).sum() / n_mean_latent) ** 0.5

## 感知损失计算
percept = lpips.PerceptualLoss(
    model="net-lin", net="vgg", use_gpu=device.startswith("cuda")
)

## 构建噪声输入
noises_single = make_noise(device, args.size)

noises = []
for noise in noises_single:
    noises.append(noise.repeat(imgs.shape[0], 1, 1, 1).normal_())

## 初始化 Z 向量
latent_in = latent_mean.detach().clone().unsqueeze(0).repeat(imgs.shape[0], 1)
latent_in.requires_grad = True

for noise in noises:
    noise.requires_grad = True

optimizer = optim.Adam([latent_in] + noises, lr=args.lr)

pbar = tqdm(range(args.step))

## 优化学习 Z 向量
for i in pbar:
    t = i / args.step ## t 的范围是(0,1)
    lr = get_lr(t, args.lr)
    optimizer.param_groups[0]["lr"] = lr

    ## 噪声衰减
    noise_strength = latent_std * args.noise * max(0, 1 - t / args.noise_ramp) ** 2
    latent_n = latent_noise(latent_in, noise_strength.item())
    latent_n.to(device)
    img_gen = netG([latent_n], noise=noises, step=step)        ## 生成的图像
    batch, channel, height, width = img_gen.shape

    ## 在不超过 256 的分辨率上计算损失
    if height > 256:
        factor = height // 256

        img_gen = img_gen.reshape(
            batch, channel, height // factor, factor, width // factor, factor
        )
        img_gen = img_gen.mean([3, 5])

    p_loss = percept(img_gen, imgs).sum()        ## 感知损失
    n_loss = noise_regularize(noises)            ## 噪声损失
```

```
        mse_loss = F.mse_loss(img_gen, imgs)                        ## MSE 损失

        loss = p_loss + args.noise_regularize * n_loss + args.mse * mse_loss

        optimizer.zero_grad()
        loss.backward()
        optimizer.step()

        noise_normalize_(noises)

        pbar.set_description(
            (
                f"perceptual: {p_loss.item():.4f}; noise regularize: {n_loss.item():.4f};"
                f" mse: {mse_loss.item():.4f}; loss: {loss.item():.4f}; lr: {lr:.4f}"
            )
        )

## 重新生成高分辨率图像
img_gen = netG([latent_in], noise=noises, step=step)
img_ar = make_image(img_gen)

result_file = {}
for i, input_name in enumerate(imgfiles):
    noise_single = []
    for noise in noises:
        noise_single.append(noise[i : i + 1])

    print("i="+str(i)+"; len of imgs:"+str(len(img_gen)))
    result_file[input_name] = {
        "img": img_gen[i],
        "latent": latent_in[i],
        "noise": noise_single,
    }

    img_name = os.path.join(args.results, input_name)
    pil_img = Image.fromarray(img_ar[i])
    pil_img.save(img_name)                                        ## 存储图像
np.save(os.path.join(args.results, input_name.split('.')[0]+'.npy'), latent_in[i].detach().
    numpy())                                                     ## 存储 latent 向量
```

在上面的代码中，latent_in 就是要优化学习的潜在变量，当使用 netG([latent_n]，
noise＝noises，step＝step) 的调用方式时，latent_n 是映射网络的向量 **Z**，它由 latent_in
和随着迭代不断衰减的噪声向量组成，此时没有输入平均风格向量。

根据 5.9 节中对生成器模型结构的解读，此时只有 latent_n 会影响生成的风格，因此
为基于向量 **Z** 的重建方法。

当然我们也可以将 latent_n 设为平均风格向量，将混合权重 style_weight 设置为 0，

这样也只有 latent_n 会影响生成的风格，并且它会作为生成网络的输入，即向量 **W**，此时就是基于向量 **W** 的重建方法。

下面我们比较这两种重建方法的差异。学习率采用 warmup 策略，即先增大再减小，最大不超过 0.1。感知损失、MSE 损失、噪声正则化损失的权重分别为 1.0、1.0、10 000，与噪声相关的幅度、衰减范围因子分别为 0.05、1。

图 7-19 展示了人脸重建的一些结果图。

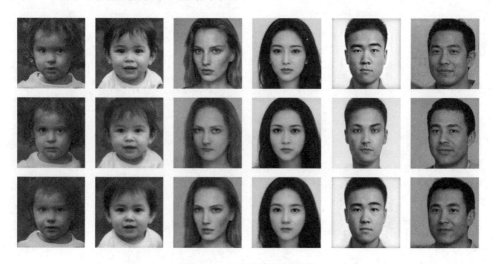

图 7-19　人脸重建（见彩插）

图 7-19 中的第一行是原图，第二行是基于向量 **Z** 的重建图，第三行是基于向量 **W** 的重建图。

图 7-20 展示了一幅图像基于 **Z** 和基于 **W** 的三部分训练损失曲线图，其中实线对应 **W**，虚线对应 **Z**，需要注意的是噪声损失没有乘以对应的权重，如果乘以对应的权重，则最终收敛的时候三部分损失的幅度相当。

从结果来看，两种方法中人脸图像的总体姿态、肤色、发型、脸型、背景重建效果都比较好，基于向量 **Z** 的重建方法中人脸的清晰度更高，但是身份没有得到保持。这主要是因为所学习的特征向量为 **Z**，它还需要经过非线性的映射网络得到 **W**，相比于直接学习 **W** 的难度更高。许多研究都表明使用向量 **W** 可以得到更好的重建效果。

从损失曲线可以看出，基于向量 **W** 的重建训练损失可以获得更低的值，但是感知损失的收敛更慢，MSE 的实际损失更低，可见该方法在获得更精确的身份重建的基础上，牺牲了一定的感知质量，使得当编辑向量 **W** 时会比较敏感。

接下来我们使用基于向量 **Z** 的重建结果来进行人脸的属性编辑，这样可以比较基于 **Z** 和 **W** 来编辑属性的差异性。基于向量 **W** 的重建结果中无法获得对应的向量 **Z**，因为映射网络无法从输出获得输入。

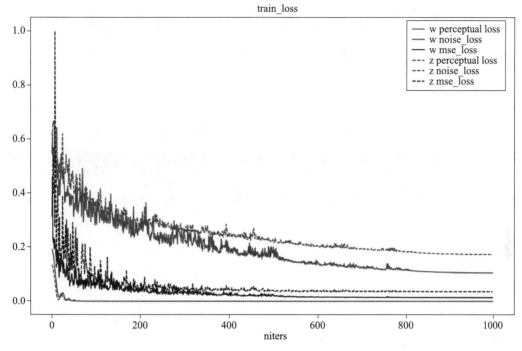

图 7-20　人脸重建损失曲线图

7.8.2　人脸属性混合与插值

接下来我们进行人脸属性的混合与插值，这是在多张图像之间进行属性的混合操作。

1. 人脸属性样式混合

我们首先体验人脸属性样式混合，样式混合操作可以通过式(7.22)的向量运算实现。

$$\boldsymbol{W}=\lambda\{\boldsymbol{W}_1[0:m],(1-\lambda)\boldsymbol{W}_2[m:n]\} \tag{7.22}$$

其中 $\boldsymbol{W}_1[0:m]$ 表示取向量的前 m 维，$\boldsymbol{W}_2[m:n]$ 表示取向量的第 m 到 n 维，两者通过拼接得到新的向量 $\boldsymbol{W}$。

值得注意的是，这里的 $\boldsymbol{W}$ 并不是映射网络的输出向量 $\boldsymbol{W}$，而是对于不同风格化层的 AdaIN 缩放和偏移系数，即风格系数。第 5 章介绍过不同分辨率的风格模块对应不同层级的人脸特征，这里我们使用两张人脸图像对应的风格系数进行混合，体验不同层级特征的样式混合，如图 7-21 所示。

图 7-21 中的第 1 列表示源图，第 5 列表示目标图，第 2 列、第 3 列、第 4 列表示在对应分辨率的风格层使用源图的风格，其他分辨率的风格层使用目标图的风格。

第 2 列表示分辨率为 4×4、8×8 的风格化模块的风格向量来自源图，其他分辨率模块的风格向量来自目标图。可以看出，结果图有源图的粗粒度特征，如人脸姿态、发型特征，以及目标图的细粒度特征，如发丝、眼睛颜色。

图 7-21   人脸样式混合（见彩插）

第 3 列表示分辨率为 16×16、32×32 的风格化模块的风格向量来自源图，其他分辨率模块的风格向量来自目标图。可以看出，结果图保留了源图的中等粒度特征，如眼睛形态、嘴唇颜色等特征。

第 4 列表示分辨率为 64×64 到 1024×1024 之间的风格化模块的风格向量来自源图，其他分辨率模块的风格向量来自目标图。可以看出，结果图有源图的细粒度特征，如头发和皮肤的颜色与纹理等特征，以及目标图的粗粒度特征，如姿态、发型。

2. **人脸样式插值**

接下来我们体验人脸样式插值，样式插值操作可以通过式(7.23)的向量运算实现。

$$W=\lambda W_1+(1-\lambda)W_2 \tag{7.23}$$

图 7-22 和图 7-23 分别展示了基于向量 Z 和向量 W 的人脸样式插值结果。

图 7-22   基于向量 Z 的人脸样式插值（见彩插）

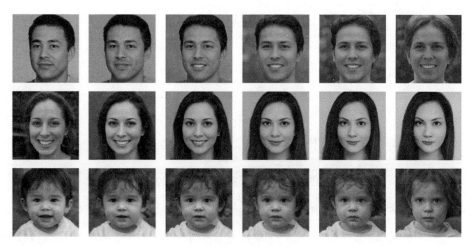

图 7-23 基于向量 W 的人脸样式插值(见彩插)

第 1 列表示 A 域图像,对应 n 维的列向量 W_1。第 6 列表示 B 域图像,对应 n 维的列向量 W_2,第 2、3、4、5 列表示在不同权重 λ 下对 W_1 和 W_2 进行加权后生成的图像,λ 分别为 0.8、0.6、0.4、0.2。可以看出结果图都实现了样式过渡,但是基于向量 W 的结果明显要比基于向量 Z 的结果更加平滑。

7.8.3 人脸属性编辑

上一节介绍的人脸样式混合可以直接通过两幅图像的潜在向量运算来实现人脸属性的混合。但是,如果想要对单张人脸的属性进行精确编辑,就需要首先找到潜在向量的编辑方向,也称为方向向量。本节将介绍方向向量的求解与基于方向向量的属性编辑。

1. 基本原理

接下来的属性编辑建立在以下假设的基础上,即在方向向量上,线性地改变潜在编码向量,则生成的图像及语义内容也是连续变化的,因此可以使用线性模型来进行属性更改:

$$W = W_0 + \alpha n \tag{7.24}$$

W 表示结果编码,W_0 表示人脸特征码,α 表示偏移系数,n 表示方向向量。

接下来需要解决的问题就是求解方向向量 n,具体的步骤如下。

1)随机采样潜在编码向量,生成人脸图像,保存人脸图像和对应的潜在编码向量。

2)对生成的人脸图像训练想要编辑的人脸属性 CNN 分类模型。对任意一个二值语义,存在一个超平面作为语义类别的分类边界,使得在超平面的一侧改变潜在编码向量时不会改变对应的语义类别,这个超平面可以用单位法线矢量表示。

3)根据 CNN 分类模型获得的标签,对潜在编码向量训练出线性回归模型,获得方向向量,如图 7-24 所示。

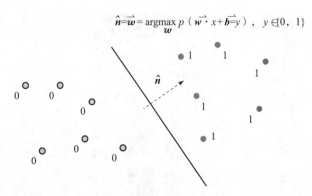

图 7-24　分界面与方向向量

图 7-24 展示了 0 和 1 这两类样本，它就是潜在编码向量 W。求解完线性回归模型的权重 $\vec{w}$，它实际上就是方向向量 $\hat{n}$。得到方向向量后，我们就可以进行人脸相关属性的编辑了。

2. 人脸表情编辑

接下来我们进行人脸表情编辑。首先我们使用 StyleGAN 随机生成 50 000 张人脸图像，接下来将图像分为有表情和无表情两类，这里需要使用一个预训练好的二分类表情识别模型。为了保证模型有较高的准确率，训练时采用的方法是首先提取人脸嘴唇区域，然后对嘴唇区域进行训练。

由于本任务相对比较简单，因此我们决定设计一个简单的网络，称为 simpleconv3。该网络包含 3 层卷积、3 层全连接，每一个卷积层的核大小为 3×3，步长为 2，填充为 1，输入图像大小设置为 48×48。

卷积层的配置如表 7-1 所示。

表 7-1　simpleconv3 网络卷积层和全连接层配置

网络层	输入特征图尺寸	输出特征图尺寸	卷积核大小	步长	填充
conv1	$3\times48\times48$	$12\times24\times24$	3×3	2	1
conv2	$12\times24\times24$	$24\times12\times12$	3×3	2	1
conv3	$24\times12\times12$	$48\times6\times6$	3×3	2	1

3 个全连接层的神经元数目分别是 512、128、4。

使用 Netron 工具对 Caffe 格式的网络进行可视化后的训练网络结构如图 7-25 所示。

可以看出该结构包含 3 组卷积块，每一组卷积块包含一个卷积层（Convolution），一个标准化层（BatchNorm），一个尺度缩放层（Scale），一个激活层（ReLU）。同时它也包含 3 个全连接层，前两个全连接层后接 ReLU 激活层，最后一个全连接层作为分类输出层，添加了一个 Softmax 层用于归一化概率。

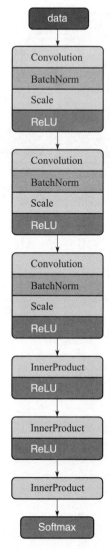

图 7-25　简单的表情识别模型

　　图 7-26 是基于微笑表情模型分类出的有微笑和无微笑两类图像的一些样本展示。

　　训练好模型后，我们就得到了图像的标签，然后对其对应的潜在向量学习一个线性分类器，得到方向向量，核心代码如下：

```
## 导入逻辑回归模型函数
from sklearn.linear_model import LogisticRegression

## 构造数据集
import glob
posdir = sys.argv[1]
```

有微笑   无微笑

图 7-26   表情图像案例

```python
negdir = sys.argv[2]
possamples = glob.glob(os.path.join(posdir, '*.npy'))
negsamples = glob.glob(os.path.join(negdir, '*.npy'))
x_features = []
y_label = []
for sample in possamples:
    feature = np.squeeze(np.load(sample))
    x_features.append(list(feature))
    y_label.append(1)
for sample in negsamples:
    feature = np.squeeze(np.load(sample))
    x_features.append(list(feature))
    y_label.append(0)
x_features = np.array(x_features)
y_label = np.array(y_label)

print("x_features="+str(x_features.shape))
print("y_label="+str(y_label.shape))

# x_features = np.array([[-1, -2], [-2, -1], [-3, -2], [1, 3], [2, 1], [3, 2]])
# y_label = np.array([0, 0, 0, 1, 1, 1])

## 调用逻辑回归模型
lr_clf = LogisticRegression()

## 用逻辑回归模型拟合构造的数据集
lr_clf = lr_clf.fit(x_features, y_label) # 其拟合方程为 y=w0+w1*x1+w2*x2

## 查看其对应模型的 w
print('the weight of Logistic Regression:', lr_clf.coef_)
np.save('w.npy', lr_clf.coef_)

## 查看其对应模型的 w0
print('the intercept(w0) of Logistic Regression:', lr_clf.intercept_)
```

　　因为潜在向量的维度是 1×512，所以得到的方向向量也是 1×512 维，然后我们就可以基于方向向量进行属性编辑。基于向量 **Z** 编辑的核心代码如下：

```
from model import StyledGenerator

if __name__ == "__main__":
    device = "cpu"
    parser.add_argument(
        "--ckpt", type=str, required=True, help="path to the model checkpoint"
    )
    parser.add_argument(
        "--size", type=int, default=1024, help="output image sizes of the generator"
    )
    parser.add_argument(
        "--files", type=str, help="path to image files to be projected"
    )
    parser.add_argument(
        "--direction", type=str, help="direction file to be read"
    )
    parser.add_argument(
        "--directionscale", type=float, help="direction scale"
    )
    args = parser.parse_args()

    ## 载入模型
    netG = StyledGenerator(512)
    netG.load_state_dict(torch.load(args.ckpt,map_location=device)["g_running"], strict=False)
    netG.eval()
    netG = netG.to(device)
    step = int(math.log(args.size, 2)) - 2

    ## 载入方向向量
    direction = np.load(args.direction)
    directiontype = args.direction.split('/')[-1].split('.')[0]
    editscale = args.directionscale
    npys = glob.glob(args.files+"*.npy")

    for npyfile in npys:
        latent = torch.from_numpy(np.load(npyfile))
        if len(latent.shape) == 1:
            latent = latent.unsqueeze(0)
        latent = latent + torch.from_numpy((editscale*direction[0]).astype(np.float32))
        latent.to(device)
        img_gen = netG([latent], step=step) ## 生成的图像
        img_name = os.path.join(npyfile.replace('.npy','_'+directiontype+'_'+str
            (editscale)+'.jpg'))
        utils.save_image(img_gen, img_name, normalize=True)
        np.save(img_name.replace('.jpg','.npy'),latent)
```

图 7-27 和图 7-28 分别展示了基于向量 **Z** 和向量 **W** 的编辑结果。

图 7-27　基于向量 **Z** 的人脸微笑属性编辑，$\alpha=0.5$（见彩插）

图 7-28　基于向量 **W** 的人脸微笑属性编辑，$\alpha=0.05$（见彩插）

第 1 行表示原图，第 2 行表示减小微笑表情幅度，第 3 行表示增大微笑表情幅度。

可以看出基于向量 **Z** 和向量 **W** 都能够实现微笑表情的编辑。不过基于向量 **Z** 的模型明显地更改了其他属性，比如发型、人脸身份等，这说明基于向量 **Z** 的编辑不能很好地实现表情属性与其他属性的解耦合，存在非常大的改进空间，而基于向量 **W** 的模型能够比较好地保护其他属性信息。

3. 人脸属性添加与移除

由于不同的人脸有不同的属性，我们也可以基于此进行属性的添加与移除，向量 **W**

运算见式(7.25)，其中 W_3 和 W_2 来自同一个人，相减得到某个属性的向量，然后将其添加到 W_1，表示给 W_1 对应的人脸添加对应的属性。

$$W = W_1 + \lambda(W_3 - W_2) \tag{7.25}$$

图 7-29 与图 7-30 分别展示了基于向量 Z 和向量 W 的人脸微笑属性添加与移除结果。

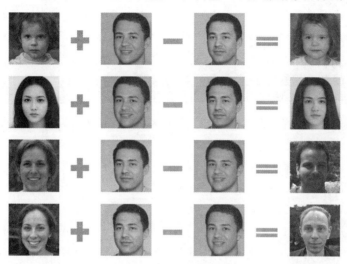

图 7-29　基于向量 Z 的人脸属性添加与移除，$\lambda = 1.5$（见彩插）

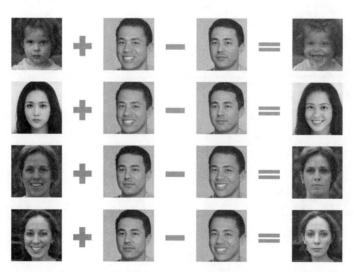

图 7-30　基于向量 W 的人脸属性添加与移除，$\lambda = 1$（见彩插）

第 1 列表示源图，对应 n 维的列向量 W_1。第 2 列和第 3 列分别表示目标图，对应 n 维的列向量 W_3 和 W_2。第 4 列表示生成的图像。可以看出基于向量 Z 的模型虽然可以在一定程度上实现微笑属性的添加与移除，但是会修改人脸的身份。而基于向量 W 的模型可以很好地实现微笑属性的添加与移除。

7.8.4　小结

本节我们使用 StyleGAN 模型介绍了人脸属性编辑实践，取得了预期的实验结果，但是也存在一些可以改进的地方，主要包括以下几点。

其一，在人脸重建任务中，StyleGAN 难以维持人脸的身份信息。然而对于人脸图像来说，身份是非常重要的。如果想要改进这一点，可以基于人脸识别模型添加身份相关的损失来训练人脸重建任务。

其二，在人脸属性编辑中，无关的属性也会发生变化，尤其是基于向量 Z 的编辑，它没基于向量 W 那样好的属性解耦合特性。在使用向量 W 进行重建时，可以参考 StyleGAN v2 等框架的工作，将其从 1×512 维拓展为 18×512 维，从而实现更灵活的属性编辑结果。

其三，由于本实战中使用的是 StyleGAN 模型，人脸的生成存在比较明显的瑕疵，读者可以使用更新的 StyleGAN v2、StyleGAN v3 来获得更高的图像生成质量。另外，本次使用的模型不是官方开源的模型，如果使用 NIVDIA 官方开源的模型会有更好的效果。

其四，在使用无监督的人脸属性编辑方案时，如基于 PCA 主成分分析[9]的 GANSpace 框架、基于特征空间矩阵分解[10]的 SeFa 框架，可以自行搜索若干个最佳的方向向量，从而对一些难以训练分类器获得方向向量的属性进行编辑，比如发型等属性。

参考文献

［1］　SONG L，LU Z，HE R，et al. Geometry guided adversarial facial expression synthesis ［C］//Proceedings of the 26th ACM international conference on Multimedia. 2018：627-635.

［2］　ZHANG Z，SONG Y，QI H. Age progression/regression by conditional adversarial autoencoder ［C］//Proceedings of the IEEE Conference on Computer Vision and Pattern Recognition. 2017：5810-5818.

［3］　SHEN Y，LUO P，YAN J，et al. Faceid-gan：Learning a symmetry three-player gan for identity-preserving face synthesis ［C］//Proceedings of the IEEE Conference on Computer Vision and Pattern Recognition. 2018：821-830.

［4］　YIN X，YU X，SOHN K，et al. Towards large-pose face frontalization in the wild ［C］//Proceedings of the IEEE International Conference on Computer Vision. 2017：3990-3999.

［5］　KIM J，KIM M，KANG H，et al. U-gat-it：Unsupervised generative attentional networks with a-daptive layer-instance normalization for image-to-image translation ［J］. arXiv preprint arXiv：1907.10830，2019.

［6］　LI T，QIAN R，DONG C，et al. Beautygan：Instance-level facial makeup transfer with deep generative adversarial network ［C］//Proceedings of the 26th ACM international conference on Multimedia. 2018：645-653.

［ 7 ］　ABDAL R，QIN Y，WONKA P. Image2stylegan：How to embed images into the stylegan latent space? ［C］//Proceedings of the IEEE/CVF International Conference on Computer Vision. 2019：4432-4441.

［ 8 ］　SHEN Y，GU J，TANG X，et al. Interpreting the latent space of gans for semantic face editing ［C］//Proceedings of the IEEE/CVF Conference on Computer Vision and Pattern Recognition. 2020：9243-9252.

［ 9 ］　HÄRKÖNEN E，HERTZMANN A，LEHTINEN J，et al. Ganspace：Discovering interpretable gan controls ［J］. Advances in Neural Information Processing Systems，2020，33：9841-9850.

［10］　SHEN Y，ZHOU B. Closed-form factorization of latent semantics in gans ［C］//Proceedings of the IEEE/CVF Conference on Computer Vision and Pattern Recognition. 2021：1532-1540.

第 **8** 章

图像质量增强

前面我们介绍了 GAN 在图像生成、图像翻译任务中的基本框架，GAN 在很多底层图像处理任务中也有广泛的应用，本章将介绍 GAN 在图像质量增强中的一些典型的技术框架，读者可以在相关内容的基础上进行拓展学习。

8.1 图像降噪

图像在产生和传输过程中都会受到噪声的干扰，因此图像降噪是一个非常基础的问题。生成式模型 GAN 在捕捉噪声的分布上有天然的优势。本节将介绍基于 GAN 的图像降噪典型框架。

8.1.1 图像降噪问题

图像噪声是指存在于图像数据中的不必要或多余的干扰信息，更加广泛的定义是"不可预测的随机误差"，可以使用随机过程来描述，采用概率分布函数和概率密度分布函数来表征。噪声严重影响了图像的质量，如污染图像的边缘、影响灰度的分布等，从而影响人们和计算机对图像的理解。

图 8-1 中左起第一幅图是有噪声的医学图像，第二幅图是有噪声的夜景图像，第三幅图是雨滴遮挡图像。图像降噪就是要恢复出原始无噪声的图像。

目前去噪数据集的建立主要分为以下两种方式。

第一种方式：从现有图像数据库获取高质量图像，然后做图像处理（如线性变化、亮度调整）并根据噪声模型添加人工合成的噪声，生成仿真的噪声图像。这一类方法比较简单、省时，可以直接从网上获取高质量图像，但由于噪声是人工合成的，其与真实噪声图像有一定差异，使得在该数据集上训练的网络在真实噪声图像上的去噪效果受限。

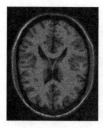

图 8-1　常见带噪声的图像

早期的研究大多采用了仿真数据集，代表性数据集是 TID（Tampere Image Database）。这个数据集包含 25 幅参考图像，使用 24 种不同的污染方法，包括加性、乘性高斯噪声、高频噪声、编码误差等，每一种污染方法包含 5 种程度等级，最后处理得到了 3000 幅图像。

第二种方式：针对同一场景，拍摄低 ISO 图像作为真值，高 ISO 图像作为噪声图像，并调整曝光时间等相机参数使得两张图像亮度一致，这样就可以获得真实场景的数据集。其中典型代表是 RENOIR 数据集。它的建立过程是，首先拍摄 120 张暗光场景的图像，包含室内和室外场景。每个场景拍摄 4 张图像，包含两张有噪声图像和两张低噪图像。RENOIR 数据集使用的采集设备和相关参数统计如表 8-1 所示。

表 8-1　RENOIR 数据集采集配置

设备	感光元件尺寸(mm)	数量	低噪图像 ISO	低噪图像感光时间	噪声图像 ISO	噪声图像感光时间	图像大小
Xiaomi Mi3	4.69×3.52	40	100	Auto	1.6k, 3.2k	Auto	4208×3120
Canon S90	7.4×5.6	40	100	3.2	640, 1k	Auto	3684×2760
Canon T3i	22.3×14.9	40	100	Auto	3.2k, 6.4k	Auto	5202×3465

可以看出，低噪声图像，即被当作真值的图像是使用低 ISO 采集的，也具有较长的曝光时间，高噪声图像则是使用两档更高 ISO 的设备采集的。对于低噪声图像来说，它会被同样的配置采集两次，一幅是最开始时采集，另一幅是采集完高噪声图像后再采集。如果 PSNR 低于 34，则该图像会被丢弃。

当得到高质量的输入-输出图像对（noisy/noise-free image pair），建立训练数据集后，我们就可以采用基于监督学习的方法学习降噪模型了。

数据集的质量对去噪结果的影响非常大，所以如何获取尽量多的场景的数据和高质量的参考图像（Ground Truth）是目前研究的热点。

8.1.2　基于 GAN 的图像去噪框架

基于深度学习的图像降噪面临的一大难题就是难以获得大量成对的真实噪声和无噪声数据。在 8.1.1 节的两种噪声采集方案中，仿真数据集需要对复杂的噪声进行数学建模，难以模拟真实场景，而真实数据集的采集对设备和环境的要求都较高。两种方法各有缺陷，而生成对抗网络则可以用于生成真实数据集，从而既可以降低数据采集成本，又可以获得更加高质量的数据。下面我们介绍基于 GAN 解决图像降噪问题的典型方案。

GCBD（GAN-CNN Based Blind Denoiser）[1]
方法使用 GAN 从真实有噪声图像中采集噪声，获得真实的成对图用于降噪模型训练，整个算法流程示意图如图 8-2 所示。

从图 8-2 可以看出，首先给出一组"不成对"的有噪声图像和无噪声图像，然后使用噪声块提取（Noisy Block Extraction）网络从噪声图像中提取近似噪声块来训练生成对抗网络进行噪声建模和采样。随后从训练得到的 GAN 模型中采样大量噪声块，然后将这些噪声块与清晰图像组合以获得成对的训练数据，输入卷积神经网络进行去噪。

噪声块提取网络从有噪声的图像中选择子块的方法为，选择其中比较平滑的图像子块然

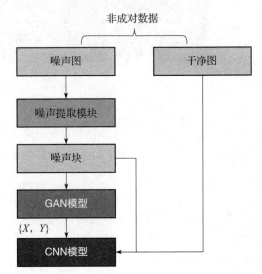

图 8-2　基于 GAN 的无监督去噪模型

后减去该子块的灰度均值。可以看出这采用了高斯加性噪声模型的假设。

真实噪声和无噪声图像的获取是将深度学习应用于去噪问题的关键，基于 GAN 等无监督模型的方式值得重点关注。

8.2　图像去模糊

图像去模糊也是一个很常见的基础图像问题。经典的深度学习模型需要估计未知模糊核，难以对幅度较大的模糊进行去除。GAN 如今也被用于解决去模糊问题，并取得了一定的成果。

本节将介绍基于 GAN 的去模糊典型框架。

8.2.1　图像去模糊问题

由于设备在拍摄过程中晃动、对焦不准或者目标的移动速度过快，有时候我们拍摄出的图像有明显的模糊。图 8-3 展示了两类非常典型的模糊图像样本。

图 8-3a 展示了定焦镜头拍摄的模糊图像，这是由于相机离目标距离太近导致的动物眼睛失焦。

图 8-3b 所示为猫的快速运动造成的模糊，另外相机的晃动也会造成类似的运动模糊，这在没有三脚架等固定装置的条件下拍摄长曝光图像时经常发生。

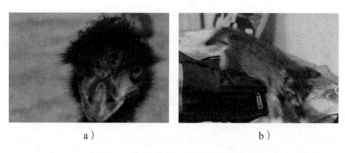

a)   b)

图 8-3   失焦与运动模糊（见彩插）

最早期的研究者直接从任意图像中使用不同类型的模糊核来生成图像，但由于与真实图像模糊差异较大，训练出来的模型泛化能力并不好。在去模糊应用中，很常见的一类模糊就是运动模糊，因此研究者常常采用 GoPro 运动相机来采集高速运动的目标从而构建去模糊数据集。

GoPro 数据集[2]是当前广泛使用的去模糊数据集，其研究者使用了 GoPro 4 Hero Black 相机进行数据集采集。采集使用的 fps 为 240，图像大小为 1280×720，然后使用连续的 7~13 帧图像进行平均，依次获得不同模糊程度的图像和清晰图像。

以取 15 帧图像来进行平均为例，每一幅平均后的图像的等价曝光时间就是 1/16s，取中间（即第 8 幅）图像作为清晰图像，取平均后图像作为模糊图像，就可以获得训练图像对。数据集最终包含 3214 个模糊和清晰的图像对，其中 2103 对作为训练集，剩下的作为测试集。

相比从不同种类的模糊核来构建数据集，GoPro 数据集的采集方案能够构建更加真实的数据集，被广泛应用在有监督的去模糊算法中。

8.2.2 基于 GAN 的图像去模糊框架

下面我们首先来看基本的去模糊框架 Deblur-GAN[3]，它的框架示意图如图 8-4 所示。

在图 8-4 中，Blur 就是模糊的输入图，它经过生成器 G 生成去模糊的结果图（Restored），再与真实的清晰图（Sharp）比较计算损失函数。损失包括两部分，分别是 VGG 特征空间中的感知损失和对抗损失。

后续作者们对 DeblurGAN 框架进行了改进，提出 DeblurGAN v2[4]。DeblurGAN v2 使用 FPN 作为生成器的核心模块，提升了生成模型的性能。判别器则使用了最小二乘损失，从全局与局部两个

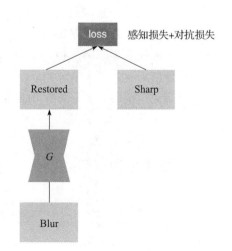

图 8-4   DeblurGAN 模型框架示意图

方面进行度量。作者认为对于高度非均匀的模糊图像，在包含复杂目标运动时，全局尺度有助于判别器集成全图的上下文信息，从而能够处理更大更复杂的真实模糊图像。

当前大部分去模糊框架使用仿真的有模糊和无模糊图像对进行训练，其中仿真的模糊往往是用连续多帧图像进行加权。但这与真实的模糊产生机制不同，没有考虑到相机的响应函数，并不是一个时序平稳的函数，因此模型无法很好地泛化到真实场景。真实的模糊产生往往包含很多因素，如失焦、相机抖动、目标快速运动等。

与图像降噪问题类似，DBGAN 是一个对模糊类型进行学习的去模糊框架[5]，它采用了两个 GAN，一个用于学习产生模糊，一个用于学习去模糊，整个框架如图 8-5 所示。

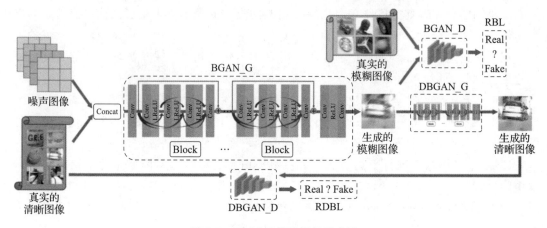

图 8-5   DBGAN 模型框架示意图

图 8-5 包含两个模块，一个是模糊生成模块（Learning-to-Blur GAN，BGAN），一个是去模糊模块（Learning-to-DeBlur GAN，DBGAN）。

BGAN 首先对模糊进行了仿真学习，输入是真实无模糊图像和随机噪声图的拼接，网络结构本身是基于残差连接的模块，不改变输入图的空间分辨率大小。BGAN 为接下来的去模糊模块 DBGAN 提供了有模糊图和无模糊图像对，解决了之前使用仿真数据与真实模糊数据存在较大差异的问题。

但是，当前的大部分去模糊模型对于真实图像还无法取得比较理想的结果，无法实用，需要更进一步的研究。

8.3   图像色调映射

色调映射，即 Tone-Mapping 问题，它聚焦于对图像颜色的全局和局部调整，包括亮度、色调等。当前研究者提出了非常多的色调映射深度学习模型，但是还没有一个模型能够比较完美地对各类图像进行增强。GAN 由于可以捕捉真实数据分布，可以学习到丰富的调整模式。因此取得了一些不错的成果。

本节我们介绍基于 GAN 的图像色调映射典型框架。

8.3.1　图像色调映射问题

专业摄影师在完成作品拍摄后，在后期处理中会进行一系列图像处理操作，包括亮度、清晰度、饱和度、对比度、色调、对内容的调整等操作，它们都属于对图像全局和局部像素值的修改。

图 8-6 所示为若干调整案例。图 8-6 中展示了 4 组对比图，其中每组图的左边是原图，右边是经过图像增强的图。

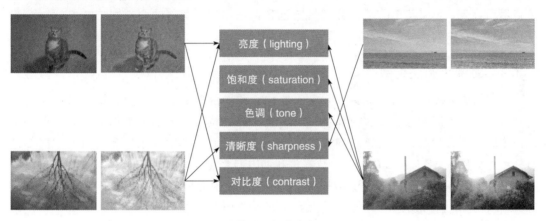

图 8-6　图像增强操作案例(见彩插)

目前很多软件，如 Snapseed、泼辣修图都提供了对照片进行自动色调映射的功能，但是因为自动增强涉及许多操作和对图像美学的理解，目前还没有达到人工后期的水平。

色调映射通常是一个连续的非线性映射操作，总的来说可以分为两大类。

第一类是对比度增强：目的是增强图像中感兴趣的内容，抑制不感兴趣的内容，从而改善图像的识别效果。一般由于周围环境以及设备本身硬件的设置，摄影头拍摄的图像效果都不如人眼直接观测的效果，尤其是在低光等背景下，摄像头拍摄的图像的对比度往往很低，视觉效果很差，因此对这一类图像进行增强是非常常见的操作。

图 8-6 中左上角的图像就是典型的暗光下拍摄的照片，图像的整体亮度很低，对比度也很低，因此必须对其进行调整。使用 Snapseed 软件提高亮度和对比度，减弱阴影就得到了右图。

图 8-6 中右上角的图像为使用 Snapseed 软件进行高动态范围图像调整的效果，即常说的 HDR(High-Dynamic Range)效果。

一般的显示器只能表示 8 位，$2^8 = 256$ 种亮度数量级，而人的眼睛所能看到的范围是 10^5 左右种亮度，对应二进制约为 2^{16}，即 16 位。HDR 技术就是要用 8 位来模拟 16 位所能表示的信息，具有更高的对比度。

第二类是饱和度与色调增强：它往往指的是调节整个图像的色调风格，从而创作更加突出主题的作品。

在大部分情况下，直接拍出来的图像常因为饱和度较低给人一种过于平淡的感觉，颜色饱和度较高的照片则会展现更高的美学效果，如图 8-6 中左下角的图像所示。

原图图像的整体亮度偏低，色调暗淡显得不够干净，缺乏艺术感。使用 Snapseed 软件提高亮度和饱和度，经过调整后使图像的视觉效果大大增强，具有了非常明亮的色彩。

虽然大部分相机都有自动白平衡功能，但是有的时候我们需要调整白平衡来增强视觉感，甚至实现特殊的表达效果。在 Snapseed 软件中，白平衡菜单包括两个选项，分别是色温和着色。色温菜单的两端分别是蓝色和黄色，着色菜单的两端则是红色(暖色)和绿色(冷色)。图 8-6 中右下角的图像就是增加了暖色。

8.3.2　图像色调映射数据集

为了研究自动图像增强问题，我们需要建立相关的数据集。有的数据集通过在同样的场景下采用不同的参数配置进行拍摄，适合于静态场景。有的则采用了不同的设备在同一个时间进行拍摄，需要进行视角的匹配。下面我们对其中使用较多的两个数据集进行介绍，分别是 MIT-Adobe FiveK 数据集和 DPED 数据集。

MIT-Adobe FiveK 数据集是应用最广泛的色调映射数据集，它发布于 2011 年，包含5000 张单反相机拍摄的 RAW 格式的照片，每一张照片都被 5 个经验丰富的摄影师使用Adobe Lightroom 工具进行了后期调整，调整内容主要是针对色调。因为该数据集包含原图和 5 张后期图的成对数据，而且有同一个摄影师的多种后期修图图像，因此它可以被用于某一后期风格的学习。另外，每一张图都标注了语义信息，比如室内室外、白天黑夜、人、自然、人造目标等信息，可以用于不同场景模型的训练。

DPED 数据集[6]发布于 2018 年，它是由三个不同的手机和一个数码相机进行拍摄然后进行图像匹配和裁剪得来。三个手机分别是 iPhone 3GS、BlackBerry Passport 和 Sony Xperia Z，相机则是 Canon 70D DSLR。其中 iPhone 拍摄了 5727 张图，Sony 拍摄了 4549张图，BlackBerry 拍摄了 6015 张图。该数据集覆盖了白天的各种常见光照和天气情况，采集时间持续 3 周，都使用了自动拍摄模式。

因为 4 个设备同时进行图像采集，所拍摄出来的图前期不可能完全对齐，因此需要进行后处理对齐。这里使用了 SIFT 算法对图像进行对齐，最终成对图之间保证不超过 5 个像素的偏差。

8.3.3　基于 GAN 的图像色调映射框架

在深度学习色调映射框架中，有的是基于各类滤波参数学习的模型，有的是基于像素回归的模型，由于 GAN 擅长捕捉数据分布，因此我们主要介绍基于像素回归的模型。

一个典型的框架如图 8-7 所示。

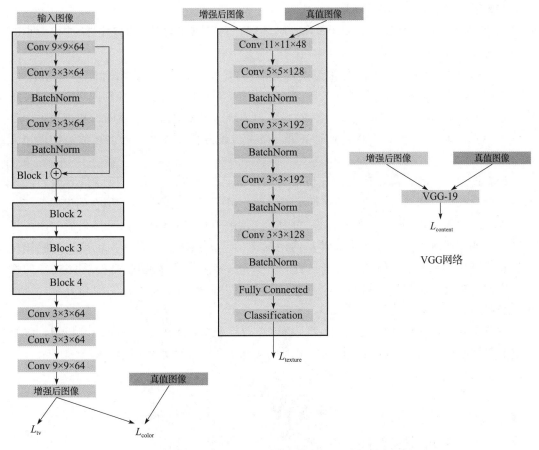

图 8-7　基于 GAN 的有监督图像增强模型

图 8-7 中包含三个网络，一个是图像增强网络（Image Enhancement Network），一个是判别网络（Discrimination Network），一个是特征保持网络 VGG-19。由于训练时使用了 DPED 数据集，它包含低质量和高质量的成对图，所以图 8-7 中的输入图和真值图是一一对应的。

图像增强网络可以看作 GAN 的生成网络，输入为三通道的图像，首先经过 4 个残差块（图 8-7 中的 Block1、Block2、Block3、Block4），每个残差块里面有两个卷积层。然后经过三个卷积层，最后一个卷积层输出三通道的图像，也就是增强后的图。

该模型学习包括两种损失函数，颜色损失 l_{color} 和平滑损失 l_{tv}。其中 l_{color} 需要结合真值图像与增强后的图像一起计算，这是一个重建损失，可以使用标准的欧氏距离。

在计算颜色损失 l_{color} 时，首先对真值图像与增强后的图像都进行了高斯模糊。高斯模糊可以去掉部分边缘细节纹理，保留整体图像的对比度和颜色，使得颜色在局部比较平滑，还拥有了一定的局部平移不变性，相比直接使用真值图像与增强后的图像，这会更加有利于模型稳定地进行学习。

l_{tv} 就是标准的平滑损失，来自图像去噪领域，它可以实现整体上对图像进行微小的平滑，有效去除椒盐等噪声。

判别网络 D 的输入由真值图像与增强后的图像一起融合生成。融合的方式有多种，作者采用了逐个像素加权求和的方式，还可以使用通道拼接等方式。判别网络有 5 个卷积层，1 个全连接层，全连接的维度是 1024，输出 2 维的概率向量。真值图像相当于一个条件输入，所以该判别器与 CGAN 原理相同，损失函数为交叉熵损失，也被称为纹理损失（texture loss）。

计算纹理损失时，将真值图像与增强后的图像都转化为灰度图，原因是图像的纹理信息主要与灰度空间分布有关，这降低了模型的学习难度，还降低了过拟合的风险。

预训练的 VGG 网络被用作特征保持网络，使用该网络对真值图像与增强后的图像提取高层特征，然后计算内容损失，计算使用标准的欧氏距离。内容损失也被称为感知损失，它的意义在于如果真值图像与增强后的图像非常接近，那么通过 VGG 网络提取的特征也应该很接近，多用于对高层语义信息进行约束，也被广泛应用在图像超分辨，风格化等任务中。

由于图 8-7 的框架需要成对的数据进行训练，后来作者使用了 CycleGAN 模型，将其拓展为无监督的方案，这样就不用依赖成对的数据，改进后的基本框架如图 8-8 所示。

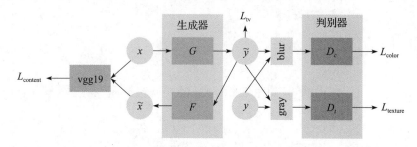

图 8-8   基于 GAN 的无监督图像增强模型

其中 x 为输入低质量图像，x 通过生成器 G 之后得到提升后的图像 $\tilde{y}$，再经过一个反向生成器生成图 $\tilde{x}$，x 与 $\tilde{x}$ 使用 vgg19 网络计算得到感知损失 L_{content}。y 是输入的高质量图像，它与 x 并不是一一对应的，将 y 和 $\tilde{y}$ 经过高斯模糊之后送入判别器 D_c 得到颜色损失 L_{color}，经过灰度化融合送入判别器 D_t 得到纹理损失 L_{texture}，另外根据 $\tilde{y}$ 计算平滑损失 L_{tv}。

损失的计算细节、生成器和判别器的网络结构细节都与图 8-8 中的模型相同。

使用非成对数据集进行训练可以大大降低对数据的依赖，从而能够使用更多高质量数据集训练模型，提高模型的泛化能力。

上述两个方案都依赖于有限的图像数据集，数据集的制作成本仍然较高。为了使用更复杂多样的数据，后续研究者提出了 SIDGAN(Seeing In the Dark GAN)框架[7]，它使用仿真图像来合成真实场景视频，用于低光视频增强。

SIDGAN 通过将互联网上的视频转换成低光照视频来获得大规模数据集，不过直接转换则面临域不对应问题，因此通过一个长曝光图像作为中介，从而合成大量的仿真对数据集。其整体框架如图 8-9 所示。

域A：视频
域B：长曝光静态图
域C：短曝光静态图

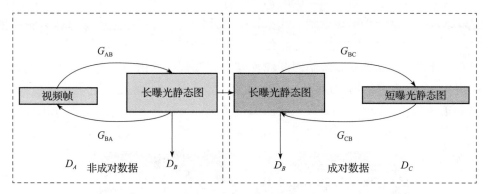

图 8-9　SIDGAN 框架

可以看出，它使用了两个类似 CycleGAN 的模型进行训练，分别从正常 Video A 集合转换到长曝光图像 B 集合，以及从长曝光图像 B 集合转换到短曝光图像 C 集合。其中 A 到 B 的转换是非成对的，而 B 到 C 的转换是成对的。A 到 B 的转换包括两个对抗损失，即循环一致性损失和身份保持损失，这都是 CycleGAN 里的通用损失。

所有的生成器全部采用 U-Net 结构，所有的判别器都采用了 PatchGAN 结构。训练分为三步，分析如下。

1）首先在真实的静态视频（即无移动的目标）数据集上训练，学习到正确的颜色和光照的分布。

2）然后在仿真的动态视频数据上进行微调，学习到时序一致性。

3）最后在静止数据上进行微调。

虽然当前研究者提出了非常多的色调映射模型，但是还没有一个模型能够比较完美地对各类图像进行增强。虽然很多主流的 App 配置了自动增强功能，但是还远远没有达到摄影师后期修图的水平。基于深度学习模型的方法展现出了非常好的算法潜力，感兴趣的读者可以继续跟进。

8.4　图像超分辨

人们对分辨率的追求永无止境，分辨率越高越能获得更清晰的成像效果，以及更好的美学感受。与之同时，对很多以前的低分辨率老照片和视频进行修复，具有很大的人文社会价值。GAN 已经在超分辨率领域颇有建树。

本节将介绍基于 GAN 的图像超分辨典型框架。

8.4.1　图像超分辨问题

我们常说的图像分辨率指的是图像长边像素数与图像短边像素数的乘积，比如 Canon EOS M3 的最大分辨率为 6000×4000，即一行有 6000 个像素，整个图像为 2400 万像素。

分辨率越高，越能获得更清晰的成像，但与此同时，分辨率越高也意味着更大的存储空间，对于空间非常有限的移动设备来说，需要考虑分辨率与存储空间的平衡。

图像超分，就是要从低分辨率的图像恢复为高分辨率的图像，它在日常的图像与视频的存储及浏览中有广泛的应用。

10 年前手机中 320×240 分辨率的图像是主流，其视觉美感远不如如今随处可见的 4K 分辨率。我们可以使用超分技术来恢复当年拍摄的低分辨率图像，如图 8-10 所示。

图 8-10　老旧照片超分，左图为原图，右图为调整后的图

如今图像超分技术被用于修复许多珍贵的历史照片和视频，具有很高的人文价值和纪念意义。

超分数据集的仿真相对来说比较简单，研究者往往通过对高分辨率图像进行降采样来制造相关数据集。因为对于图像的类型没有严格要求，较小的数据集如 BSD68、BSD100，较大的数据集如 ImageNet，以及特定领域的数据集如人脸属性数据集 CelebA 等都被研究者采用。

8.4.2　基于 GAN 的图像超分辨框架

下面我们来介绍几个针对图像的常见超分辨框架。

1. 基本框架

随着 GAN 的发展，生成器和判别器的对抗学习机制在图像生成任务中展现出很强大的学习能力。Twitter 的研究者们使用 ResNet 作为生成器结构，使用 VGG 作为判别器结构，提出了 SRGAN[8] 模型，其模型结构示意图如图 8-11 所示。

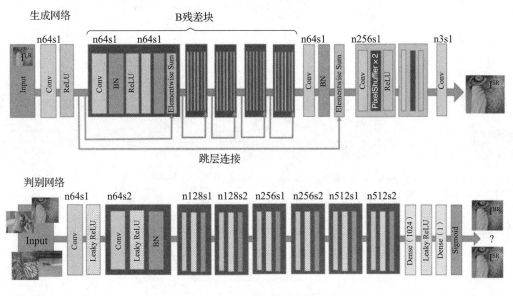

图 8-11　SRGAN 模型结构

图 8-11 中生成器结构包含若干个不改变特征分辨率的残差模块和多个基于亚像素卷积的后上采样模块。判别器结构则包含若干个通道数不断增加的卷积层，当每次特征通道数增加一倍时，特征分辨率降低为原来的一半。

SRGAN 模型基于 VGG 网络特征构建内容损失函数，代替了之前的 MSE 损失函数，通过生成器和判别器的对抗学习取得了视觉感知上更好的重建结果。

后续研究者在 SRGAN 的基础上，通过优化生成器的结构和损失函数，提出了增强版的 SRGAN，即 ESRGAN，相比 SRGAN 获得了更好的超分结果。

2. 无监督模型

虽然研究者提出了数十个超分模型，但是目前大多数有监督的超分模型对于真实图像的超分效果往往不是很好，主要是因为大部分模型采用了仿真的数据。研究者需要使用图像算法对高分辨率图进行采样获得低分辨率图，用于模仿真实的图像退化过程，但是真实的图像退化不仅仅是分辨率降低，更会引入各类图像噪声与缺陷，非常难以通过基础图像处理算法进行仿真，所以基于采样训练出来的模型容易过拟合，泛化能力不好。

因此有作者提出让 GAN 首先学习图像退化过程得到低分辨率图像，再基于获得的成对高分辨率图与低分辨率图构成的数据集进行训练。这是一个无监督的学习过程，有一系列框架代表，我们从中选择一个进行介绍[9]，如图 8-12 所示。

整个框架包含一个 High-to-Low GAN 和一个 Low-to-High GAN，下面我们详细介绍两个模型。

High-to-Low GAN 模型：这个模型的作用是从高分辨率数据集中生成低分辨率的图。

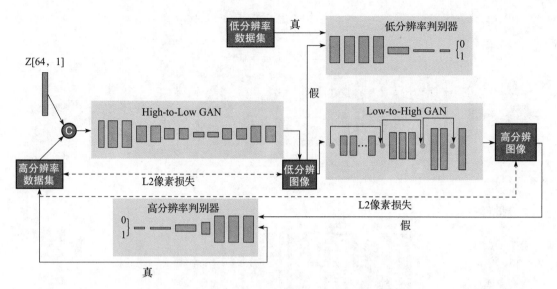

图 8-12　High-to-Low GAN 和 Low-to-High GAN 模型

高分辨率图像数据集可以是人脸质量较高的 Celeb-A、AFLW、LS3D-W 和 VGGFace2 等，低分辨率图像数据集可以是人脸质量较低的 Wider face 等，它们构成了未配对的高分辨率-低分辨率数据集。High-to-Low GAN 中的降采样网络（High-to-Low）是一个编解码结构，它的输入是由随机噪声 z 和高分辨率图拼接而成，生成低分辨率图。

Low-to-High GAN 模型：从 High-to-Low GAN 模型的输出结果可以得到成对的低分辨率和高分辨率的训练数据，因此可以训练一个正常的超分网络，即 Low-to-High GAN 模型，它是一个基于跳层连接的结构。

上述介绍的两个框架是典型的有监督和无监督的框架，它们使用网络对从低分辨率图开始重建，无法完全避免重建的高分辨率图像的模糊问题，很难通过调整网络结构解决，使得重建结果不真实，缺乏细节。

PULSE（Photo Upsampling via Latent Space Exploration）[10] 是另一个基于生成模型的自监督超分辨框架，开辟了新的图像超分辨思路。它不是通过给低分辨率图进行逐步上采样，补充细节，而是在 StyleGAN 潜在空间中进行采样，获得多幅高分辨率图，然后进行下采样，实现高达 64 倍的超分辨。PULSE 的框架示意图如图 8-13 所示。

在图 8-13 中，I_{init} 表示初始高分辨率图像，I_{final} 表示最终的高分辨率结果图。Z_{init}、Z_{final} 分别表示初始的潜在向量与最终的潜在向量。

PULSE 通过遍历生成高分辨率图像，并将这些高分辨率图像对应的低分辨率图像与输入图原图进行对比，其中最接近的则为解。PULSE 的目标是使得解区域落在自然图像的空间中，从而获得既真实又高清的重建结果。

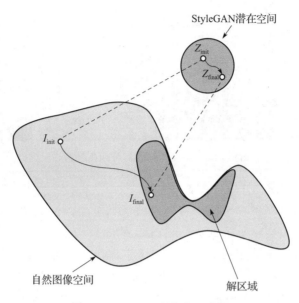

图 8-13　PULSE 的框架示意图

8.5　图像修复

　　图像修复，即去除图像中不想要的瑕疵区域，是非常关键的一个功能，当前正处于快速发展期。GAN 以其强大的生成能力成为了解决该问题不可或缺的关键技术之一。

　　本节将介绍基于 GAN 的图像修复典型框架。

8.5.1　图像修复基础

　　在摄影前期，很多时候我们无法控制拍摄场景，比如景区中繁华的人流导致难以获得背景干净的照片。同时，图像在经过介质多次传播后也可能会被污染，导致出现了损坏的部位。图 8-14 展示了一些需要修复的图像。

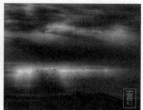

图 8-14　需要修复的图像（见彩插）

　　Photoshop 软件中的修复画笔工具是一个可以进行局部图像修复的工具，它的技术原理是 PatchMatch，是一种基于图像块填补的方法，可以使用交互式的策略进行逐渐修补。

图 8-15 展示了使用 Photoshop 修复画笔工具对图 8-14 中图像进行修复的结果。

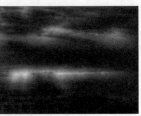

图 8-15　Photoshop 对图 8-14 中图像的修复结果（见彩插）

传统的图像修复方法是基于图像自相似的原理，通过在当前图像中寻找纹理类似的匹配块，然后使用泊松融合等方法进行补全，这类方法以结构传播（structure propagation）为代表，已经可以较好地补全较小的区域。但是这类方法只考虑到了图像的相似性，没有考虑到语义信息，对于纹理简单，与图像主体位置较远的缺陷，可以较好地去除；对于纹理复杂，与背景相似，与图像主体粘连时的缺失区域则无法完成补全，如第二幅图中"猫尾巴"和第三幅图中"路灯杆"。

在传统的图像修复方法中，还有一类模型是基于图像分解和稀疏表示的方法进行修复，它们通过对图像的结构（Cartoon）和纹理（Texture）分别学习到最优稀疏表示的字典，然后进行图像恢复，但是对于真实图像仍然难以取得更好的效果。

8.5.2　基于 GAN 的图像修复框架

传统的修复方法通常是用相似度算法从图像的其他区域选择图像块进行补全，而 GAN 本身具有强大的图像生成能力，其使用上下文编码器（Context Encoder）[11] 从遮挡图像的未遮挡部分来推断遮挡部分的信息，具体的网络结构如图 8-16 所示。

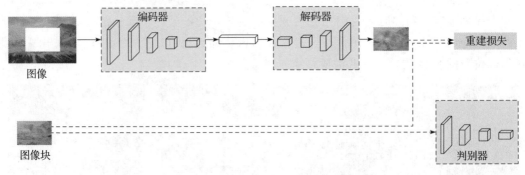

图 8-16　上下文编码器

上下文编码器包含一个编码器，一个全连接层，一个解码器，用于学习图像特征和生成图像待修补区域对应的预测图，输入为包括遮挡区域的原图，输出为被遮挡区域的预测结果。

编码器的主体结构是 AlexNet 网络，假如输入为 227×227，得到的特征图为 $6 \times 6 \times 256$。

编码器之后是逐通道全连接层。为了获取大的感受野同时具有较小的计算量，作者设计了逐通道全连接的结构，它的输入大小是 $6 \times 6 \times 256$，输出大小则不发生变化。

当然此处也不一定要采用逐通道的全连接层结构，只需要控制特征有较大感受野即可。因为较大的感受野对于图像补全任务来说非常重要，当感受野较小时，补全区域内部点无法使用到区域外的有效信息，使得补全效果受到较大的影响。图 8-17 是修复区域示意图。

图 8-17 中虚线表示待修补的区域，框表示感受野。点 p_1 的感受野同时包含了待修补区域和不需要修补的区域，拥有一些确定性信息。而点 p_2 的感受野只有待修补区域，很难获得有益的信息进行学习。

解码器包含若干个上采样卷积，输出待修补部位，具体的上采样倍率与修补部位相对于原图的大小有关。

网络训练过程中的损失函数都由两部分组成。第一部分是编码器–解码器部分的图像重建损失，使用预测部分与原

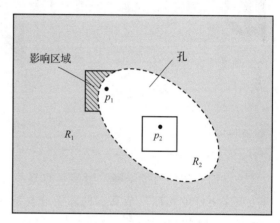

图 8-17　修复区域示意图

图的 L2 距离，当然只计算需要修补的部分，所以此处需要在掩膜的控制下。第二部分就是 GAN 的对抗损失。当 GAN 的判别器无法判断预测图是否来自训练集时，就认为网络模型参数达到了最优状态。

上下文编码器是第一个基于 GAN 的图像补全网络，它可以实现较大孔洞的填充。但是其生成器和判别器结构都比较简单，补全的结果虽然比较真实，但是边界非常不平滑，不满足局部一致性。

针对这个特点，研究者联合使用了全局判别器和局部判别器对上下文编码器模型进行了改进，提出了局部和全局一致的框架（Globally and Locally Consistent Image Completion，GLCIC）[12]。GLCIC 框架示意图如图 8-18 所示。它包含 3 个模块，一个是编解码的图像补全模型，一个是全局判别器，一个是局部判别器。其中全局判别器可以用于判断整幅图重建的一致性，局部判别器可以用于判断填补的图像块是否具有较好的局部细节，具体的判别损失则是将全局判别器、局部判别器的输出特征向量进行串接，然后经过 sigmoid 映射后进行真实性判别。

上下文编码器及 GLCIC 框架，都使用仿真的数据来进行模型训练，即通过在图像中填充规则的空白图像块来模仿缺陷。但是真实的图像中包括很多的退化类型，比如复杂

的噪声、不规则刮痕等，我们很难通过简单的退化策略来仿真，而且不同类型的退化需要不同的处理方法。比如对于非结构类缺陷，如颗粒、褪色，需要的是邻域像素的统计特征。对于结构化缺陷，如刮痕，则需要全局上下文信息。如何去仿真模糊出真实的退化类型，是修复这些图像的关键。

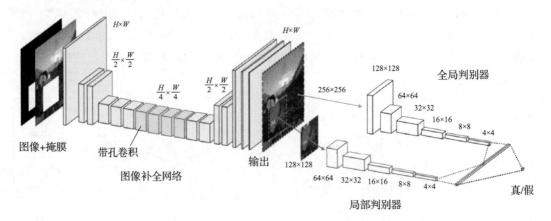

图 8-18   GLCIC 框架示意图

与前面介绍的图像降噪、增强、修复、去模糊、超分辨等问题一样，我们需要无监督方案来更好地处理复杂真实的图像修复问题。对此有研究者提出了一个技术框架（即Bringing Old Photo Back to Life）[13]，将图像修复问题当作 3 个域之间的转换问题。

无监督图像修复框架示意图如图 8-19 所示。

其中 x 和 y 是成对的图像，x 是仿真的退化图，y 是高质量原图，r 是真实的退化图。仿真图像和真实图像首先使用 VAE 映射到同一个潜在空间 z，真实图像则使用另一个 VAE 映射到该空间，学习的目标是在相同的 Z 域中，对 x 和 r 进行对齐，使得 $z_r = z_x$，然后进行一个变换 T_z，完成 z_x 到 z_y 的变换，实现从真实退化图 r 到高质量原图 y 的学习。用数学式子表达其过程如式(8.1)所示：

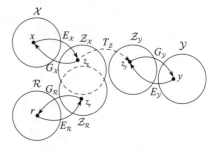

图 8-19   无监督图像修复框架示意图

$$r_{R \to y} = G_y \circ T_z \circ E_R(r) \tag{8.1}$$

如此，我们就可以使用成对的仿真数据进行学习，在潜在空间完成低质量图到高质量图的转换，使得在真实图像上的泛化能力更强。整个框架的核心问题是，如何让 X 和 R 域能映射到同一个空间 Z。

对于 r 和 x，它们共享了一个 VAE$_1$，并且 Z 使用了高斯先验分布约束。r 的优化目标如下：

$$L_{\mathrm{VAE}_1}(r)=\mathrm{KL}(E_{R,x}(z_r\,|\,r)\,\|\,N(0,I)+\alpha E_{z_r\sim E_{R,x\,|(z_r\,|r)}}\big[\|G_{R,x}(r_{R\to R\,|z_r}-r\|_1+E_{\mathrm{VAE}_1,\mathrm{GAN}}(r)$$

$$(8.2)$$

第一项 KL 散度就是对 Z 的分布进行约束，第二项是重建损失，第三项是 LSGAN 损失，用于缓解 GAN 中的过平滑问题。x 的优化目标 $L_{\mathrm{VAE}_1}(x)$ 与此类似，不再赘述。

同时，使用判别器来对 Z_r 和 Z_x 进行对抗训练，定义如下：

$$L_{\mathrm{VAE}_1,\mathrm{GAN}}(r,x)=E_{x\sim\chi}\big[D_{R,\chi}(E_{R,\chi}(x))^2\big]+E_{r\sim R}\big[(1-D_{R,\chi}(E_{R,\chi}(r))^2\big] \quad (8.3)$$

整个 VAE 的优化目标如下：

$$\min_{E_{R,\chi},G_{R,\chi}}\max_{D_{R,\chi}}L_{\mathrm{VAE}_1}(r)+L_{\mathrm{VAE}_1}(x)+L_{\mathrm{VAE}_1,\mathrm{GAN}}(r,x) \quad (8.4)$$

在训练好 VAE 之后，我们就需要学习从 x 到 y 的映射，此时固定好两个 VAE，只训练转换网络 T，其优化目标如下：

$$L(x,y)=\lambda_1 L_{T,l_1}+L_{T,\mathrm{GAN}}+\lambda_2 L_{\mathrm{FM}} \quad (8.5)$$

其中 L_{T,l_1} 就是 Z 空间的距离，$L_{T,\mathrm{GAN}}$ 就是 LSGAN 的损失形式，L_{FM} 是特征匹配损失，用于保证模型训练的稳定性，实际上就是 VGG 网络的特征空间距离。由于此前已经多次介绍过相关内容，这里不再赘述。

8.6 基于 SRGAN 的人脸超分重建实践

在前面的几节中，我们分别介绍了 GAN 在图像降噪、去模糊、色调映射、图像超分辨、图像修复等问题中的典型技术框架，且它们在许多领域已经取得了商业化落地的成果。这一节我们将基于 PyTorch，实现超分模型的训练与测试的完整流程。

8.6.1 项目解读

首先我们来介绍使用的数据集和基准模型，解读整个项目的代码，包括数据集接口、网络结构和优化目标的定义。

1. 数据集和基准模型

大多数超分重建任务的数据集都是通过从高分辨率图像进行采样获得，这里我们也采用这样的方案。数据集既可以选择 ImageNet 这样包含上百万幅图像的大型数据集，也可以选择模式足够丰富的小数据集。经过权衡之后我们选择一个高清的人脸数据集，CelebA-HQ[14]。CelebA-HQ 数据集发布于 2019 年，包含 30 000 张不同属性的高清人脸图，其中图像大小均为 1024×1024。

我们选择第一个将 GAN 用于超分重建任务的模型 SRGAN 作为基准模型。

2. 数据集接口

前面在介绍图像超分辩数据集时说过，图像超分辩数据集往往都是从高分辨率图进行采样得到低分辨率图，然后组成训练用的图像对。下面是对训练集和验证集中数据处理的核心代码：

```python
from os import listdir
from os.path import join
import numpy as np
from PIL import Image
from torch.utils.data.dataset import Dataset
from torchvision.transforms import Compose, RandomCrop, ToTensor, ToPILImage, CenterCrop, Resize
import imgaug.augmenters as iaa
aug = iaa.JpegCompression(compression=(0, 50))

## 基于上采样因子对裁剪尺寸进行调整，使其为 upscale_factor 的整数倍
def calculate_valid_crop_size(crop_size, upscale_factor):
return crop_size - (crop_size % upscale_factor)

## 训练集高分辨率图预处理函数
def train_hr_transform(crop_size):
    return Compose([
        RandomCrop(crop_size),
        ToTensor(),
])

## 训练集低分辨率图预处理函数
def train_lr_transform(crop_size, upscale_factor):
    return Compose([
        ToPILImage(),
        Resize(crop_size // upscale_factor, interpolation=Image.BICUBIC),
        ToTensor()
    ])
## 训练数据集类
class TrainDatasetFromFolder(Dataset):
    def __init__(self, dataset_dir, crop_size, upscale_factor):
        super(TrainDatasetFromFolder, self).__init__()
        self.image_filenames = [join(dataset_dir, x) for x in listdir(dataset_dir) if
            is_image_file(x)]                              ## 获得所有图像
    crop_size = calculate_valid_crop_size(crop_size, upscale_factor)
                                                          ## 获得裁剪尺寸
        self.hr_transform = train_hr_transform(crop_size)       ## 高分辨率图预处理函数
        self.lr_transform = train_lr_transform(crop_size, upscale_factor)
                                                          ## 低分辨率图预处理函数
    ## 数据集迭代指针
    def __getitem__(self, index):
        hr_image = self.hr_transform(Image.open(self.image_filenames[index]))
                                                          ## 随机裁剪获得高分辨率图
        lr_image = self.lr_transform(hr_image)            ## 获得低分辨率图
        return lr_image, hr_image

    def __len__(self):
        return len(self.image_filenames)
```

```
## 验证数据集类
class ValDatasetFromFolder(Dataset):
    def __init__(self, dataset_dir, upscale_factor):
        super(ValDatasetFromFolder, self).__init__()
        self.upscale_factor = upscale_factor
        self.image_filenames = [join(dataset_dir, x) for x in listdir(dataset_dir) if
            is_image_file(x)]

    def __getitem__(self, index):
        hr_image = Image.open(self.image_filenames[index])

    ## 获得图像窄边获得裁剪尺寸
        w, h = hr_image.size
        crop_size = calculate_valid_crop_size(min(w, h), self.upscale_factor)
        lr_scale = Resize(crop_size // self.upscale_factor, interpolation=Image.BICUBIC)
        hr_scale = Resize(crop_size, interpolation=Image.BICUBIC)
        hr_image = CenterCrop(crop_size)(hr_image)          ## 中心裁剪获得高分辨率图
        lr_image = lr_scale(hr_image)                       ## 获得低分辨率图
        return ToTensor()(lr_image), ToTensor()(hr_image)

    def __len__(self):
        return len(self.image_filenames)
```

从上述代码可以看出,这里包含两个预处理函数接口,分别是 train_hr_transform 和 train_lr_transform。train_hr_transform 包含的操作主要是随机裁剪,而 train_lr_transform 包含的操作主要是缩放。

另外还有一个函数 calculate_valid_crop_size,对于训练集来说,它用于在配置的图像尺寸 crop_size 不能整除上采样因子 upscale_factor 时对 crop_size 进行调整。我们在使用的时候应该避免这一点,即配置 crop_size 让它等于 upscale_factor 的整数倍。对于验证集,图像的窄边 $\min(w, h)$ 会被用于 crop_size 的初始化,所以该函数的作用是在图像的窄边不能整除上采样因子 upscale_factor 时对 crop_size 进行调整。

训练集类 TrainDatasetFromFolder 包含了若干操作,它使用 train_hr_transform 从原图像中随机裁剪大小为裁剪尺寸的正方形的图像,使用 train_lr_transform 获得对应的低分辨率图。而验证集类 ValDatasetFromFolder 则将图像按照调整后的 crop_size 进行中心裁剪,然后使用 train_lr_transform 获得对应的低分辨率图。

在这里我们使用随机裁剪和 JPEG 噪声压缩作为训练时的数据增强操作,JPEG 噪声的添加使用了 imaaug,项目地址为 https://github.com/aleju/imgaug。图 8-20 展示了对一些样本添加不同幅度的 JPEG 噪声的图像。

图 8-20 中的第 1 行是分辨率为 512×512 的原图,第 2 行是缩放为 128×128,不添加 JPEG 压缩噪声的图,第 3 行和第 4 行分别是缩放为 128×128,并且用 imgaug 库添加幅度为 30% 和 90% 的 JPEG 压缩噪声的图像。可以看出 JPEG 噪声对图像质量影响很大,尤其是当噪声幅度很大时,斑块效应非常明显。我们在后面会比较添加不同幅度的 JPEG

噪声与不添加 JPEG 噪声的模型结果，以验证对于真实的图像超分辨任务，更接近真实退化过程的数据增强操作是很有必要的。

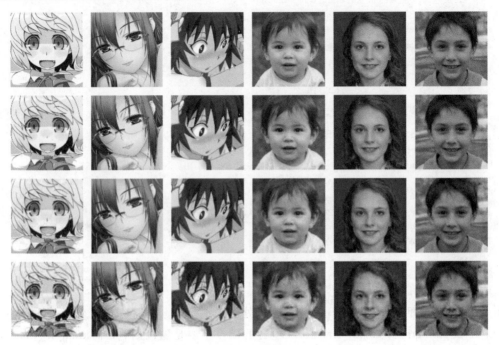

图 8-20　JPEG 噪声样本图（见彩插）

3. 生成器

生成器是一个基于残差模块的上采样模型，它的定义包括残差模块、上采样模块以及主干模型，代码如下。

```python
## 残差模块
class ResidualBlock(nn.Module):
    def __init__(self, channels):
        super(ResidualBlock, self).__init__()
        ## 两个卷积层，卷积核大小为 3×3，通道数不变
        self.conv1 = nn.Conv2d(channels, channels, kernel_size=3, padding=1)
        self.bn1 = nn.BatchNorm2d(channels)
        self.prelu = nn.PReLU()
        self.conv2 = nn.Conv2d(channels, channels, kernel_size=3, padding=1)
        self.bn2 = nn.BatchNorm2d(channels)

    def forward(self, x):
        residual = self.conv1(x)
        residual = self.bn1(residual)
        residual = self.prelu(residual)
        residual = self.conv2(residual)
        residual = self.bn2(residual)
```

```
        return x + residual

## 上采样模块，每一个恢复分辨率为 2
class UpsampleBLock(nn.Module):
    def __init__(self, in_channels, up_scale):
        super(UpsampleBLock, self).__init__()
        ## 卷积层，输入通道数为 in_channels，输出通道数为 in_channels * up_scale ** 2
        self.conv = nn.Conv2d(in_channels, in_channels * up_scale ** 2, kernel_size=3, padding=1)
        ## PixelShuffle 上采样层，来自于后上采样结构
        self.pixel_shuffle = nn.PixelShuffle(up_scale)
        self.prelu = nn.PReLU()

    def forward(self, x):
        x = self.conv(x)
        x = self.pixel_shuffle(x)
        x = self.prelu(x)
        return x

## 生成模型
class Generator(nn.Module):
    def __init__(self, scale_factor):
        upsample_block_num = int(math.log(scale_factor, 2))

        super(Generator, self).__init__()
        ## 第一个卷积层，卷积核大小为 9×9，输入通道数为 3，输出通道数为 64
        self.block1 = nn.Sequential(
            nn.Conv2d(3, 64, kernel_size=9, padding=4),
            nn.PReLU()
        )
        ## 6 个残差模块
        self.block2 = ResidualBlock(64)
        self.block3 = ResidualBlock(64)
        self.block4 = ResidualBlock(64)
        self.block5 = ResidualBlock(64)
        self.block6 = ResidualBlock(64)
        self.block7 = nn.Sequential(
            nn.Conv2d(64, 64, kernel_size=3, padding=1),
            nn.BatchNorm2d(64)
        )
        ## upsample_block_num 个上采样模块，每一个上采样模块恢复 2 倍的上采样倍率
        block8 = [UpsampleBLock(64, 2) for _ in range(upsample_block_num)]
        ## 最后一个卷积层，卷积核大小为 9×9，输入通道数为 64，输出通道数为 3
        block8.append(nn.Conv2d(64, 3, kernel_size=9, padding=4))
        self.block8 = nn.Sequential(*block8)

    def forward(self, x):
        block1 = self.block1(x)
        block2 = self.block2(block1)
        block3 = self.block3(block2)
```

```
block4 = self.block4(block3)
block5 = self.block5(block4)
block6 = self.block6(block5)
block7 = self.block7(block6)
block8 = self.block8(block1 + block7)
return (torch.tanh(block8) + 1) / 2
```

上述的生成器定义中调用了 nn. PixelShuffle 模块来实现上采样，它的具体原理为基于亚像素卷积的后上采样 ESPCN 模型[15]，流程示意图如图 8-21 所示。

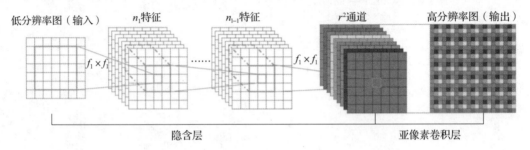

图 8-21 基于亚像素卷积的后上采样 ESPCN 模型

对于维度为 $H \times W \times C$ 的图像，标准反卷积操作输出的特征图维度为 $rH \times rW \times C$，其中 r 就是需要放大的倍数。而从图 8-21 可以看出，亚像素卷积层的输出特征图维度为 $H \times W \times C \times r^2$，即特征图与输入图像的尺寸保持一致，但是通道数被扩充为原来的 r^2 倍，然后再进行重新排列得到高分辨率的结果。

整个流程因为使用了更小的图像输入，从而可以使用更小的卷积核获取较大的感受野，这既使得输入图像中邻域像素点的信息得到有效利用，还避免了计算复杂度的增加，是一种将空间上采样问题转换为通道上采样问题的思路，被大多数主流超分模型采用为上采样模块。

4. 判别器

判别器是一个普通的类似于 VGG 的 CNN 模型，完整定义如下。

```
## 残差模块
class Discriminator(nn.Module):
    def __init__(self):
        super(Discriminator, self).__init__()
        self.net = nn.Sequential(
            ## 第 1 个卷积层，卷积核大小为 3×3，输入通道数为 3，输出通道数为 64
            nn.Conv2d(3, 64, kernel_size=3, padding=1),
            nn.LeakyReLU(0.2),
            ## 第 2 个卷积层，卷积核大小为 3×3，输入通道数为 64，输出通道数为 64
            nn.Conv2d(64, 64, kernel_size=3, stride=2, padding=1),
            nn.BatchNorm2d(64),
            nn.LeakyReLU(0.2),
            ## 第 3 个卷积层，卷积核大小为 3×3，输入通道数为 64，输出通道数为 128
```

```
        nn.Conv2d(64, 128, kernel_size=3, padding=1),
        nn.BatchNorm2d(128),
        nn.LeakyReLU(0.2),
        ## 第 4 个卷积层，卷积核大小为 3×3，输入通道数为 128，输出通道数为 128
        nn.Conv2d(128, 128, kernel_size=3, stride=2, padding=1),
        nn.BatchNorm2d(128),
        nn.LeakyReLU(0.2),
        ## 第 5 个卷积层，卷积核大小为 3×3，输入通道数为 128，输出通道数为 256
        nn.Conv2d(128, 256, kernel_size=3, padding=1),
        nn.BatchNorm2d(256),
        nn.LeakyReLU(0.2),
        ## 第 6 个卷积层，卷积核大小为 3×3，输入通道数为 256，输出通道数为 256
        nn.Conv2d(256, 256, kernel_size=3, stride=2, padding=1),
        nn.BatchNorm2d(256),
        nn.LeakyReLU(0.2),
        ## 第 7 个卷积层，卷积核大小为 3×3，输入通道数为 256，输出通道数为 512
        nn.Conv2d(256, 512, kernel_size=3, padding=1),
        nn.BatchNorm2d(512),
        nn.LeakyReLU(0.2),
        ## 第 8 个卷积层，卷积核大小为 3×3，输入通道数为 512，输出通道数为 512
        nn.Conv2d(512, 512, kernel_size=3, stride=2, padding=1),
        nn.BatchNorm2d(512),
        nn.LeakyReLU(0.2),
        ## 全局池化层
        nn.AdaptiveAvgPool2d(1),
        ## 两个全连接层，使用卷积实现
        nn.Conv2d(512, 1024, kernel_size=1),
        nn.LeakyReLU(0.2),
        nn.Conv2d(1024, 1, kernel_size=1)
    )

def forward(self, x):
    batch_size = x.size(0)
    return torch.sigmoid(self.net(x).view(batch_size))
```

5. 损失定义

接下来我们看损失定义，主要是生成器损失，它共包含四部分，分别是对抗网络损失、逐像素的图像 MSE 损失、基于 VGG 模型的感知损失，以及用于约束图像平滑的 TV 平滑损失。

```
## 生成器损失定义
class GeneratorLoss(nn.Module):
    def __init__(self):
        super(GeneratorLoss, self).__init__()
        vgg = vgg16(pretrained=True)
        loss_network = nn.Sequential(* list(vgg.features)[:31]).eval()
        for param in loss_network.parameters():
            param.requires_grad = False
```

```
        self.loss_network = loss_network
        self.mse_loss = nn.MSELoss() ## MSE 损失
        self.tv_loss = TVLoss()        ## TV 平滑损失

    def forward(self, out_labels, out_images, target_images):
        # 对抗损失
        adversarial_loss = torch.mean(1 - out_labels)
        # 感知损失
        perception_loss = self.mse_loss(self.loss_network(out_images),
            self.loss_network(target_images))
        # 图像 MSE 损失
        image_loss = self.mse_loss(out_images, target_images)
        # TV 平滑损失
        tv_loss = self.tv_loss(out_images)
        return image_loss + 0.001 * adversarial_loss + 0.006 * perception_loss + 2e- 8 * tv_loss


## TV 平滑损失
class TVLoss(nn.Module):
    def __init__(self, tv_loss_weight=1):
        super(TVLoss, self).__init__()
        self.tv_loss_weight = tv_loss_weight

    def forward(self, x):
        batch_size = x.size()[0]
        h_x = x.size()[2]
        w_x = x.size()[3]
        count_h = self.tensor_size(x[:, :, 1:, :])
        count_w = self.tensor_size(x[:, :, :, 1:])
        h_tv = torch.pow((x[:, :, 1:, :] - x[:, :, :h_x - 1, :]), 2).sum()
        w_tv = torch.pow((x[:, :, :, 1:] - x[:, :, :, :w_x - 1]), 2).sum()
        return self.tv_loss_weight * 2 * (h_tv / count_h + w_tv / count_w) / batch_size

    @ staticmethod
    def tensor_size(t):
        return t.size()[1] * t.size()[2] * t.size()[3]
```

8.6.2　模型训练

接下来我们来解读模型的核心训练代码，查看模型训练的结果。

1. 模型训练

训练代码中除了模型和损失定义，还需要完成优化器定义，存储训练和验证指标变量，核心代码如下。

```
## 参数解释器
parser = argparse.ArgumentParser(description='Train Super Resolution Models')
## 裁剪尺寸，即训练尺度
parser.add_argument('-- crop_size', default=240, type=int, help='training images crop size')
```

```
## 超分上采样倍率
parser.add_argument('-- upscale_factor', default=4, type=int, choices=[2, 4, 8],
                      help='super resolution upscale factor')
## 迭代轮数
parser.add_argument('-- num_epochs', default=100, type=int, help='train epoch number')

## 训练主代码
if __name__ == '__main__':
    opt = parser.parse_args()
    CROP_SIZE = opt.crop_size
    UPSCALE_FACTOR = opt.upscale_factor
    NUM_EPOCHS = opt.num_epochs

    ## 获取训练集/验证集
    train_set = TrainDatasetFromFolder('data/train', crop_size=CROP_SIZE, upscale_factor=
        UPSCALE_FACTOR)
    val_set = ValDatasetFromFolder('data/val', upscale_factor=UPSCALE_FACTOR)
    train_loader = DataLoader(dataset=train_set, num_workers=4, batch_size=64, shuffle=True)
    val_loader = DataLoader(dataset=val_set, num_workers=4, batch_size=1, shuffle=False)

    netG = Generator(UPSCALE_FACTOR)        ## 生成器定义
    netD = Discriminator()                  ## 判别器定义
    generator_criterion = GeneratorLoss()   ## 生成器优化目标

    ## 是否使用 GPU
    if torch.cuda.is_available():
        netG.cuda()
        netD.cuda()
        generator_criterion.cuda()

    ## 生成器和判别器优化器
    optimizerG = optim.Adam(netG.parameters())
    optimizerD = optim.Adam(netD.parameters())

    results = {'d_loss': [], 'g_loss': [], 'd_score': [], 'g_score': [], 'psnr': [], 'ssim': []}
    ## epoch 迭代
    for epoch in range(1, NUM_EPOCHS + 1):
        train_bar = tqdm(train_loader)
        running_results = {'batch_sizes': 0, 'd_loss': 0, 'g_loss': 0, 'd_score': 0, 'g_score': 0}
                                            ## 结果变量

        netG.train()                        ## 生成器训练
        netD.train()                        ## 判别器训练

        ## 每一个 epoch 的数据迭代
        for data, target in train_bar:
            g_update_first = True
            batch_size = data.size(0)
            running_results['batch_sizes'] += batch_size
```

```
## 优化判别器,最大化 D(x)-1-D(G(z))
real_img = Variable(target)
if torch.cuda.is_available():
    real_img = real_img.cuda()
z = Variable(data)
if torch.cuda.is_available():
    z = z.cuda()
fake_img = netG(z)              ## 获取生成结果
netD.zero_grad()
real_out = netD(real_img).mean()
fake_out = netD(fake_img).mean()
d_loss = 1 - real_out + fake_out
d_loss.backward(retain_graph=True)
optimizerD.step()              ## 优化判别器

## 优化生成器 最小化 1-D(G(z)) + Perception Loss + Image Loss + TV Loss
netG.zero_grad()
g_loss = generator_criterion(fake_out, fake_img, real_img)
g_loss.backward()

fake_img = netG(z)
fake_out = netD(fake_img).mean()
optimizerG.step()

# 记录当前损失
running_results['g_loss'] += g_loss.item() * batch_size
running_results['d_loss'] += d_loss.item() * batch_size
running_results['d_score'] += real_out.item() * batch_size
running_results['g_score'] += fake_out.item() * batch_size

## 对验证集进行验证
netG.eval()                    ## 设置验证模式
out_path = 'training_results/SRF_' + str(UPSCALE_FACTOR) + '/'
if not os.path.exists(out_path):
    os.makedirs(out_path)

## 计算验证集相关指标
with torch.no_grad():
    val_bar = tqdm(val_loader)
    valing_results = {'mse': 0, 'ssims': 0, 'psnr': 0, 'ssim': 0, 'batch_sizes': 0}
    val_images = []
    for val_lr, val_hr in val_bar:
        batch_size = val_lr.size(0)
        valing_results['batch_sizes'] += batch_size
        lr = val_lr               ## 低分辨率真值图
        hr = val_hr               ## 高分辨率真值图
        if torch.cuda.is_available():
            lr = lr.cuda()
            hr = hr.cuda()
```

```
        sr = netG(lr)                                      ## 超分重建结果

        batch_mse = ((sr - hr) ** 2).data.mean()           ## 计算 MSE 指标
        valing_results['mse'] += batch_mse * batch_size
        valing_results['psnr'] = 10 * log10(1 / (valing_results['mse'] /
            valing_results['batch_sizes']))                ## 计算 PSNR 指标
        batch_ssim = pytorch_ssim.ssim(sr, hr).item()   ## 计算 SSIM 指标
        valing_results['ssims'] += batch_ssim * batch_size
        valing_results['ssim'] = valing_results['ssims'] /
            valing_results['batch_sizes']
## 存储模型参数
torch.save(netG.state_dict(), 'epochs/netG_epoch_%d_%d.pth' % (UPSCALE_FACTOR, epoch))
torch.save(netD.state_dict(), 'epochs/netD_epoch_%d_%d.pth' % (UPSCALE_FACTOR, epoch))
## 记录训练集损失以及验证集的 psnr,ssim 等指标 \scores\psnr\ssim
results['d_loss'].append(running_results['d_loss'] / running_results['batch_sizes'])
results['g_loss'].append(running_results['g_loss'] / running_results['batch_sizes'])
results['d_score'].append(running_results['d_score'] / running_results['batch_sizes'])
results['g_score'].append(running_results['g_score'] / running_results['batch_sizes'])
results['psnr'].append(valing_results['psnr'])
results['ssim'].append(valing_results['ssim'])


## 存储结果到本地文件
if epoch % 10 == 0 and epoch != 0:
    out_path = 'statistics/'
    data_frame = pd.DataFrame(
        data={'Loss_D': results['d_loss'], 'Loss_G': results['g_loss'],
            'Score_D': results['d_score'],
                'Score_G': results['g_score'], 'PSNR': results['psnr'], 'SSIM':
                    results['ssim']},
        index=range(1, epoch + 1))
    data_frame.to_csv(out_path + 'srf_' + str(UPSCALE_FACTOR) + '_train_results.csv',
        index_label='Epoch')
```

从上述代码可以看出，训练时采用的 crop_size 为 240×240，训练时我们将所有图缩放为 320×320，验证时图像大小为 320×320，批处理大小为 64，使用的优化器为 Adam。Adam 采用了默认的优化参数。我们训练了上采样倍率为 4 的模型。

2. 训练结果

下面我们分别训练不添加 JPEG 压缩噪声、添加 $0 \sim 50\%$ 幅度的压缩噪声、添加 $70\% \sim 99\%$ 幅度的压缩噪声的训练结果。训练了 100 个 epoch 的 PSNR 和 SSIM 的结果曲线如图 8-22 所示。

如图 8-22 所示，jpeg0 对应的曲线表示不添加 JPEG 压缩噪声，jpeg0-50、jpeg30-70 对应的曲线分别表示添加 $0 \sim 50\%$ 幅度的压缩噪声与添加 $30\% \sim 70\%$ 幅度的压缩噪声的训练结果。可以看出，模型已经基本收敛，添加噪声的幅度越大，则最终的 PSNR 指标和 SSIM 指标会越低。

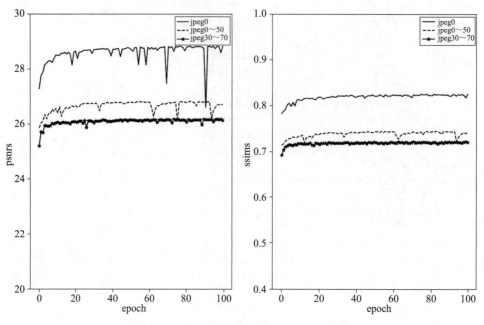

图 8-22   4 倍上采样的 PSNR 和 SSIM 曲线

8.6.3   模型测试

接下来我们使用自己的数据来进行模型的测试。

1. 测试代码

首先解读测试代码，这里需要完成模型的载入、图像预处理和结果存储，完整代码如下：

```
import torch
from PIL import Image
from torch.autograd import Variable
from torchvision.transforms import ToTensor, ToPILImage
from model import Generator

UPSCALE_FACTOR = 4                                        ## 上采样倍率
TEST_MODE = True                                          ## 使用 GPU 进行测试

IMAGE_NAME = sys.argv[1]                                  ## 图像路径
RESULT_NAME = sys.argv[2]                                 ## 结果图路径

MODEL_NAME = 'netG.pth'                                   ## 模型路径
model = Generator(UPSCALE_FACTOR).eval()                 ## 设置验证模式
if TEST_MODE:
    model.cuda()
    model.load_state_dict(torch.load(MODEL_NAME))
else:
    model.load_state_dict(torch.load(MODEL_NAME, map_location=lambda storage, loc: storage))
```

```
image = Image.open(IMAGE_NAME)                                   ## 读取图像
image = Variable(ToTensor()(image), volatile=True).unsqueeze(0)  ## 图像预处理
if TEST_MODE:
    image = image.cuda()

out = model(image)
out_img = ToPILImage()(out[0].data.cpu())
out_img.save(RESULT_NAME)
```

2. 重建结果

图 8-23 展示了一张真人图像的超分辨结果，输入图是从 512×512 缩放为 128×128，然后分别使用 opencv 库的 imwrite 函数存储为 JPEG 和 PNG 格式，前者使用 opencv 库默认的 JPEG 压缩率。

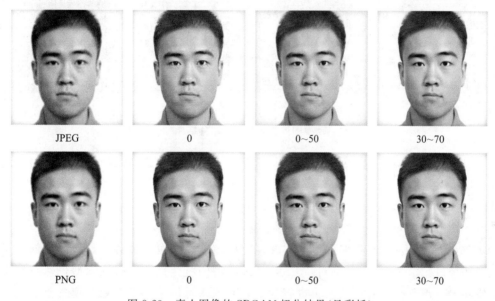

图 8-23　真人图像的 SRGAN 超分结果（见彩插）

图 8-23 中的第 1 列为原图，两行分别是 JPEG 格式和 PNG 格式，显示时使用双线性插值进行上采样。第 2 列为不添加 JPEG 噪声数据增强进行训练后的 4 倍超分结果，第 3 列为添加 0～50％随机幅度的 JPEG 噪声数据增强进行训练后的超分结果，第 4 列为添加 30％～70％随机幅度的 JPEG 噪声数据增强进行训练后的超分结果。

比较第 1 行和第 2 行，可以看出，对于 JPEG 压缩的图像，如果没有添加噪声数据增强，则结果图会放大原图中的噪声，其中第 2 列结果非常明显。不过，噪声的幅度也不能过大，否则重建结果会失真。比较第 4 列结果和第 3 列结果，虽然第 4 列有更强的噪声抑制能力，但是人脸图已经开始出现失真，如皮肤过于平滑、眼睛失真明显，因此不能一味地增加噪声幅度。

虽然我们的训练数据集是真人图像，但是模型也可以泛化到其他域的人脸图像。图 8-24 展示了一张动漫图的超分结果。

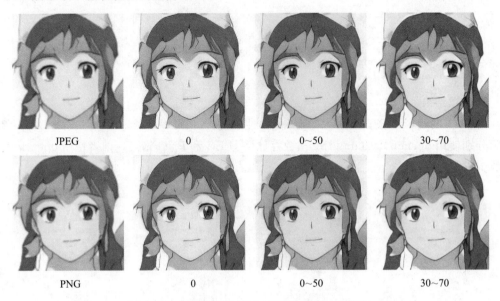

图 8-24 动漫图像的 SRGAN 超分结果（见彩插）

可以得到与图 8-23 相同的结论，在增加适度的噪声数据增强后，可以获得最佳的超分辨性能。

8.6.4 小结

本节我们对 SRGAN 模型进行了实践。使用高清人脸数据集进行训练，对低分辨率的人脸图像进行了超分重建，验证了 SRGAN 模型的有效性。不过该模型仍然有较大的改进空间，它需要使用成对数据集进行训练，而训练时低分辨率图像的模式生成过于简单，无法对复杂的退化类型完成重建。

当要对退化类型更加复杂的图像进行超分辨重建时，模型训练时也应该采取与真实场景对应的数据增强方法，包括但不限于对比度增强、各类噪声污染、JPEG 压缩等，这些留给读者自行实验。

参考文献

［1］　CHEN J, CHEN J, CHAO H, et al. Image blind denoising with generative adversarial network based noise modeling［C］//Proceedings of the IEEE Conference on Computer Vision and Pattern Recognition. 2018：3155-3164.

［2］　NAH S, HYUN KIM T, MU LEE K. Deep multi-scale convolutional neural network for dynamic scene deblurring [C]//Proceedings of the IEEE Conference on Computer Vision and Pattern Recognition. 2017: 3883-3891.

[3] KUPYN O, BUDZAN V, MYKHAILYCH M, et al. Deblurgan: Blind motion deblurring using conditional adversarial networks [C]//Proceedings of the IEEE conference on computer vision and pattern recognition. 2018: 8183-8192.

[4] KUPYN O, MARTYNIUK T, WU J, et al. Deblurgan-v2: Deblurring (orders-of-magnitude) faster and better [C]//Proceedings of the IEEE International Conference on Computer Vision. 2019: 8878-8887.

[5] ZHANG K, LUO W, ZHONG Y, et al. Deblurring by realistic blurring [C]//Proceedings of the IEEE/CVF Conference on Computer Vision and Pattern Recognition. 2020: 2737-2746.

[6] IGNATOV A, KOBYSHEV N, TIMOFTE R, et al. DSLR-quality photos on mobiledevices with deep convolutional networks [C]//Proceedings of the IEEEInternational Conference on DSLR-quality photos on mobile Computer Vision. 2017: 3277-3285.

[7] TRIANTAFYLLIDOU D, MORAN S, MCDONAGH S, et al. Low light video enhancement using synthetic data produced with an intermediate domain mapping [C]//European Conference on Computer Vision. Springer, Cham, 2020: 103-119.

[8] LEDIG C, THEIS L, HUSZÁR F, et al. Photo-realistic single image super-resolution using a generative adversarial networ k [C]//Proceedings of the IEEE conference on computer vision and pattern recognition. 2017: 4681-4690.

[9] BULAT A, YANG J, TZIMIROPOULOS G. To learn image super-resolution, use a gan to learn how to do image degradation first [C]//Proceedings of the European conference on computer vision (ECCV). 2018: 185-200.

[10] MENON S, DAMIAN A, HU S, et al. Pulse: Self-supervised photo upsampling via latent space exploration of generative models [C]//Proceedings of the ieee/cvf conference on computer vision and pattern recognition. 2020: 2437-2445.

[11] PATHAK D, KRAHENBUHL P, DONAHUE J, et al. Context encoders: Feature learning by inpainting [C]//Proceedings of the IEEE conference on computer vision and pattern recognition. 2016: 2536-2544.

[12] LIZUKA S, SIMO-SERRA E, ISHIKAWA H. Globally and locally consistent image completion [J]. ACM Transactions on Graphics (ToG), 2017, 36(4): 1-14.

[13] WAN Z, ZHANG B, CHEN D, et al. Bringing old photos back to life [C]//Proceedings of the IEEE/CVF conference on computer vision and pattern recognition. 2020: 2747-2757.

[14] KARRAS T, AILA T, LAINE S, et al. Progressive growing of gans for improved quality, stability, and variation [J]. arXiv preprint arXiv:1710.10196, 2017.

[15] SHI W, CABALLERO J, HUSZÁR F, et al. Real-time single image and video super-resolution using an efficient sub-pixel convolutional neural network [C]//Proceedings of the IEEE conference on computer vision and pattern recognition. 2016: 1874-1883.

第 **9** 章

三维图像与视频生成

在第 5 章中，我们详细介绍了图像生成的核心技术，如今研究者也逐渐开始研究更加复杂的基于 GAN 的视频生成与三维图像生成问题。本章将简单介绍其中一些技术框架。

9.1 三维图像与视频生成应用

本节首先介绍三维图像与视频生成相关的应用。相比二维图像生成，当前三维图像和视频生成还没有达到以假乱真的效果。

9.1.1 三维图像生成应用

我们所处的真实世界是三维的，随着二维图像算法研究的渐趋饱和，现在学术界与工业界开始将更多的重心放在三维图像的研究上，而三维图像生成就是其中一个子方向。图 9-1 展示了由模型生成的一些三维图像。

图 9-1   由模型生成的三维图像

因为三维图像数据集的采集相对二维图像更加困难，因此三维图像生成用于扩充训练数据集是一个非常有前景的应用。

9.1.2 视频生成与预测应用

视频生成与预测是两个相关又不同的问题，二者采用的技术框架有共同之处，但是也各有不同的侧重点。

1. 视频生成应用

视频生成可以看作图像生成任务的拓展，它要求生成时序稳定的图像序列。高质量的视频生成，可以用于艺术作品创作、数据集扩充等应用领域。

图 9-2 展示了一些生成的视频帧，但是当前视频生成还无法达到图像生成的高质量水准。

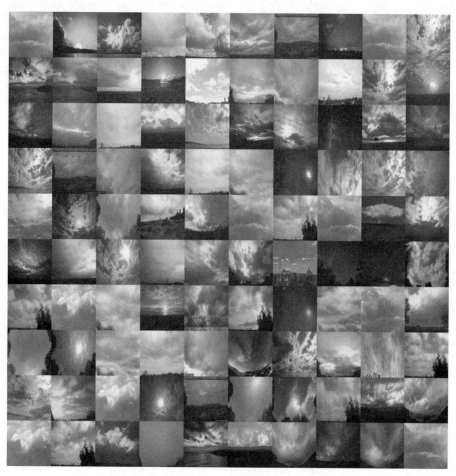

图 9-2　生成的视频帧

2. 视频预测应用

视频预测与视频生成不同，它是通过前一帧图像来预测下一帧图像的输出。

图 9-3 展示了一个视频帧序列预测的案例，原始图像是真实拍摄的静态图，通过图像生成框架可以仿真热气腾腾的效果。

静态图

预测的视频帧

图 9-3　视频预测（见彩插）

9.2　三维图像生成框架

现实生活中的图像是三维的，近年来对三维图像的研究也越来越多。通过将卷积从二维拓展到三维，GAN 也可以被用于三维图像的生成。

9.2.1　一般三维图像生成框架

三维图像生成不仅需要生成三维的形状，还需要生成逼真的纹理。Google 的研究者率先提出了完整的三维图像生成框架（Visual Object Network[1]），它分三个步骤依次生成 3D 形状、2.5D 的轮廓和深度，以及 2D 的纹理。

该框架共包括三个网络，如图 9-4 所示，分别是形状生成网络（shape network）、轮廓和深度投影网络（differentiable projection）和纹理生成网络（texture network）。

1）形状生成网络，输入一维的形状编码 z，输出 3D 形状 v。它是一个普通的生成对抗网络，只是生成图像从 2D 变成了 3D，相应的卷积核也从 2D 变成了 3D。

2）轮廓和深度投影网络，输入 3D 形状 v，输出 2.5D 深度和轮廓。这个步骤的目的是基于 2.5D，实现 3D 模型和 2D 图像的投影，其中投影矩阵可以从经验分布中对姿态进行采样。

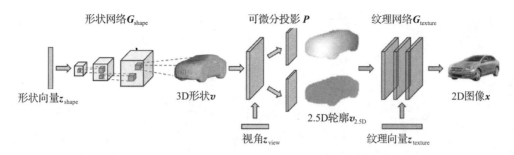

形状网络 G_{shape} 　　可微分投影 P 　　纹理网络 $G_{texture}$

形状向量 z_{shape} 　　3D形状 v 　　2.5D轮廓 $v_{2.5D}$ 　　2D图像 x

视角 z_{view} 　　纹理向量 $z_{texture}$

图 9-4　Visual Object Network 框架

3) 纹理生成网络，输入 2.5D 轮廓，输出 2D 纹理，即二维图像。它使用 CycleGAN 架构来实现一对多的映射。

因为这 3 个模块是条件独立的，所以模型不需要二维和三维形状之间的配对数据，从而可以各自在大规模的二维图像和三维形状数据集上进行训练。例如经典的三维形状数据集 ShapeNet 包含 55 个对象类别的数千个 CAD 模型。

9.2.2　二维图到三维图的预测框架

上一节介绍的三维图像生成框架是一个从头生成 3D 物体的框架，类似于 DCGAN 模型，输入为噪声向量，生成结果无法控制，且具有较高的训练难度。我们在第 5 章中介绍过条件 GAN 模型，它通过输入一些条件来控制生成的结果。对于三维图像生成任务来说，我们也可以提供一些额外的信息来提高生成结果的质量。

PrGAN(Projective Generative Adversarial Network)[2] 是一个三维形状预测 GAN 框架，可以用于从多个二维图中推断真实的三维形状，如图 9-5 所示。

图 9-6 展示了 PrGAN 的框架，包含 3D 形状生成器、投影模块、判别器。输入向量为 201 维随机噪

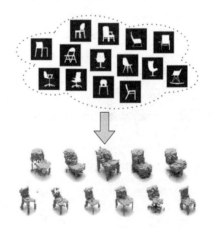

图 9-5　基于 2D 图预测 3D 形状

声，通过 3D 形状生成器和投影模块得到生成的 3D 形状和视角 (θ, φ)，生成的 3D 形状再经过投影后得到二维图像。判别器用于判定输入的 2D 图像是生成的还是真实的。

1) 生成器结构包括 4 个 3D 的卷积层，第一个卷积层输入 200 维向量，然后经过全连接层得到 $256 \times 4 \times 4 \times 4$ 的输出，再经过三个上采样层输出 $32 \times 32 \times 32$ 的体素，其中卷积核大小全部是 $5 \times 5 \times 5$。

2) 投影模块使用 z 的最后 1 维，输出角度 (θ, φ)。实际上就是将 y 方向均匀分成了 8 个部分，根据 z 的值进行随机选择。

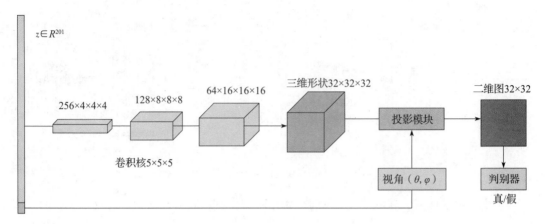

图 9-6　PrGAN 框架

PrGAN 的训练方法和基本的二维 GAN 生成模型没有差别，但该框架有一些待改进之处，包括分辨率太低、只利用了二值的输入信息、使用的是仿真图像等。

9.3　视频生成与预测框架

近些年生成对抗网络技术发展得非常快，图像的生成可以达到以假乱真的效果，而视频生成则是图像生成应用的拓展，拥有更高的难度。视频生成不仅要生成多张逼真的图像，而且要保证运动的连贯性，甚至要预测真实的运动。本节我们来介绍视频生成相关的框架。

9.3.1　基本的 Video-GAN

Video-GAN[3] 可以认为是图像生成框架 DCGAN 的视频版，它通过 3D 卷积从随机噪声中生成连续的视频帧，其框架如图 9-7 所示。

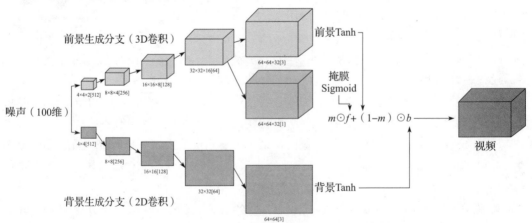

图 9-7　Video-GAN 框架

为了简化问题，该框架不考虑相机本身的运动，因此背景不会发生运动，整个视频由静态的背景和动态的前景构成。

Video-GAN 由一个双路（two-stream）的架构分别生成背景（Background）和前景（Foreground）。因为背景是静态的，所以背景生成分支是一个 2D 卷积组成的生成网络，输入为 4×4 大小的特征，输出为 64×64 大小的图像。而前景是动态的，所以前景生成分支是一个 3D 卷积组成的生成网络，输入为 $4 \times 4 \times 2$ 大小的特征，输出为 $64 \times 64 \times 32$ 大小的视频，每一个视频包括 32 帧图像。生成器都采用了与 DCGAN 的生成器相同的架构。

前景 $f(z)$ 和背景 $b(z)$ 融合的方式如下，即采用了一个掩膜 $m(z)$ 进行线性融合。

$$G_2(z) = m(z) \odot f(z) + (1 - m(z)) \odot b(z) \tag{9.1}$$

9.3.2　多阶段的 MD-GAN

相比直接生成视频，另外一个更加常见的场景是通过输入一帧图像，来对接下来的帧进行预测，这就是所谓的视频预测问题。

前述的 Video-GAN 模型也可以用于视频预测，只需要在网络前端添加编码器将输入图转换为特征向量，用于替换掉噪声向量，后续的模型结构则不需要进行调整。

下面我们来介绍另外一个更加精细的生成框架，即 MD-GAN[4]，它通过两步来提升连续帧的生成效果，整个网络框架如图 9-8 所示。

MD-GAN 框架分为两个阶段，分析如下。

第一阶段（Base-Net）：生成每一帧的内容，它要注重每一帧内容的真实性。第二阶段（Refine-Net）：重点优化帧与帧之间物体的运动，使得生成结果更加平滑。

首先我们来看 Base-Net，它包含生成器 G_1 和判别器 D_1。

❏ G_1 采用的是编解码结构，它包含多个 3D 卷积层–反卷积层对，使用了跳层连接，这是一个典型的 U-Net 结构，实现对视频内容的建模，优化目标为逐像素的 L1 距离。

❏ D_1 采用了 G_1 中的编码器部分网络，只在最后一层用 sigmoid 激活函数替换掉 ReLU 激活函数。

然后我们来看 Refine-Net，它包含生成器 G_2 和判别器 D_2。

❏ G_2 和 G_1 很像，只是移除了部分跳层连接，因为作者发现过高抽象级别和过低抽象级别的连接会对视频的动态性建模产生负面影响。

❏ D_2 包含 3 个判别器，其中每一个判别器的结构均和 D_1 的结构一样，它重点需要建模格拉姆矩阵（Gram matrix）和排序损失（ranking loss）。

格拉姆矩阵是特征之间的协方差矩阵，非常适合对图像的纹理特征进行表征，被广泛应用于风格化领域。得到了格拉姆矩阵后，我们就可以将其用于计算排序损失。

假定从 Base-Net 输出的视频为 Y_1，Refine-Net 输出的视频为 Y_2，真实的视频为 Y。排序损失就是要约束 Y_2 与真实视频的距离比 Y_1 与真实视频的距离小，定义如式 9.2 所示，这是一个经典的对比损失（contrastive loss）。

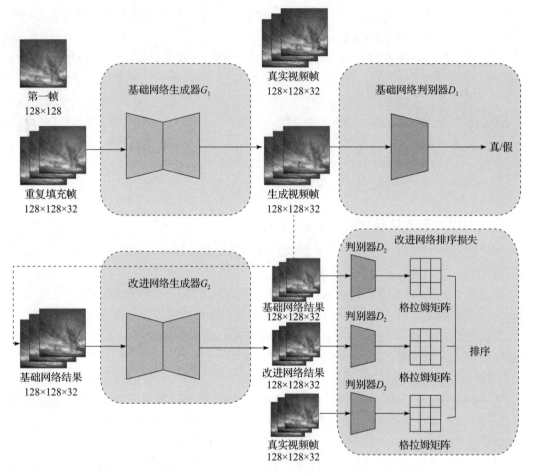

图 9-8   MD-GAN 框架

$$L_{\text{rank}}(Y_1,Y_2,Y;l) = -\log \frac{e^{-\|g(Y_2;l)-g(Y;l)\|_1}}{e^{-\|g(Y_2;l)-g(Y;l)\|_1} + e^{-\|g(Y_2;l)-g(Y_1;l)\|_1}} \tag{9.2}$$

为了约束前后帧的内容细节，在训练 Refine-Net 时也需要加上内容重建损失。

9.3.3   内容动作分离的 MoCoGAN

MoCoGAN[5] 将视频生成分解为内容生成和动作生成两部分，在两个子空间中实现更自由的结果控制，其框架示意图如图 9-9 所示。

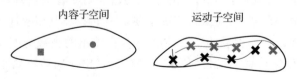

图 9-9   MoCoGAN 框架示意图

潜在空间中的每一个点表示一个图，记为 Z_I，则一段长度为 K 的视频就可以使用一个长度为 K 的路径来表示，为$[Z(1),\cdots,Z(K)]$。Z_I 进一步被分解为两个子空间，分别是内容空间 Z_C 和运动空间 Z_M，内容空间只建模与运动无关的内容变化，运动空间则只建模与内容无关的运动变化。比如对于一个微笑的人脸，可以使用内容空间建模身份信息，使用运动空间建模面部肌肉运动。

内容空间的建模可以使用高斯分布，并且每一帧都可以使用同样的模型。运动空间的建模则可以采用 RNN 模型。内容空间和运动空间的建模如图 9-10 所示。

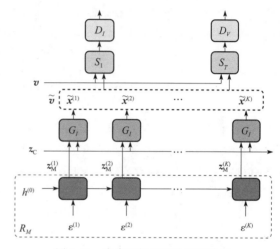

在图 9-10 中，G_I 是图像生成网络，D_I 是图像判别网络，D_V 是视频判别网络，R_M 是 RNN 网络，v 是真实视频，$\tilde{v}$ 是生成的视频。D_V 输入固定长度的视频，一方面用于判断视频是来自真实视频还是来自生成视频，另一方面用于判断视频的运动。

后续研究者们提出了 MoCoGAN 的改进版本[6]MoCoGAN-HD，它基于一个假设：如果有一个图像生成器可以生成每一帧都清晰的图像，那么视频可以表示为这个生成器隐空间的一组隐变量，视频合成问题就是发现一组满足时序一致性的隐变量。

图 9-10　内容空间和运动空间建模

我们在前面章节中介绍过的 StyleGAN 就是符合要求的图像生成器，而且 7.7 节中已经展示了可以基于潜在向量的编辑，实现人脸属性的平滑改变。

MoCoGAN-HD 就是基于 StyleGAN v2 的视频生成框架，图 9-11 和图 9-12 分别是参考文献[6]中给出的相同的初始内容向量、不同的动作向量的视频生成结果，以及不同的初始内容向量、相同的动作向量的视频生成结果。

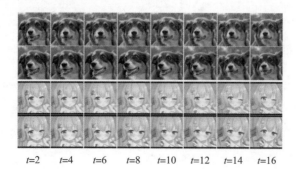

$t=2$　$t=4$　$t=6$　$t=8$　$t=10$　$t=12$　$t=14$　$t=16$

图 9-11　相同的初始内容向量，不同的动作向量，t 表示不同时刻

$t=2$　$t=4$　$t=6$　$t=8$　$t=10$　$t=12$　$t=14$　$t=16$

图 9-12　不同的初始内容向量，相同的动作向量，t 表示不同时刻

可以看出产生的视频帧已经有较好的真实性。读者可以寻找对应的开源项目查看更多视频生成效果。

当然目前三维图像生成框架与视频生成框架的研究并不是非常成熟，所以我们没有在本章添加实战内容。读者可以自行拓展学习，进行相关的实践。随着二维图像处理与计算机视觉技术的不断成熟，三维图像与视频成为当下图像领域中进展迅速的方向，读者可以自行关注。

参考文献

［1］ ZHU J Y, ZHANG Z, ZHANG C, et al. Visual object networks：Image generation with disentangled 3d representations［J］. Advances in neural information processing systems，2018，31.

［2］ GADELHA M, MAJI S, WANG R. 3D shape induction from 2D views of multiple objects［C］//2017 International Conference on 3D Vision（3DV）. IEEE，2017：402-411.

［3］ VONDRICK C, PIRSIAVASH H, TORRALBA A. Generating videos with scene dynamics［C］//Advances in neural information processing systems. 2016：613-621.

［4］ XIONG W, LUO W, MA L, et al. Learning to generate time-lapse videos using multi-stage dynamic generative adversarial networks［C］//Proceedings of the IEEE Conference on Computer Vision and Pattern Recognition. 2018：2364-2373.

［5］ TULYAKOV S, LIU M Y, YANG X, et al. Mocogan：Decomposing motion and content for video generation［C］//Proceedings of the IEEE conference on computer vision and pattern recognition. 2018：1526-1535.

［6］ TIAN Y, REN J, CHAI M, et al. A good image generator is what you need for high-resolution video synthesis［J］. arXiv preprint arXiv：2104.15069，2021.

CHAPTER 10

第 **10** 章

通用图像编辑

GAN 技术的发展，不仅使一些经典的计算机视觉任务发展水平被大大提升，如图像生成与增强领域，也给一些比较新且复杂的视觉任务带来了新的解决思路。在第 7 章中我们已经介绍了 GAN 在人脸图像编辑中的一些应用，它们属于特定的领域，已经取得了可以实际落地的效果。在本章，我们将再介绍一些更加通用的图像编辑任务，虽然离产品落地还有距离，但是了解学习 GAN 在解决这些任务过程中的一些典型思路是非常有意义的。

10.1 图像深度编辑

照片是摄像头对真实物理场景的记录，而真实的物理场景是有深度的。在计算机视觉领域中有一个研究方向，即图像深度估计。通过对深度的估计，我们可以获取目标的远近程度，有助于识别不同的目标。通过对深度的编辑，可以影响照片中的前背景景深效果，这在自动驾驶、摄影图像处理中非常有用。

本节将介绍基于 GAN 的图像深度编辑框架。

10.1.1 深度与景深

本节首先来了解什么是深度、什么是景深，以及当编辑图像的景深时对图像美感带来什么改变。

1. 基本概念

图 10-1 展示了一幅 RGB 图像与对应的彩色深度图，其中相似的颜色表示相似的深度。

图 10-1 中的第一行是自然场景中的 RGB 图像，第二行是对应的深度图。深度信息可以使用灰度值表示，这里将其映射为伪彩色是为了增强显示效果。

图 10-1　RGB 图像与深度图

在摄影图像中，我们可以通过摄像机的参数让不同的目标具有不同的成像清晰度，从而获取虚化的美学效果。

对于摄像头来说，当被摄物体位于镜头前方（焦点的前、后）一定长度的空间内时，其在底片上的成像位于同一个弥散圆之间，此时呈现给人眼的感觉就是成像清晰，这段空间的长度即景深，也称为 DOF（Depth of Field），当超过景深范围时，成像渐渐模糊，如图 10-2 所示。

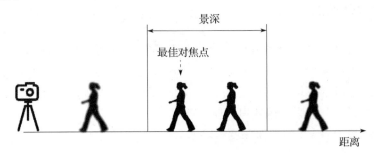

图 10-2　景深与成像清晰度

在拍摄图像时，使拍摄主体与背景之间有一定的距离，调整镜头上的对焦环，使主体在景深范围内，背景在景深范围外，则主体成像清晰，背景成像模糊，即我们常说的背景虚化。

大光圈镜头拍摄的图像就有浅景深（Narrow Depth of Field）的效果，即成像清晰的焦距范围比较小，所以能有非常好的背景虚化效果，适合人像与静物摄影，如图 10-3 所示。

小光圈镜头则具有大景深（Large Depth of Field）的效果，从而可以让拍摄的前景与背景目标都清晰，如图 10-4 所示。

图 10-3　浅景深案例（见彩插）

图 10-4　大景深案例（见彩插）

综上，光圈大小、镜头焦距、拍摄物的距离是影响景深的重要因素，它们与景深的关系总结如下。

1）光圈越大（光圈值 f 越小），则景深越浅。

2）镜头变焦倍率（焦距）越长，则景深越浅。

3）主体越近，景深越浅。

当我们要突出某一个目标主体时，可以选择较大的光圈和焦距，让镜头与背景的距离尽可能远，与拍摄物的距离尽可能近，从而获得优秀的背景虚化效果，突出要表现的主体。

2. 景深编辑效果

要想拍摄出非常好的景深虚化效果，则要求镜头有大光圈，对于单反等镜头来说这不是难题，但是手机摄像头受限于传感器大小，无法直接拍摄出媲美单反镜头的虚化效果，因此我们需要借助后期工具来编辑模拟虚化效果。

Photoshop 是常用的工具，但是由于使用成本较高，不适合大众。目前移动端也有一些经典的后期景深调整工具。以 Focos 为例，它可以实现先拍照后对焦，实现景深的任意编辑，已连续两年获得 AppStore 精选推荐。它先利用 iPhone 的多镜头设计，在拍摄时得到 3D 模型，然后在后期进行编辑合成景深效果，还可以添加模拟光源照明。升级后的版本支持对任意的照片进行景深模拟，而不限定于 iPhone 拍摄好的照片。图 10-5 展示了使用 Focos 处理一张照片的效果。

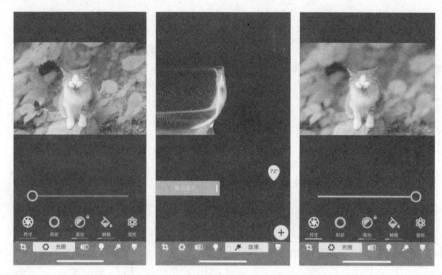

图 10-5　Focos 后期虚化工具（见彩插）

从左到右，第一张图为原图，第二张图为景深估计的效果，第三张图为将光圈调至最大，即编辑景深的效果。如今基于先进的机器学习算法，我们也可以在手机摄像头直接模拟大光圈的效果。

对于摄影类图像来说，当我们修改像素的深度时，实际上就是想要更改前背景的景深效果，因此我们这里指的景深编辑的更加通用的说法是深度编辑，下面我们统一用景深编辑来指代。

10.1.2　图像景深编辑框架

接下来我们介绍一个典型的基于生成对抗网络的景深编辑框架 RefocusGAN[1]，它包含去模糊和对焦两个步骤来实现重对焦，从而实现前背景景深的编辑。两个步骤都基于条件生成对抗网络完成。

第一步是去模糊：以一个对焦完成的图（Near-Focus，简称为近焦图）和它的对焦响应估计（Focus Measure Response）作为输入。Near-Focus 指的是离相机近的目标对焦清晰、离相机远的目标则模糊。对焦响应估计在本质上是对主体目标进行边缘检测。两者拼接后输入生成器，估计出清晰对焦图（Generated In-Focus，简称为全对焦图），即所有目标都在焦点内，整个实现流程如图 10-6 所示。

第二步是重对焦：通过原始对焦完成的图和全图对焦清晰的图拼接后输入生成器生成远场对焦图，从而模拟景深的编辑，实现近处目标和远处目标的重对焦，整个实现流程如图 10-7 所示。

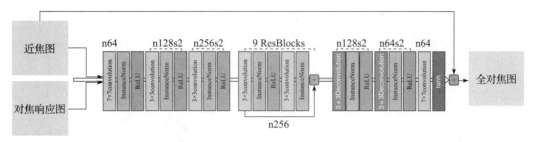

图 10-6 RefocusGAN 去模糊流程

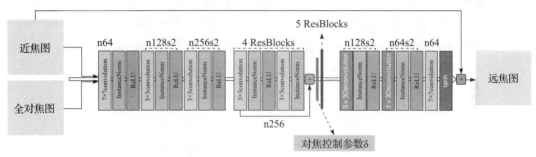

图 10-7 RefocusGAN 重对焦流程

图 10-8 分别展示了近焦图、真实的全对焦图（Ground-Truth In-Focus）、真实的远焦图（Ground-Truth Far-Focus）、对焦估计响应，生成的全对焦图，生成的远焦图。

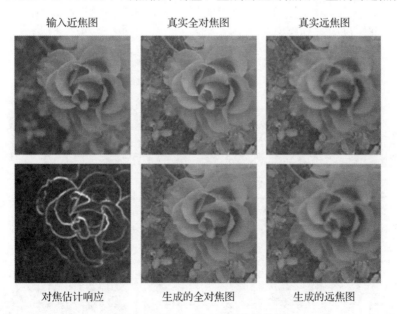

图 10-8 RefocusGAN 框架相关图

以上两个步骤使用相同的模型结构，优化目标采用对抗损失和感知损失。远处目标对焦和近处目标对焦的相互切换可以通过对焦控制参数进行交互式控制。

10.2 图像融合

所谓图像融合，即实现两幅图的融合，或者将一幅图的目标插入新的背景图中。我们在第 7 章中介绍的换脸算法本质上也可以归属于图像融合。

10.2.1 图像融合问题

假如我们只获得了需要融合到一张图中的目标区域，而无法得到透明度等参数，如果直接在原图中进行替换，该部位的颜色往往会与周围区域有明显差异，而边缘处也没有平滑过渡，则此时需要对该区域在颜色和梯度的约束下进行变换。其中经典的方法是泊松融合[2]，它主要解决的是如下问题：

$$\min \iint_{\Omega} |\nabla f - v|^2 \, \text{with} f \, |\partial\Omega = f^* \, |\partial\Omega \tag{10.1}$$

如果我们要把源图像 B 融合在目标图像 A 上，令 f 表示融合的结果图像 C，f^* 表示目标图像 A，v 表示源图像 B 的梯度，∇f 表示 f 的一阶梯度（即结果图像 C 的梯度），Ω 表示要融合的区域，$\partial\Omega$ 表示融合区域的边缘部分。

式 10.1 的意义就是在目标图像 A 的边缘不变的情况下，使结果图像 C 在融合部分的梯度与源图像 B 在融合部分的梯度最为接近。所以在融合的过程中，源图像 B 的颜色和梯度会发生改变，以便与目标图像 A 融为一体。

图 10-9 展示了一些使用泊松融合方法生成的图像融合案例，其中对第 1 列和第 2 列进行融合后得到第 3 列。

图 10-9   泊松图像融合案例（见彩插）

10.2.2 基于 GAN 的图像融合框架

随着深度学习和生成对抗网络等技术的发展，当前基于深度学习的图像融合也被研究人员提出，以 GP-GAN(Gaussian-Poisson GAN)[3]为代表。GP-GAN 是一个基于 GAN 的图像融合网络，它将 GAN 模型和泊松融合进行了结合，其框架如图 10-10 所示。

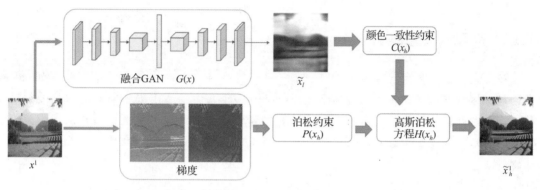

图 10-10　GP-GAN 框架

GP-GAN 框架主要包含两部分：融合 GAN(Blending GAN)和高斯-泊松方程(Gaussian-Poisson Equation)。

融合 GAN 是一个编解码结构，它使用输入输出的 L2 距离作为重建损失，再添加对抗损失后作为优化目标。该结构可以作为颜色约束(colour constraint)，使生成的图像更加真实和自然，结果为比较模糊的低精度输出图。

由于在该框架中两幅用于融合的原始图(src)和目标图(dst)是在不同拍摄条件下拍摄的同一场景，因此作者使用了目标图作为重建真值。当不满足这个条件时，则使用无监督的方式进行训练。

高斯-泊松方程是一个金字塔式的高分辨结构，它作为梯度约束(gradient constraint)，用于进一步提高图像的分辨率，使其拥有逼真的纹理细节。

优化目标包括泊松融合目标和颜色约束，如下：

$$H(x_h) = P(x_h) + \beta C(x_h) \tag{10.2}$$

其中 $P(x_h)$ 就是标准的泊松方程，其目标是使生成图与原始合成图有着相同的高频信号。$C(x_h)$ 是颜色一致性约束，其目标是使生成图与原始合成图有着相同的低频信号。式(10.2)写成离散形式如下。

$$H(x_h) = \|u - Lx_h\|_2^2 + \lambda \|x_l - Gx_h\|_2^2 \tag{10.3}$$

其中 L 是拉普拉斯算子，G 是高斯算子，u 是向量场 v 的散度，x_h 是要求解的图，x_l 是输入的低清图。v 根据是否是融合区域，分别取自原图像和目标图像，定义如下：

$$v(i,j) = \begin{cases} \nabla x_{\text{src}}, & if\,mask(i,j) = 1 \\ \nabla x_{\text{dst}}, & if\,mask(i,j) = 0 \end{cases} \tag{10.4}$$

式 10.4 具有解析解，具体求解时按照金字塔模型不断提升分辨率，且前一级求出的 x_h 作为下一级分辨率的 x_l。

相对于泊松融合等方法，GP-GAN 可以利用生成模型的生成能力，对更复杂的区域进行融合。当前基于深度学习模型的图像融合技术正在发展中，感兴趣的读者可以持续关注。

10.3　交互式图像编辑

技术人员要对图像进行再编辑与创作，往往需要经过长时间的专业培训，具有很高的门槛。尽管 Photoshop 一类工具已经流行了许多年，但仍然仅限于职业与深度爱好者使用，所以开发一款傻瓜式、极简的交互式图像编辑工具，对于有图像编辑需求但是又没有时间学习专业技能的大众来说是非常有意义的。本节将介绍一个典型的交互式图像编辑框架。

10.3.1　交互式图像编辑框架

所谓的交互式图像编辑，即用户可以使用较少的工作量，创作复杂的图像，比如基于简单的颜色笔触绘制出真实的 RGB 图像，如图 10-11 所示。

图 10-11　基于简单的输入，生成复杂的高质量图像（见彩插）

第 1 列表示绘制的简单颜色笔触，这只需要用户有基本的生活常识，不需要深厚的绘画功底。右边的 3 列表示算法生成的高质量结果。我们可以通过笔触的不同颜色来更改不同的语义，从而创作内容和风格丰富的作品。

10.3.2　基于 GAN 的交互式图像编辑框架

接下来介绍当前具有代表性的交互式图像编辑框架。

SPADE[4] 是一个图像翻译框架，它基于空间自适应归一化层（Spatially-Adaptive Normal-ization Layer，SPADE 层），输入语义分割的掩膜图，就可以输出真实感非常高的合成图像。

一般的图像生成 GAN 将卷积层、归一化层，以及非线性层堆叠在一起构成生成模型，但现有的归一化层通常会将该层输入的数据转化为均值为 0，标准差为 1 的分布，当输入的标签值为同一值时，所有的数据会变为 0（均值为 0），其结果就是常常会"擦除"输入的语义标签图的语义信息，使得生成的图像上有大片的灰暗结果或错误的图案，影响生成图像的真实性。

为了解决这个问题，SPADE 框架使用了新的归一化层，即 SPADE 层。该层通过卷积层对输入的语义标签图 m 进行学习，学习出两组变换参数，对应 BN 的归一化参数，即 γ 和 β，它们是拥有与图像空间大小相同维度的矩阵，而不再是向量系数，如图 10-12 所示。

SPADE 层的计算公式如式（10.5）所示：

$$\mathrm{BN} = \gamma^{i}_{c,y,x}(m)\frac{h^{i}_{n,c,y,x}}{\sigma^{i}_{c}} + \beta^{i}_{c,y,x}(m) \quad (10.5)$$

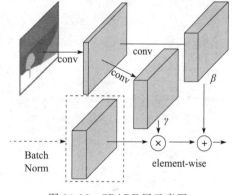

图 10-12　SPADE 层示意图

其中 y、x 表示图像的空间位置，c 表示通道，μ 和 σ 表示每一个通道特征图的均值和标准差，每一个通道会单独进行计算。

生成模型结构使用了 Pix2PixHD，将 SPADE 层融入生成模型中，从而使得语义信息得以有效保存，并在整个生成模型中传递。由于 SPADE 层已经很好地学习了输入的语义标注图信息，所以不再需要生成模型编码部分，而只需要保留解码部分，网络的输入则直接可以设为噪声数据。

SPADE 模型架构如图 10-13 所示。

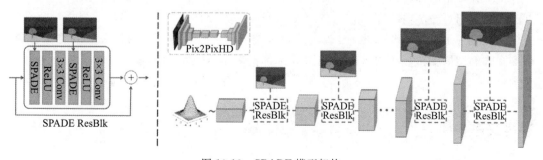

图 10-13　SPADE 模型架构

当我们想要生成不同风格的图像时，也可以在前端增加一个编码器，对特定风格的图像进行风格编码，将其作为输入的噪声数据，从而生成指定风格的风景图像，如图 10-14 所示。

图 10-14　指定风格输出（见彩插）

图 10-14 中的第 1 列是输入掩膜，其右上角为指定的风格图，第 2～5 列分别为晴天、傍晚、晚霞、白天风格图输入控制下的生成结果图。

10.4　展望

本章介绍了图像编辑的几个问题，但没有实战，主要是因为本章所涉及的方向当前并不成熟，离算法落地还存在较大的差距。深度编辑与图像融合虽然是一个相对小众的方向，但是在手机摄像图像处理中却有着巨大的应用前景，是非常值得关注的技术方向。而交互式的图像编辑，在内容创作与游戏中都有着不小的应用前景，读者可自行关注相关内容。

参考文献

[1]　SAKURIKAR P, MEHTA I, BALASUBRAMANIAN V N, et al. Refocusgan：Scene refocusing using a single image [C]//Proceedings of the European Conference on Computer Vision（ECCV）.

2018：497-512.

[2] PÉREZ P，GANGNET M，BLAKE A. Poisson image editing [M]//ACM SIGGRAPH 2003 Papers. 2003：313-318.

[3] WU H，ZHENG S，ZHANG J，et al. Gp-gan：Towards realistic high-resolution image blending [C]//Proceedings of the 27th ACM International Conference on Multimedia. 2019：2487-2495.

[4] PARK T，LIU M Y，WANG T C，et al. Semantic Image Synthesis With Spatially-Adaptive Normalization [C]//2019 IEEE/CVF Conference on Computer Vision and Pattern Recognition (CVPR). IEEE，2019.

第 **11** 章

对 抗 攻 击

本章主要介绍对抗攻击的相关内容以及 GAN 的相关应用。在 11.1 节，我们首先介绍了对抗攻击的基本概念并展示了相关的例子，接着对常用的对抗攻击算法进行了详细介绍，也对防御算法进行了相关介绍。在第 11.2 节，我们介绍了 3 种基于 GAN 的对抗样本生成模型，包括 Perceptual-Sensitive GAN、Natural GAN 以及 AdvGAN。在 11.3 节，我们以 APEGAN 为例，展示了其在防御中的效果。最后在 11.4 节我们对于应用比较多的 AdvBox 开源工具进行了实战说明。

11.1 对抗攻击及防御算法

目前人工智能和机器学习技术被广泛应用在人机交互、安全防护等各个领域，某些攻击者希望通过直接对机器学习模型进行攻击达到对抗目的。以人机交互为例，语音和图像作为新兴的人机输入手段，具有非常高的实用性和便捷性，这其中至关重要的一个环节便是准确识别图像和语音，从而使机器理解并执行用户的指令。对此，攻击者通过对数据源的细微修改，达到用户感知不到，而机器接收该数据后做出错误的操作的目的。

11.1.1 对抗攻击概述

在深度学习中，神经网络非常容易受到扰动或噪声的干扰，而且很多时候噪声或扰动是非常轻微的，以至于人眼无法察觉，但却极大地影响了分类效果甚至出现明显的错误，如图 11-1 所示。

分类器 C 认为输入样本 x 有 57% 的可能性为熊猫，当添加了噪声后，从人眼视觉角度来看扰动前后图像并无明显变化，但分类器 C 却完全确认扰动后的样本为长臂猿，这是明显不符合常识的。一般，我们将这类扰动后的样本称为对抗样本。对抗样本在机器学习模型中普遍存在，这一点已有人从有限鲁棒性、边界倾斜、线性假设等多个角度进行了理论上的阐述，本书不再展开。在实践中，对抗样本可通过某些算法计算获得，也直接存在于真实世界中，如图 11-2 所示。将左边的图像作为训练集样本训练分类器，把样本送入照相软件并打印出来得到新的样本，可以发现由于拍摄角度、距离等微小差异，分类器并不能总给出正确结果。

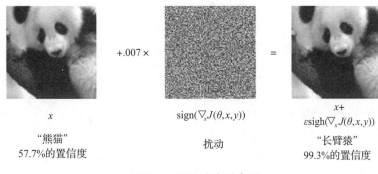

x

"熊猫"
57.7%的置信度

$+.007 \times$

$\text{sign}(\nabla_x J(\theta,x,y))$

扰动

$=$

$x+$
$\varepsilon\text{sigh}(\nabla_x J(\theta,x,y))$

"长臂猿"
99.3%的置信度

图 11-1　对抗攻击示意图

图 11-2　真实世界的对抗样本

对对抗样本的研究具有非常重要的安全意义。现实世界中已经有大规模的人工智能模型部署，攻击者通过精心设计的对抗样本，对机器学习模型进行攻击，使其出现显而易见的错误，从而产生安全威胁，即对抗攻击。例如攻击者可篡改设计交通标志路牌，使得自动驾驶汽车将其识别成其他命令，造成交通事故；攻击者可通过面部伪装，欺骗脸识别安全系统，进行入侵。对抗样本同样能够发挥积极的作用，例如，可以提供新颖的视角来研究深度神经网络的弱点和盲点，提高其鲁棒性；也可以通过对抗样本生成技术重新生成用户上传的图像数据，避免不法分子通过基于神经网络的图像识别系统采集并分析该用户的数据，进而保护用户隐私。

对抗攻击可分为有目标攻击和无目标攻击，其中有目标攻击是指通过对样本 x 添加噪声，使扰动后的样本被分类器 C 分类成指定的新类别 l，而无目标攻击的目的是使分类器出错，只需扰动后的样本不被分类成其本来的标签类别即可。从对模型知识的掌握程度来看，对抗攻击又可分为白盒攻击和黑盒攻击，其中白盒攻击是指攻击者知晓模型的结构、权值参数、超参数等信息，可以完整构建模型的副本，而在黑盒攻击中，攻击者只能获得模型的输出结果，例如置信度、标签向量等信息，显然黑盒攻击的难度要远大于白盒攻击。

11.1.2 常用攻击算法

本节将对常用的攻击算法进行介绍。对抗攻击算法的目标是产生对抗样本，使分类器产生错误。根据对分类器模型知识的掌握情况，我们将攻击算法分为白盒攻击算法和黑盒攻击算法。其中白盒攻击算法的原理可分为：基于优化的攻击算法、基于梯度的攻击算法、基于生成的攻击算法三大类别，我们将分别对它们进行介绍。

1. 基于优化的攻击算法

基于优化的攻击算法通过全局优化搜索来寻找像素的改变值，从而生成对抗样本。我们可以对应将其描述为数学问题，对于一个干净的归一化图像 I（其像素值取值范围为 $[0,1]$），计算一个扰动或噪声 δ，若新的图像 $x+\delta$ 的数值范围仍保持在 $[0,1]$ 且判别器 $C(x+\delta)$ 可给出某个新的目标类别 l，则应当使 δ 尽可能小以至于人类难以察觉。综合起来，我们可得到如下优化问题：

$$\min d(x,x+\delta)$$
$$s.t.\ C(x+\delta)=l \tag{11.1}$$
$$x+\delta \in [0,1]^m$$

其中 $d(x,x+\delta)$ 表示两个图像之间的距离，该问题的第一个等式约束 $C(x+\delta)=l$ 难以处理。CW(Carlini & Wagner)算法引入了一系列攻击来寻找最小化相似性度量的对抗扰动，其将上述问题转换为不等式约束：

$$f(x+\delta) \leqslant 0 \tag{11.2}$$

其中，$f(\cdot)$ 由人为进行设定，例如 $f(x')=\max(\max_{i \neq t}(F(x')_i)-F(x')_t,\ -k)$，$F(\cdot)$ 为 softmax 函数，并且使用 p 范数表示图像距离，则原问题可进一步转换成：

$$\min \|\delta\|_p + c \cdot f(x+\delta)$$
$$s.t.\ x+\delta \in [0,1]^m \tag{11.3}$$

我们称 $x+\delta \in [0,1]^m$ 为盒约束。对于盒约束，CW 给出了 3 种处理办法：①数据裁剪即在每次迭代计算时对 $x+\delta$ 进行裁剪使其落在值域范围内；②把目标函数中的 $f(x+\delta)$ 修改为 $f(\min(\max(f(x+\delta),0),1))$，将盒约束转化为目标函数中的"软"约束；③引入变量 w，并使 $x+\delta=(\tanh(w)+1)/2$ 从而满足盒约束。

Deepfool 是另外一种典型的基于优化的攻击算法，它的目的是寻找可使分类器产生误判的最小扰动。如图 11-3a 所示，在线性二分类问题中，原始样本通过添加扰动可形成新的样本，并且由于该样本在分类面上，分类器将会对该样本给出错误分类结果，其中最小扰动为原始样本到分类面的距离。将上述思想拓展到多分类任务中，如图 11-3b 所示，可计算原始样本到各个分类面的距离，并选择其中最小的距离作为扰动，则新的样本可被分类器错误分类。实际上，我们面对的问题基本都是非线性多分类问题。Deepfool 算法在每次迭代中先计算近似分类超平面，然后计算距离分类面最近的扰动，并将扰动添加到样本上得到新的样本。

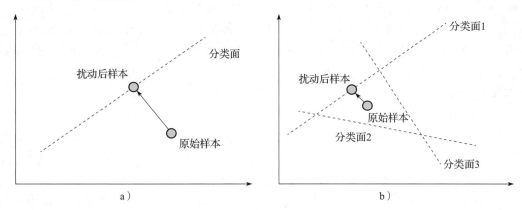

图 11-3 Deepfool 原理示意图

2. 基于梯度的攻击算法

基于梯度的攻击算法的基本思路是寻找最大化损失函数的样本，最直接的办法是梯度上升，因为梯度方向表示了损失函数数值上升最快的方向。FGSM(Fast Gradient Sign Method)是一种单步的攻击算法，计算方法如下：

$$x' = x + \varepsilon \cdot \text{sign}(\nabla_x L(f(x), \hat{y})) \tag{11.4}$$

其中，$\text{sign}(\cdot)$ 为符号函数，L 为损失函数，$\hat{y}$ 为样本 x 的标签。FGSM 攻击算法并无攻击目标类别，当给定分类器和标签时，损失函数 L 是样本 x 的函数，我们希望到达一个损失函数比较大的样本点，因为损失函数越大意味着样本越不应该被分为 $\hat{y}$ 类别。

BIM(Basic Iterative Method)攻击算法是在 FGSM 的基础上使用逐步迭代计算对抗样本，效果也往往更好。首先令 $x_0 = x$，然后依次迭代：

$$x_{t+1} = \text{clip}(x_t + \alpha \cdot \text{sign}(\nabla_{x_t} L(f(x_t), \hat{y}))) \tag{11.5}$$

在反向 FGSM 算法中，首先预测一种原始样本 x 最不可能的标签 $\check{y}$，则损失函数 $L(f(x), \check{y})$ 越小，意味着分类器给出的分类结果越接近 $\check{y}$，自然地，可仿照 FGSM 使用梯度下降法，即：

$$x' = x - \alpha \cdot \text{sign}(\nabla_x L(f(x), \check{y})) \tag{11.6}$$

与 BIM 相同，ILCM(Iterative Least-likely Class Method)攻击算法将上述方法推广为分步迭代算法，即

$$x_{t+1} = \text{clip}(x_t - \alpha \cdot \text{sign}(\nabla_{x_t} L(f(x_t), \hat{y}))) \tag{11.7}$$

3. 基于生成的攻击算法

基于生成的攻击算法是指直接使用神经网络直接产生对抗样本，主要以 ATN(Adversarial Transformation Network)和 GAN 为代表。在 ATN 中，神经网络 $g_\theta(x)$ 以样本 x 作为输入，并输出扰动样本 x'，其中 θ 为网络的参数，定义 $g(x)$ 的训练目标函数为：

$$\min_\theta \sum_{x_i} \beta L_A(g_\theta(x_i), x_i) + L_B(C(g_\theta(x_i)), r(\hat{y}, l)) \tag{11.8}$$

这里 L_A 是基于相似性的损失函数，它描述了扰动样本 $g_\theta(x_i)$ 和原样本的距离，L_B 是基于标签向量的损失函数，$C(g_\theta(x_i))$ 为扰动样本的输出标签向量，$r(\hat{y}, l)$ 表示将标签重排序，通过某种映射使得标签向量中第 l 类具有最大的数值。对于重排序函数 Reranking 的形式，我们不再展开。最后可使用 L2 范数在 L_A 和 L_B 中进行度量，其中 β 表示损失函数之间的权重。使用 GAN 产生对抗样本的内容将在 11.2 节展开。

4. 黑盒攻击算法

上面几个算法均为白盒攻击算法，且已经取得了令人印象深刻的攻击效果。黑盒攻击算法是对黑盒模型进行攻击，对模型知识知之甚少，虽然难度增加但效果也令人满意，其典型代表算法有单像素攻击、UPSET、ANGRI、RP2 等算法。

一般的攻击算法多是对整张图像的像素点进行一些变换，扰动的限制条件为总变换的大小。单像素攻击算法对可改像素点的个数进行了限制，只改变一个像素点的值，但不限制其变换大小，以此达到变换后的图像被误分类的目的。单像素攻击使用启发式的进化算法来搜索对抗样本。进化算法不易陷入局部最优，不需要获得梯度信息且简便易行。首先构建一组包含像素位置 x、y 和 RGB 像素值的五维扰动向量，迭代时根据特定规则不断产生新的扰动向量，根据适应函数进行竞争从而保持种群的规模，最终找到满足终止条件的解。实际结果表明单像素攻击具有一定的成功率。

在 UPSET 算法中，优化问题为：

$$\max(\min(sU(l)+x, 1), -1) \tag{11.9}$$

扰动由标量 s 和 $U(l)$ 两部分相乘得到，神经网络 U 的输入为目标类别 l，输出为 N(N 为类别总数)个扰动噪声。当扰动噪声被添加到不属于 l 类别的图像时，扰动后的图像可被分类器判别为目标类别 l。UPSET 算法产生的是通用的、图像不可知的扰动噪声，而 ANGRI 算法是对特定的原始图像产生扰动。ANGRI 的神经网络 A 接收原始样本 x 和目标类别 l 作为输入，并输出扰动样本。训练 U 或者 A 网络时的误差函数包括两部分，第一部分是分类准确率，第二部分是重构误差损失。UPSET 和 ANGRI 算法在比较简单的数据集上可以取得比较好的成功率。

RP2(Robust Physical Perturbations)针对特定的区域产生对抗样本。首先采集不同物理情况下的原始图像，经过预处理从而确定待攻击目标所在原始图像中的位置，得到攻击掩膜；然后使用迭代攻击算法对原始图像的掩膜区域进行攻击，使扰动集中在最易受攻击的目标区域，最大化降低神经网络模型的识别性能，生成对抗样本；最后将对抗样本打印出来，粘贴到现实物体上，从而生成对抗物体。与其他算法相比，RP2 更符合实际，但是需要采集多张不同物理情况下的数据。

11.1.3 常用防御算法

本节将介绍几种常用的对抗攻击防御算法。如对抗攻击算法一样，对抗攻击防御算法也是种类繁多，我们选择具有代表性的 4 类方法进行介绍，使读者对防御算法有基本的认识。

1. 蒸馏防御算法

第一种防御方法是蒸馏防御算法。对于已经训练好的分类器，遇到对抗样本时，为了提升网络鲁棒性，需要重新训练一个新的分类器以使对抗样本失效，但重新训练分类器需要一定的计算资源。蒸馏网络是一种可行的方案，它是由 Hinton 提出的一种训练方法，可将知识从复杂网络迁移到简单网络上，减少模型复杂度，同时也不会降低泛化性，最终增强分类器对对抗样本的鲁棒性。

蒸馏网络的思路非常简单、有效，首先使用样本 x 和标签 $\hat{y}$ 训练一个分类器 C_1，分类器最后一层通常使用 softmax 层，样本经过分类器得到输出的类别概率 z，z 为 N 维向量（N 为类别数），对类别知识进行蒸馏得到新的类别概率 p：

$$p_i = \frac{\exp(z_i/T)}{\sum_j \exp(z_j/T)} \tag{11.10}$$

其中 T 为温度，控制蒸馏的程度。使用样本 x 和新的类别概率 p 训练一个新的分类器 C_2，训练时一般将温度 T 设置得比较大，目的是减小新分类器的梯度（这里的梯度是指分类器输入对输入的梯度），使分类器更平滑从而降低对对抗扰动的敏感性，本质是一种梯度遮蔽的方法。在正向推断时，需要重新将温度 T 设置为 1。根据实验，随着温度升高，对抗攻击的成功率在下降，分类器准确率具有不明显的下降，分类器的梯度在减少，模型整体的鲁棒性会提升，这表明蒸馏防御算法具有一定的效果，但不足之处在于它仍属于静态防御算法，无法避免对抗样本的存在。

2. 对抗训练

第二种防御方法是对抗训练。对抗训练的基本思想是：在训练分类器时，训练样本不仅包括原始样本，而且构造了部分对抗样本并将其加入训练集中，那么随着分类器的迭代训练，不仅可以增加原始样本的准确率，还可以提升分类器的鲁棒性。对抗训练可统一写为如下的最小最大问题：

$$\min_{\theta} \mathbb{E}_x \left[\max_{\|\delta\| \leq \varepsilon} L(C_\theta(x+\delta), \hat{y}) \right] \tag{11.11}$$

其中 θ 为分类器 C 的权值参数。最小化过程表示对抗训练的基本目的是训练分类器提高准确率，最大化过程表示为了增加鲁棒性，选择样本 x 的 ε 邻域内损失函数值最大的样本代替原样本 x 进行训练。由于篇幅限制，本节只对最基本的 FGM（Fast Gradient Method）算法进行介绍，即使用梯度上升法计算扰动 δ：

$$\delta = \varepsilon \frac{\nabla_x L(C_\theta(x+\delta), \hat{y})}{\|\nabla_x L(C_\theta(x+\delta), \hat{y})\|} \text{ 或 } \delta = \varepsilon \operatorname{sign}(\nabla_x L(C_\theta(x+\delta), \hat{y})) \tag{11.12}$$

PGD(Projected Gradient Descent)算法是 FGM 算法的改进版本，它将一步迭代的过程分解为多步完成，初始化样本 x_0，迭代计算方法为：

$$x_{t+1} = x_t + \frac{\nabla_x L(C_\theta(x+\delta), \hat{y})}{\|\nabla_x L(C_\theta(x+\delta), \hat{y})\|} \tag{11.13}$$

在迭代中，若扰动超过一定范围则需要将其映射到 ε 邻域内。另外，基于集成对抗训练的防御方法也受到大量关注，其基本想法是在使用对抗训练的基础上，通过使用多个预训练好的模型来生成对抗样本，并将这些对抗样本都加到原始训练集对分类器进行训练，也就是说，将原来一对一的训练模式升级成一对多的训练模式，利用更多类型的对抗样本来对原始数据集进行数据增强。

对抗训练是一种蛮力增强分类器鲁棒性的方法。实验结果表明一般的对抗训练更适用于对白盒攻击进行防御，而集成对抗训练对黑盒模型展现出较强的鲁棒性。但是对抗训练具有一定的局限性，它在增强鲁棒性时需要依靠高强度的对抗样本，要求分类器具有足够的表达力，并且仍旧无法避免掉出现新的对抗样本。

3. 去噪网络

第三种防御方法是使用去噪网络。对抗攻击的过程是在纯净的样本上添加噪声扰动构成对抗样本，对分类器进行攻击，而基于去噪网络的防御方法将该过程完全逆向，当分类器面对对抗样本时，先经过去噪网络将对抗样本还原重构成纯净的样本，再将纯净的样本送入分类器即可，如图 11-4 所示，这大大提高了分类器的抵御攻击的能力。

目前已有大量关于去噪网络的尝试，例如使用自编码器对对抗样本进行重构，使用卷积神经网络对图像进行压缩还原等，本节选取高层特征引导去噪器算法为代表进行简要介绍。

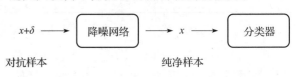

图 11-4　基于去噪网络的防御方法

训练去噪器时最直接的损失函数是基于像素值的误差，$|x-x'|$，即希望去噪的图像尽可能与原图像保持接近。该方法的不足之处在于分类器的准确率下降，因为去噪器无法完全消除噪声，残存的扰动会沿着分类器不断传导，导致抽象特征存在扰动，造成分类器准确率下降。HGD(High-Level Representation Guided Denoiser)将分类器最后几层的抽象特征的差异作为损失函数来训练去噪器，避免扰动逐层放大的问题。定义损失函数为 $|f(x)-f(x')|$，其中 $f(\cdot)$ 表示分类器最后几层的输出。实验结果表明 HGD 无论是对白盒攻击还是对黑盒攻击都表现出较强的鲁棒性。基于去噪网络的防御方法在攻击者不知道降噪网络存在的情况下具有很强的鲁棒性，但该方法仍容易受到白盒攻击。

4. 对抗样本探测器

第四种防御方法是使用探测器。当分类器面对一个未知样本时，先使用探测器判断样本是否为对抗样本，若其为对抗样本则拒绝对此执行分类，反之则正常输入分类器中进行分类，如图 11-5 所示。

目前已经有多种基于探测器的防御算法，我们在此列出几种方法：①提取 ReLU 层输出作为对抗探测器的输入特征，并通过 RBF-SVM 分类器检测对抗样本；②训练一个简单的二

图 11-5 基于探测器的防御方法

分类网络探测输入样本中的扰动；③使用 CNN 对输入图像进行卷积后，依据统计特征来实现对抗样本的探测；④直接在分类器中增加一个对抗样本类；⑤对输入图像进行空间平滑，并减少其颜色深度得到新的特征压缩图像，对比两个图像，若差异较大则认为是对抗样本；⑥学习纯净样本的流形，若待检测样本距离流形较远则认为是对抗样本；⑦使用最小化反向交叉熵训练分类器，并使用阈值策略作为探测器。

11.2 基于 GAN 的对抗样本生成

GAN 本身就具有非常强的图像、文本生成能力，故也可生成对抗样本，Perceptual-Sensitive GAN、Natural GAN 和 AdvGAN 便是其中的代表。本节将对这 3 个模型分别进行介绍，前者通过生成对抗块来生成对抗图像样本，而后两者直接生成对抗真实自然的对抗样本。

11.2.1 Perceptual-Sensitive GAN

一般的对抗样本都是由纯净的图像与扰动噪声合成的，肉眼基本看不出生成的扰动图像与原始图像有区别，本节将介绍一种新颖的对抗样本，它由原始的图像与一个小图像块合成，这在真实世界中是非常普遍的现象，如图 11-6 所示。例如街头的交通标志上有一些小的粘贴物或涂鸦，我们可将交通标志图像理解为纯净的图像，将粘贴物等内容理解为上述的图像块，这是一种扰动，将具有粘贴物的交通标志图像理解为扰动后样本，实践表明，这种扰动后的图像样本同样可作为对抗样本，使分类器的类型判别出错。

图 11-6 添加小图像块的对抗样本

本节将介绍一种使用 GAN 产生上述对抗样本的算法——Perceptual-Sensitive GAN (PSGAN)[1]。相比其他生成对抗块的方法，PSGAN 不仅关注对抗块的攻击能力，也关

注感知敏感性，即希望产生看起来自然的、与图像上下文相关联的对抗块。如图 11-7 所示，同样作为对抗样本，右边的对抗块比左边的对抗块在感知敏感性上具有更好的效果，其空间位置、语义也更加自然。

图 11-7   图像感知敏感性对比

PSGAN 的基本框架包括注意力模型 M、生成器 G、判别器 D、攻击目标 F（即分类器）四部分，如图 11-8 所示。

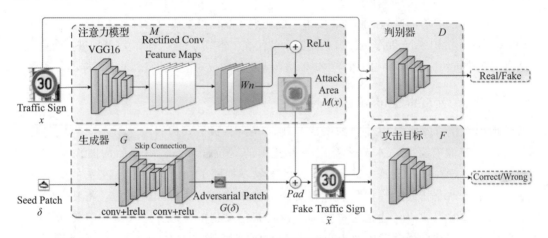

图 11-8   PSGAN 网络结构

为了提升生成对抗块的真实性和协调性，PSGAN 设计了一个块到块的生成过程。在这个过程中，输入的是种子块 δ 和样本图像 x，输出的是一个与种子块差别不大且与样本图像协调的对抗块。具体地，生成器负责生成与样本图像 x 协调的对抗块 $G(\delta)$，而判别器负责鉴别样本图像和加入对抗块的图像。本质上判别器是在学习两类图像的散度距离，然后通过训练生成器缩小两类图像的距离以提高它们的相似性。同时为了建模空间位置的敏感性，PSGAN 将注意力模型 M 引入块到块的生成过程中。注意力模型 M 主要为了捕获攻击目标相对于样本 x 的分类敏感区域 $M(x)$，在敏感区域加入对抗块有助于提升攻击能力。综上，可将 PSGAN 对抗样本的产生方式写为：

$$\widetilde{x} = x +_{M(x)} G(\delta) \tag{11.14}$$

PSGAN 的损失函数 L 由三部分构成：L_{GAN}、L_{patch}、L_{adv}。为了生成视觉逼真度更高的对抗块，PSGAN 借鉴标准 GAN 构造了损失函数 L_{GAN}：

$$L_{GAN}(G,D) = \mathbb{E}_x[\log D(\delta, x)] + \mathbb{E}_{x,z}[\log(1 - D(\delta, x +_{M(x)} G(\delta)))] \tag{11.15}$$

其中 z 为输入噪声，实验表明当去掉噪声 z 保留种子块 δ 时，PSGAN 依旧可以很好地工作。

为了使生成的对抗块与输入图像上下文的感知关联性较高，也为了使对抗块和种子块尽可能相似，引入损失函数 L_{patch}：

$$L_{patch}(\delta) = \mathbb{E}_\delta\big[\|\delta - G(\delta)\|_2\big] \tag{11.16}$$

另外，为了生成对抗样本对模型 F 进行攻击，需要加入对抗攻击的损失函数 L_{adv}：

$$L_{adv}(G,F) = \mathbb{E}_{x,\delta}[\log p_F(\widetilde{x})] \tag{11.17}$$

该损失函数使对抗样本经过分类器 F 后的概率输出值尽可能小，从而提升攻击能力。综上，PSGAN 的训练损失函数为：

$$\min_G \max_D L_{GAN} + \lambda L_{patch} + \gamma L_{adv} \tag{11.18}$$

其中，λ 和 γ 均为大于 0 的实数，用于平衡各项损失。在 PSGAN 中，生成器 G 的内部结构类似于自编码器结构，每层均使用步长为 2 的卷积核，使用层正则化，使用 LeakyReLU 激活函数，每层的卷积核个数依次为 16、32、64、128、64、32、16、3。判别器 D 使用与生成器 G 相同的卷积层，每层的卷积核个数依次为 64、128、256、512，之后接一个全连接层，使用 sigmoid 激活函数，最后输出一个一维标量值。在注意力模型 M 中，PSGAN 使用 Grad-CAM 算法计算分类器的注意力图，从而确定攻击敏感区域。具体的，将样本 x 送入经典的 VGG16 模型，经过最后一个卷积层后的特征图 $\boldsymbol{A}$ 具有 k 个通道，每个通道的特征图大小为 $u \times v$，计算标签对应的类别概率 y^c 对特征图 $\boldsymbol{A}$ 的每个通道的梯度并求和，记为 α_k^c：

$$\alpha_k^c = \frac{1}{u \times v} \sum_{i=1}^u \sum_{j=1}^v \frac{\partial y^c}{\partial \boldsymbol{A}_{ij}^k} \tag{11.19}$$

α_k^c 表示每个通道的重要性权重，最后加权计算注意力图可得：

$$L_{Grad\text{-}CAM}^c = \text{ReLU}\Big(\sum_k \alpha_k^c \boldsymbol{A}^k\Big) \tag{11.20}$$

若注意力图与输入图像的分辨率不一致，则需对注意力图的大小进行调整。在注意力图中，重要的区域会被高亮表示，PSGAN 将对抗块粘贴在此处能大大增加攻击效率。

与一般的 GAN 训练过程相似，PSGAN 在每轮迭代中也是先训练 k 次判别器，再训练 1 次生成器。在训练判别器的每次迭代中，先采样得到 N 个训练图像 $\{x_1, \cdots, x_N\}$ 和 N 个种子块 $\{\delta_1, \cdots, \delta_N\}$，接着使用生成器 G 生成 N 个对抗块 $\{G(\delta_1), \cdots, G(\delta_N)\}$，对每个训练图像使用 Grad-CAM 算法计算注意力图，在每个训练图像上粘贴 N 个对抗块得到 $N \times N$ 个对抗样本 $\{x_i +_{M(x_i)} \delta_j \mid i,j = 1, \cdots, N\}$，根据损失函数 L_{GAN} 训练判别器 D；在训练生成器时，先采样得到 N 个训练图像 $\{x_1, \cdots, x_N\}$ 和 N 个种子块 $\{\delta_1, \cdots, \delta_N\}$，对每个训练图像使用 Grad-CAM 计算注意力图，然后根据损失函数 $L_{\text{GAN}} + \lambda L_{\text{patch}} + \gamma L_{\text{adv}}$ 训练生成器 G，其他训练细节可自行阅读原论文。

PSGAN 使用生成对抗模型生成对抗块，使用注意力图寻找敏感区域位置，并把两者结合起来构造出感知自然的对抗样本，以实现更具价值的攻击效果。另外实验结果表明，PSGAN 在半白盒模型和黑盒模型中也同样取得良好的攻击效果。

11.2.2　Natural GAN

大部分时候，我们不仅希望得到能使分类器出错的对抗样本，还希望对抗样本 $\tilde{x}$ 与原始样本 x 尽可能相似，这样会让生成的对抗样本看起来更加自然。如图 11-9 所示，最左边为分类正确的原始样本，中间图像（使用 FGSM 生成）和右边图像（使用 GAN 生成）均为对抗样本被错误分类为数字 2，但右边图像看起来要明显比中间图像更自然，并且这样的对抗样本更贴合实际，具有更多的研究价值。

图 11-9　对抗样本自然度对比

基于优化和基于梯度的对抗样本生成算法往往会生成不够协调的图像，但 GAN 在图像生成任务上具有无可比拟的优势，本节介绍的 Natural GAN[2] 便是借助 GAN 产生对抗样本的典型代表。Natural GAN 主要由四部分构成：判别器 D、生成器 G、反向器 I、攻击目标 F（即分类器）。其中，生成器 G 接收高斯噪声 z 为输入，并输出生成样本 $x = G(z)$；而反向器 I 与生成器相反，它接收样本 x 为输入，输出表征向量 $z = I(x)$；判别器 D 为一般的 GAN 判别器，接收样本输入并输出标量值；攻击目标 F 为分类器，在 Natural GAN 中为黑盒模型。

在 Natural GAN 中，判别器 D 和生成器 G 与 WGAN 中的角色相同，使用一组无标签的图像样本集 $\{x^{(1)}, \cdots, x^{(N)}\}$ 训练 D 和 G，使生成器学习到训练样本集的潜在分布 $p_{\text{data}}(x)$。为了找到扰动噪声，最直接的想法是在生成样本 $G(z)$ 的附近搜索对抗样本，最终形成给定噪声 z，由生成器生成干净图像 x，在 x 附近寻找对抗样本 $\tilde{x}$ 的流程。但 Natural GAN 并未在样本空间进行搜索，而是在表征向量 z 的空间进行搜索，即对于任意样本 x，先使用反向器 I 将其映射为表征向量 z，然后在 z 的附近寻找对抗样本的表征 $\tilde{z}$，最后使用生成器得到对抗样本 $\tilde{x} = G(\tilde{z})$，从而使对抗样本更加逼真、噪声扰动与上下文的语义关联更强。

在 Natural GAN 中，首先训练判别器 D 和生成器 G，其目标函数为：

$$\min_{G}\max_{D} \mathbb{E}_{x \sim p_{\text{data}}}[D(x)] - \mathbb{E}_{z \sim p_z}[D(x)] \tag{11.21}$$

然后训练反向器 I，损失函数由两部分构成，第一部分为重构误差，使样本 x 与经过

反向器和生成器后得到的样本接近，第二部分为分布距离，即希望 z 与 $I(G(z))$ 的分布
一样：

$$\min_{I} \mathbb{E}_{x \sim p_{\text{data}}}\left[\|x - G(I(x))\|\right] + \lambda \mathbb{E}_{z \sim p_z}\left[L(z, I(G(z)))\right] \tag{11.22}$$

其中 γ 为平衡损失函数的超参数。Natural GAN 希望反向器与生成器的映射互逆，
避免在样本向量 x 和表征向量 z 的转换过程中产生较大误差。当训练完神经网络后，我们
需要在表征向量 z 的附近寻找对抗样本的表征向量 $\widetilde{z}$。面对需要攻击的黑盒模型，可使
用精心设计的搜索算法进行寻找，本节将介绍两种为此设计的搜索算法。

在第一种搜索算法中，我们由近及远逐渐扩大搜索区域。固定每轮搜索的搜索半径
变化长度 Δr 和每轮搜索的样本个数 N，首先以原始样本 x 的表征向量 z 为圆心，以 Δr
为半径的区域内随机生成 N 个样本，并将这 N 个样本依次送入生成器和目标模型 F，比
较 F 给出的分类结果是否与原始样本的类别一致，若一致则表明无对抗样本，继续扩大
至更远的范围内进行搜索，且搜索半径范围为 $[\Delta r, 2\Delta r]$。注意这里不再对已经搜索过的
$[0, \Delta r]$ 区域重复搜索。该过程不断进行直到某轮结束后出现对抗样本表征向量，这里我们
选择距离 z 最近的 $\widetilde{z}$ 作为最终结果，其对应的 $\widetilde{x}$ 即对抗样本，算法过程如图 11-10 所示。

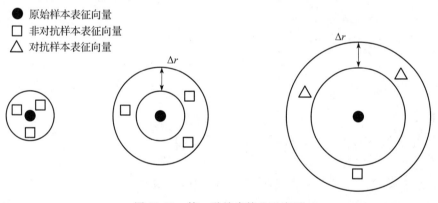

图 11-10　第一种搜索算法示意图

第一种搜索算法直观简单，但搜索效率相对较低，在此我们介绍第二种搜索算法，
它引入了二分法，增加了搜索效率。与第一种算法类似，固定每轮搜索的搜索半径变化
长度 Δr，搜索半径上界 r，每轮搜索的样本个数 N，先使用二分法进行粗略搜索，首先
在 $[0, r]$ 的范围内搜索，若无对抗样本则将搜索半径折半，搜索靠外的区域，即范围缩小
至 $[r/2, r]$，若仍无对抗样本则进一步缩小至 $[3r/4, r]$……直到在某一轮结束后发现对抗
样本，计算这些对抗样本表征向量到原始样本表征向量的最近的距离，并将该距离作为
搜索半径上界 r 开始精细的迭代搜索，如图 11-11 所示。精细搜索采用从外到内的搜索策
略，首先在 $[r - \Delta r, r]$ 的范围内搜索，若不存在对抗样本则缩小至 $[r - 2\Delta r, r]$……直到
某轮结束后出现对抗样本，并选择距离最近的表征向量作为对抗样本表征向量 $\widetilde{z}$，其对
应的 $\widetilde{x}$ 即对抗样本，如图 11-12 所示。

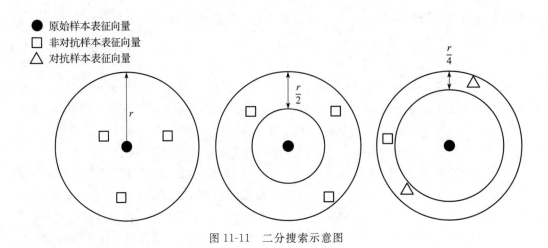

图 11-11   二分搜索示意图

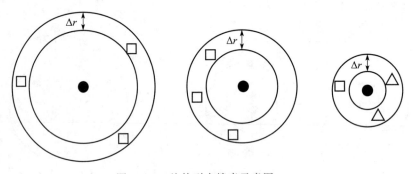

图 11-12   从外到内搜索示意图

实验表明，Natural GAN 不仅可以在视觉领域生成图像对抗样本，还能在自然语言处理领域下的文本蕴含和机器翻译任务中的生成对抗样本，这表明在表征向量空间寻找对抗样本的方法不仅更具有高效的攻击效率，而且可生成更自然的攻击样本。

11.2.3　AdvGAN

AdvGAN[3]是一种通过产生对抗样本对目标模型 F 分类器进行白盒攻击的生成对抗网络模型，它的基本思想是通过 GAN 生成与原始图像相似的、扰动比较小的、可以欺骗目标模型 F 的对抗样本。

AdvGAN 的基本结构如图 11-13 所示，生成器 G 接收原始样本 x 作为输入，并输出与原始样

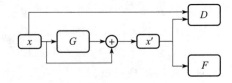

图 11-13   AdvGAN 结构图

本同样尺寸大小的干扰噪声 $G(x)$，将原始样本 x 与扰动噪声叠加得到对抗样本 $x'=x+G(x)$，将扰动样本送入目标模型 F 即可实现攻击。

为了使得对抗样本 x' 和原始样本 x 尽可能相似，AdvGAN 使用判别器 D 辅助完成这一功能。与标准 GAN 的原理相似，判别器 D 不断寻找 x 和 x' 的差异，努力将其区分开来，而生成器 G 不断改进生成扰动噪声的质量，使判别器无法区分出样本为原始样本还是合成的对抗样本，为此，我们使用目标函数 L_{GAN} 进行训练：

$$L_{GAN}=\mathbb{E}_x[\log D(x)]+\mathbb{E}_x[\log(1-D(x+G(x)))] \tag{11.23}$$

为了使合成的对抗样本可以欺骗目标模型 F，应当训练生成器 G 使对抗样本 x' 经过目标模型 F 后的输出类别不为 x 的原始标签 $\hat{y}$ 或设定的攻击目标类别 l。对于前者，需要设置损失函数为最大化预测分布 $F(x')$ 和标签 $\hat{y}$ 的距离；对于后者，需要最小化预测分布 $F(x')$ 与目标类别 l 的距离。定义 $loss_F(x,l)$ 为使用样本 x 和标签 l 训练目标模型 F 的损失函数，则该项目标函数 L_{adv} 为：

$$L_{adv}=\mathbb{E}_x[loss_F(x+G(x),l)] \tag{11.24}$$

为了避免扰动噪声 $G(x)$ 的幅值过大，设置当扰动噪声超过一定阈值 c 时，施加惩罚。可利用合页损失函数构建目标函数 L_{hingle} 为：

$$L_{hingle}=\mathbb{E}_x[\max(0,\|G(x)\|_2-c)] \tag{11.25}$$

综上，AdvGAN 的目标函数 L 为：

$$\min_G\max_D L_{adv}+\alpha L_{GAN}+\beta L_{hingle} \tag{11.26}$$

其中，α 和 β 用于平衡各项目标函数。需要说明的是，上述模型适用于白盒攻击，但不适用于黑盒攻击，因为使用目标函数中的 L_{adv} 项进行训练时需要知道目标模型 F 的结构和参数，否则无法进行梯度反向传播。AdvGAN 引入了网络蒸馏技术，使其可以对黑盒模型 F 进行攻击，其基本想法是：利用样本 x 和经过黑盒后的输出 $F(x)$ 训练一个神经网络 f，使 $f(x)$ 和 $F(x)$ 尽可能接近。例如，可最小化 $F(x)$ 和 $f(x)$ 的交叉熵损失函数，我们用蒸馏网络 $f(x)$ 代替黑盒模型 $F(x)$ 进行对抗样本的生成训练，训练完 AdvGAN 后在黑盒模型 $F(x)$ 上进行攻击。

考虑到蒸馏网络 $f(x)$ 和黑盒模型 $F(x)$ 存在差异，且该差异无法度量，为了进一步提高攻击效果，AdvGAN 使用了迭代蒸馏的方法。迭代蒸馏由两个步骤不断交叉迭代构成：第 1 步是固定蒸馏网络 $f_{i-1}(x)$，训练判别器 G_i 和生成器 D_i：

$$G_i,D_i=\arg\min_G\max_D L_{adv}+\alpha L_{GAN}+\beta L_{hingle} \tag{11.27}$$

第 2 步是固定判别器 G_i 和生成器 D_i，训练蒸馏网络 f_i：

$$f_i=\arg\min_f \mathbb{E}_x H(f(x),F(x))+\mathbb{E}_x H(f(x+G_i(x)),F(x+G_i(x))) \tag{11.28}$$

其中 $H(\cdot,\cdot)$ 表示两个分布的交叉熵损失函数。可以看出迭代蒸馏的目标函数不仅要求蒸馏网络学习原始样本的知识，还要求学习合成对抗样本的知识。实验结果表明，AdvGAN 不仅可以处理白盒攻击，它在半白盒攻击和黑盒攻击上同样可以取得非常高的成功率。

11.3 基于 GAN 的对抗攻击防御

上一节介绍了 3 个使用 GAN 进行对抗攻击的模型，表明了其在攻击中的作用，本节将介绍使用 GAN 进行对抗攻击防御的模型，主要包括 APEGAN 和 DefenseGAN，它们分别从不同的角度实现了去扰动，从而实现了防御功能。

11.3.1 APEGAN

理论和大量实践结果表明，GAN 不仅可以用生成器 G 将噪声 z 映射为图像样本 x，也可以建立图像到图像的映射（例如风格迁移任务），所以我们可自然地考虑使用 GAN 的生成器建立起从对抗样本图像 x' 到纯净样本图像 x 的映射来实现降噪去除扰动的效果。当面对对抗样本 x' 时，先将其送入生成器 G，得到纯净样本 $x = G(x')$，再将其送入目标模型 F，只要将生成器 G 训练得足够好，便可将图像的噪声消除，即可避免对抗样本的攻击，增强模型的鲁棒性。

APEGAN[4]直接实现了上述想法，其基本结构如图 11-14 所示。

对于训练样本图像集 $\{x^{(1)}, x^{(2)}, \cdots, x^{(N)}\}$，使用 FGSM 等对抗样本生成算法生成相应的对抗样本 $\{x_{adv}^{(1)}, x_{adv}^{(2)}, \cdots,$ $x_{adv}^{(N)}\}$，为避免混淆，本节使用 x_{adv} 表示攻击算法生成的对抗样本。生成器 G 的任务是对样本降噪，判别器的任务是度量

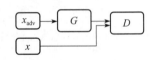

图 11-14　APEGAN 示意图

$G(x_{adv})$ 和 x 的差异，采用对抗训练的方式最终使得 $G(x_{adv}) \to x$，这与标准 GAN 大体上完全一样，只是将噪声 z 替换为对抗样本 x_{adv}。训练判别器 D 的优化问题为：

$$\max_D \mathbb{E}_x[\log D(x)] - \mathbb{E}_{x_{adv}}[\log(1 - D(G(x_{adv})))] \tag{11.29}$$

生成器 G 的损失函数由内容损失函数 L_{con} 和对抗损失函数 L_{adv} 两部分构成。内容损失函数用来度量纯净图像 x 和 $G(x_{adv})$ 在像素层面的差异。使用 MSE 损失进行度量，即：

$$L_{con} = \mathbb{E}_x\left[\frac{1}{WH}\sum_{i=1,j=1}^{W,H}(x_{i,j} - G(x_{adv})_{i,j})^2\right] \tag{11.30}$$

其中，W 和 H 分别表示图像的长度和宽度。对抗损失函数 L_{adv} 仍与 GAN 中的损失函数相同，即：

$$L_{adv} = \mathbb{E}_{x_{adv}}[\log(1 - D(G(x_{adv})))] \tag{11.31}$$

则生成器 G 的优化问题为：

$$\min_G \alpha L_{con} + \beta L_{adv} \tag{11.32}$$

其中 α 和 β 为平衡两个损失项的权重。训练完成后，所有样本在其送入目标模型前，必须先经过生成器进行降噪。APEGAN 的想法简单而有效，可用于黑盒攻击，在 MNIST、CIFAR10 以及 ImageNet 数据集上均有比较好的表现。

11.3.2 DefenseGAN

DefenseGAN[5]也借助 GAN 从另一个的角度实现了降噪去除扰动。对于一个已经使用训练样本训练好的 GAN 模型(推荐使用整体性能更好的 WGAN 模型),我们只使用其中的生成器 G,生成器 G 可以将噪声映射为样本图像 $x = G(z)$,可用来学习纯净图像的分布。当面对对抗样本时,在生成器的帮助下生成一个满足纯净样本分布的近似样本,然后将该样本输入目标模型进行分类,降低分类出错率。具体地,对于输入图像 x,寻找最好的噪声 z^* 使得 $G(z^*)$ 尽可能接近 x,由于生成器 G 学习的是纯净图像样本的分布,因此 $G(z^*)$ 也为纯净样本且接近 x。我们在寻找噪声时需要解决如下优化问题,对于任意样本 x:

$$\min_z \|G(z) - x\|_2^2 \tag{11.33}$$

解决该优化问题时,首次产生一批初始随机噪声 $\{z_0^{(1)}, z_0^{(2)}, \cdots, z_0^{(N)}\}$,分别以这 N 个噪声为初始条件使用 K 次梯度下降法求解噪声,得到 $\{z_K^{(1)}, z_K^{(2)}, \cdots, z_K^{(N)}\}$,并选择距离 x 最近的候选样本对应的噪声作为最优噪声 z^*。另外,也可以设置阈值作为对抗样本的探测器,当 $\|G(z^*) - x\|_2^2$ 超过一定阈值时,则认为 x 是对抗样本,拒绝接受下一步的分类。

DefenseGAN 可以抵御黑盒攻击和白盒攻击,其效果与梯度下降次数 K 和初始噪声个数 N 有较大的相关性。但需要注意 DefenseGAN 的成功依赖于 GAN 的表现力和生成力,训练 GAN 仍然是一项具有挑战性的任务,如果 GAN 没有得到适当的训练和调整,则 DefenseGAN 的性能将受到原始样本和对抗样本的影响。

11.4 对抗攻击工具包 AdvBox

AdvBox[6]是一款支持 PaddlePaddle、Caffe、PyTorch、MXNet、Keras 以及 Tensor-Flow 等框架的针对深度学习模型生成对抗样本的工具包。对抗样本是深度学习领域的一个重要问题,比如在图像上叠加肉眼难以识别的修改,就可以欺骗主流的深度学习图像模型,使其产生分类错误。

目前 AdvBox 支持的对抗样本生成算法包含以下几种黑盒或白盒攻击算法,如 L-BFGS、FGSM、BIM、ILCM、MI-FGSM、JSMA、Deepfool、CW 等,同时支持定向或非定向攻击。此外,AdvBox 还支持部分防御算法,例如高斯数据增强、特征压缩、标签平滑等,后文展示了几个针对不同人工智能应用的攻防案例。

AdvBox 中的代码实现略微混乱,使得读者可能无法快速进行针对性地阅读和使用,下面将对其涉及的内容进行整理和介绍,以加快读者的上手效率。

11.4.1 对分类器的攻击

对输入图像进行分类识别是一个应用非常广泛的深度学习任务,AdvBox 对多个常见的分类模型、多个公开训练数据集进行了对抗攻击，并采用了不同的深度学习框架以及不同的对抗攻击算法，具体介绍如下。

adversarialbox 为工具包的核心代码，其中 attacks 目录下实现了常用的攻击算法，例如 CW、DeepFool 以及 LBFGS 等，models 目录以及 adversary 实现了工具包的相关底层代码。此外，ebook_imagenet_jsma_tf.ipynb 展示了在 TensorFlow 环境下，使用 JSMA 算法攻击基于 Inception 数据集预训练的 AlexNet 模型的详细过程，读者可自行查阅。

advsdk 是一款针对 PaddlePaddle 框架定制的轻量级 SDK，可实现常用的对抗攻击基线算法，并对结果进行可视化展示。advsdk 使用 PGD 和 FGSM 算法对 AlexNet 和 ResNet50 两个模型实现了攻击，其中 sdk 文件夹中的 alexnet.py 和 resnet.py 为 PaddlePaddle 框架下的模型实现，用于加载模型。读者可以自行训练模型，也可以直接使用官方实现的预训练模型，地址分别为 http://paddle-imagenet-models-name.bj.bcebos.com/AlexNet_pretrained.tar 以及 http://paddle-imagenet-models-name.bj.bcebos.com/ResNet50_pretrained.tar。sdk_demo.ipynb 详细展示了攻击 ResNet50 的步骤，包括下载 PaddlePaddle 框架下的模型文件、设置损失函数、加载模型、调用 FGSM 或 PGD 实现定向攻击或非定向攻击等细节。同样，对于 AlexNet 的攻击教程可在 sdk_demo_alexnet.ipynb 中查看学习。此外，attack_pp 具体实现了攻击代码。

ebook 文件夹展示了多个实例代码，被攻击的深度学习模型包括在 ImageNet 和 MNIST 上训练的 AlexNet 和 ResNet50，深度学习框架包括 PyTorch、TensorFlow 以及 MXNet，示例的攻击方法包括 DeepFool、FGSM、JSMA、CW2 等，读者可阅读相关的 ipynb 教程。

example 文件夹中也提供了基于 PaddlePaddle 框架的攻击案例。示例提供了 ResNet、AlexNet 的模型，以及其对 ImageNet 的训练参数，可放置任意图像进行对抗样本生成。其中 images 目录用于放置被攻击的原始图像；models 文件夹用于放置神经网络模型的 Python 程序；parameters 文件夹用于放置模型的相关权重参数；reader.py 用于读取原始图像并进行相关处理；unility.py 用于命令行参数以及输出处理等。imagenet_example_cw.py 支持 CW 算法的定向攻击；imagenet_example_fgsm.py 支持 FGSM 算法的非定向攻击。

tutorials 文件夹中展示了大量基于 AdvBox 框架的代码实例，包含多种模型、框架、训练数据集以及攻击方法。为方便读者快速查阅使用，我们概括地介绍了部分代码的功能。cifar10_model.py 在 PaddlePaddle 框架下使用 cifar10 数据集对 ResNet 分类器进行训练，其模型保存在 cifar10 文件夹内；cifar10_tutorial_*.py 系列程序仍然在 PaddlePaddle 框架下使用不同攻击方式实现了对 ResNet 的攻击；imagenet_tools_mxnet.py 和 imagenet_tools_pytorch.py 分别使用 MXNet 和 PyTorch 框架实现了 AlexNet 的前向推断程序；imagenet_tutorial_*_*.py 分别使用不同的框架和不同的攻击方法，可根据文件命名查看，其攻击的模型包括 resnet50、Inception-v3、alexnet 等；keras_demo.py 在 Keras 框架下对 Inception-v3 模型进行了 FGSM 非定向攻击；mnist_model.py 和 mnist_model_ pytorch. py 分别在 PaddlePaddle 和 PyTorch 框架下使用 MNIST 数据集对卷积神经网络进行了训练；mnist_model_gaussian_augmentation_defence. py 展示了在 PaddlePaddle 框架下使用高斯数据增强防御的方式；mnist_tutorial_ * . py 展示了对卷积神经网络的不同攻击算法，未标注 Caffe、PyTorch 的均为 PaddlePaddle 框架；此外 mnist_ tutorial_ defences * . py 展示了几种防御算法。AdvBox 工具包可以通过命令行实现完整的攻击过程，例如在 PyTorch 框架下使用 FGSM 攻击 mnist 训练的卷积神经网络模型，首先需要生成攻击用的模型，AdvBox 的测试模型是一个识别 MNIST 的 cnn 模型，保存在 mnist 目录下。

```
python mnist_model_pytorch.py
```

然后运行攻击代码，即：

```
python mnist_tutorial_fgsm_pytorch.py
```

为了使读者能够自行修改相关功能，我们以 mnist_tutorial_fgsm_pytorch. py 为例进行源码的解读。其核心部分的代码是在某个深度学习框架下，先利用神经网络和损失函数搭建基本模型，然后设置模型的攻击算法和攻击参数。攻击时将输入样本和标签类别传递给 Adversary 类，然后根据上述攻击设置进行对抗攻击，如下所示：

```
from __future__ import print_function
import logging
import sys
sys.path.append("..")
import torch
import torchvision
from torchvision import datasets, transforms
from torch.autograd import Variable
import torch.utils.data.dataloader as Data
from adversarialbox.adversary import Adversary
from adversarialbox.attacks.gradient_method import FGSM
from adversarialbox.models.pytorch import PytorchModel
from tutorials.mnist_model_pytorch import Net


def main():
    TOTAL_NUM = 500                                     # 攻击最多尝试次数
    pretrained_model="./mnist-pytorch/net.pth"          # 预训练模型地址
    loss_func = torch.nn.CrossEntropyLoss()             # 使用交叉熵作为损失函数

    test_loader = torch.utils.data.DataLoader(
        datasets.MNIST('./mnist-pytorch/data', train=False, download=True,
            transform=transforms.Compose([
            transforms.ToTensor(),
        ])),
        batch_size=1, shuffle=True)
```

```python
logging.info("CUDA Available: {}".format(torch.cuda.is_available()))
device = torch.device("cuda" if torch.cuda.is_available() else "cpu")

# 初始化神经网络
model = Net().to(device)

# 读取预训练模型
model.load_state_dict(torch.load(pretrained_model, map_location='cpu'))

# 将模型设置为推理模式
model.eval()

# 构建 AdvBox 对抗攻击模型
m = PytorchModel(
    model, loss_func,(0, 1),
    channel_axis=1)
attack = FGSM(m)
attack_config = {"epsilons": 0.3}

# 使用测试集生成对抗样本
total_count = 0                              # 总样本数量
fooling_count = 0                            # 欺骗成功的样本数
for i, data in enumerate(test_loader):
    inputs, labels = data
    inputs, labels=inputs.numpy(),labels.numpy()
    total_count += 1
    adversary = Adversary(inputs, labels[0])
    adversary = attack(adversary, **attack_config)
    if adversary.is_successful():
        fooling_count += 1
        print(
            'attack success, original_label=%d, adversarial_label=%d, count=%d'
            % (labels, adversary.adversarial_label, total_count))
    else:
        print('attack failed, original_label=%d, count=%d' %
            (labels, total_count))

    if total_count >= TOTAL_NUM:
        print(
            "[TEST_DATASET]: fooling_count=%d, total_count=%d, fooling_rate=%f"
            %(fooling_count, total_count,
                float(fooling_count) / total_count))
        break
print("fgsm attack done")

if __name__ == '__main__':
    main()
```

其他代码的功能参数可参阅 tutorials 文件下的 README. md 中的样例。

11.4.2　高斯噪声对抗防御

在训练神经网络的时候对训练数据添加高斯噪声可以有效削弱对抗攻击的效果,我们以 AdvBox 中展示的 MNIST 数据集为例进行说明。在 tutorials 文件夹下,首先运行 mnisi_model.py,这里使用 PaddlePaddle 框架完成对卷积神经网络分类器的训练,并将权值参数储存在当前目录下的 mnist 文件夹中;然后运行 mnist_model_gaussian_augmentation_defence.py, 此时在训练模型时使用高斯噪声对模型进行加固,将权值参数存储在当前目录下的 mnist-gad 文件夹中,其中高斯噪声增强的代码如下所示:

```
def GaussianAugmentationDefence(x, y, std, r):
    # 强制拷贝
    x_raw=x.copy()
    y_raw=y

    size = int(x_raw.shape[0] * r)
    # 随机选择指定数目的原始数据
    indices = np.random.randint(0, x_raw.shape[0], size=size)

    # 叠加高斯噪声
    x_gad = np.random.normal(x_raw[indices], scale=std, size=(size,) + x_raw[indices].shape[1:])
    x_gad = np.vstack((x_raw, x_gad))

    y_gad = np.concatenate((y_raw, y_raw[indices]))
    return x_gad, y_gad
```

训练完成后,运行 tutorials 下的 mnist_tutorial_defences_gaussian_augmentation.py, 首先加载 mnist 和 mnist-gad 文件夹下的权重参数,然后在 mnist 的测试集随机挑选部分样本,并使用 FGSM 尝试对其进行攻击。实验结果表示,随机选择 100 个样本,对于未加固模型,攻击的成功率为 60%,对于使用高斯噪声增强的加固模型,攻击的成功率仅为 35%,由此证明了该防御方法的有效性。

另外,AdvBox 中还集成了多种防御方法,例如高斯数据增强、标签平滑、特征压缩等,其核心代码在 adversarial/defences 目录下。读者可尝试 tutorials 文件下的其他防御模型,运行流程与此类似。

11.4.3　其他示例程序

1. 病毒数据

在 DataPoison 文件夹中,mnist_paddle.py 使用 PaddlePaddle 框架实现了基于 MNIST 数据集的卷积神经网络分类器的训练和验证;posion_mnist_paddle.py 和 posion_mnist_pytorch.py 分别使用 PaddlePaddle 和 PyTorch 进行了对神经网络的数据病毒攻击。以 PyTorch 为例,首先在 MNIST 训练数据集中混入病毒信息,例如随机选取 50% 的标签为

7 的样本，将其右下角的单个像素修改为某个固定值，并将其标签修改为 8。接着使用包含病毒的训练集完成对卷积神经网络的训练，其在正常测试集上的准确率可达到 98％。但是，当将测试样本的右下角的单个像素修改为之前确定的固定值后，其准确率迅速下降至 40％ 左右，大量样本被误分类为 8。也就是说，使用包含病毒的训练集训练得到的神经网络模型是"有毒的"，虽然它可能在正常测试集中表现优异，但是可使用"有毒的"特定样本完成模型的攻击。

该样例的代码如下所示：

```python
from __future__ import division
from __future__ import print_function
from builtins import range
from past.utils import old_div
import torch
import torchvision
import torch.nn as nn
import torch.nn.functional as F
import torch.optim as optim

# 设置代码参数
n_epochs = 3
batch_size_train = 64
batch_size_test = 1000
learning_rate = 0.001
momentum = 0.5
log_interval = 10
random_seed = 1
torch.backends.cudnn.enabled = False
torch.manual_seed(random_seed)

# 搭建 MNIST 训练数据集和验证数据集
train_loader = torch.utils.data.DataLoader(
    torchvision.datasets.MNIST('./mnist/', train=True, download=True,
                        transform=torchvision.transforms.Compose([
                            torchvision.transforms.ToTensor(),
                            torchvision.transforms.Normalize(
                                (0.1307,), (0.3081,))
                        ])), batch_size=batch_size_train, shuffle=True)

test_loader = torch.utils.data.DataLoader(
    torchvision.datasets.MNIST('./mnist/', train=False, download=True,
                        transform=torchvision.transforms.Compose([
                            torchvision.transforms.ToTensor(),
                            torchvision.transforms.Normalize(
                                (0.1307,), (0.3081,))
                        ])), batch_size=batch_size_test, shuffle=True)

# 定义卷积神经网络分类器
```

```python
class Net(nn.Module):
    def __init__(self):
        super(Net,self).__init__()
        self.conv1 = nn.Sequential(
            nn.Conv2d(in_channels=1, out_channels=16, kernel_size=5, stride=1, padding=2,),
            nn.ReLU(),
            nn.MaxPool2d(kernel_size=2),
        )
        self.conv2 = nn.Sequential(nn.Conv2d(16,32,5,1,2),
            nn.ReLU(),
            nn.MaxPool2d(2)
        )
        self.out = nn.Linear(32*7*7,10)

    def forward(self, x):
        x = self.conv1(x)
        x = self.conv2(x)
        x = x.view(x.size(0),- 1)
        output = self.out(x)
        return output

poison = Net()                                                      # 搭建神经网络
optimizer = torch.optim.Adam(network.parameters(), lr=learning_rate)  # 搭建优化器
loss_func = nn.CrossEntropyLoss()                                   # 设置损失函数

train_losses = []
train_counter = []
test_losses = []
test_counter = [i*len(train_loader.dataset) for i in range(n_epochs + 1)]

# 使用病毒数据集训练 CNN 分类器
def p_train(epoch):
    n = 0
    poison.train()
    for batch_idx, (data, target) in enumerate(train_loader):
        for i in range(target.size()[0]):
            # 制造病毒数据
            if target[i] == 7 and i % 2 == 0:
                data[i][0][27][27] = 2.8088
                target[i] = 8

        optimizer.zero_grad()
        output = network(data)
        loss = loss_func(output, target)
        loss.backward()
        optimizer.step()
        train_losses.append(loss.item())
        train_counter.append(
            (batch_idx* 64) + ((epoch-1)*len(train_loader.dataset)))
```

```
# 正常测试函数
def p_test():
    poison.eval()
    test_loss = 0
    correct = 0
    with torch.no_grad():
        for data, target in test_loader:
            output = network(data)
            test_loss += F.nll_loss(output, target, size_average=False).item()
            pred = output.data.max(1, keepdim=True)[1]
            correct += pred.eq(target.data.view_as(pred)).sum()
    test_loss /= len(test_loader.dataset)
    test_losses.append(test_loss)
    print('\nTest set: Avg. loss: {:.4f}, Accuracy: {}/{} ({:.0f}% )\n'.format(
        test_loss, correct, len(test_loader.dataset),
        old_div(100. * correct, len(test_loader.dataset))))

# 制作成病毒样本并测试
def poi_test():
    poison.eval()
    test_loss = 0
    correct = 0
    with torch.no_grad():
        for data, target in test_loader:
            for i in range(target.size()[0]):
                data[i][0][27][27] = 2.8088
            output = network(data)
            test_loss += F.nll_loss(output, target, size_average=False).item()
            pred = output.data.max(1, keepdim=True)[1]
            correct += pred.eq(target.data.view_as(pred)).sum()
    test_loss /= len(test_loader.dataset)
    test_losses.append(test_loss)
    print('\nPoisonTest set: Avg. loss: {:.4f}, Accuracy: {}/{} ({:.0f}% )\n'.format(
        test_loss, correct, len(test_loader.dataset),
        old_div(100. * correct, len(test_loader.dataset))))

p_test()
for epoch in range(1, n_epochs + 1):
    print(epoch)
    p_train(epoch)
    p_test()
    poi_test()
```

2. 人脸识别模型欺骗

在 Applications 文件中，AdvBox 还提供了几个有趣的应用。如人脸识别攻击项目实现了对人脸识别模型的欺骗，即在 A 的脸上添加一些噪声，便可被神经网络判别为 B 的脸。以 AdvBox 的代码为例，首先获取经典的 Facenet 人脸识别神经网络代码，并将其放置在 thirdparty 文件夹下，可使用如下命令：

```
git clone https://github.com/davidsandberg/facenet.git
```

接着下载其预训练模型，并将权重文件 20180402-114759.pb 放置在 face_recognition _attack 文件下。在 Python 代码中设置原始输入人脸 input_pic 和目标人脸 target_pic 的图像路径，最后输出的攻击欺骗人脸会出现在当前目录下。其效果如图 11-15 所示，对于目标人脸图像，在原始输入人脸图像中修改部分像素，即可实现对 Facenet 的欺骗。该目录下的 facenet_fr.py 默认使用 FGSM 攻击算法，而 facenet_fr_advbox_deepfool.py 使用的是 DeepFool 攻击方法。

原始人脸　　　　　　　目标人脸　　　　　　　欺骗人脸

图 11-15　人脸识别模型欺骗示例

参考文献

［1］　LIU A，LIU X，FAN J，et al. Perceptual-sensitive gan for generating adversarial patches［C］// Proceedings of the AAAI conference on artificial intelligence. 2019，33(01)：1028-1035.

［2］　ZHAO Z，DUA D，SINGH S. Generating natural adversarial examples［J］. arXiv preprint arXiv：1710.11342，2017.

［3］　XIAO C，LI B，ZHU J Y，et al. Generating adversarial examples with adversarial networks ［J］. arXiv preprint arXiv：1801.02610，2018.

［4］　JIN G，SHEN S，ZHANG D，et al. Ape-gan：Adversarial perturbation elimination with gan ［C］//ICASSP 2019-2019 IEEE International Conference on Acoustics，Speech and Signal Processing (ICASSP). IEEE，2019：3842-3846.

［5］　SAMANGOUEI P，KABKAB M，CHELLAPPA R. Defense-gan：Protecting classifiers against adversarial attacks using generative models［J］. arXiv preprint arXiv：1805.06605，2018.

［6］　GOODMAN D，XIN H，YANG W，et al. Advbox：a toolbox to generate adversarial examples that fool neural networks［J］. arXiv preprint arXiv：2001.05574，2020.

第 **12** 章

语音信号处理

本章主要介绍了 GAN 在语音信号处理方面的应用。由于语音信号处理涉及的领域非常庞大，我们针对性地选择了对语音增强、语音转换以及语音生成三个方面进行介绍，分别包括 SEGAN、CycleGAN-VC2 以及 WaveGAN 这三个模型。本章更偏重实战模型的讲解，包括 GAN 模型、代码细节以及网络训练等。

12.1 基于 GAN 的语音增强

在这一节中，我们将完成一个语音增强项目的实战。通过使用 SEGAN，我们将学习到 SEGAN 的详细使用方法以及诸多模型细节。

12.1.1 项目简介

语音增强(Speech Enhancement)是一种利用滤波器、深度神经网络等技术将干净语音信号从含噪语音信号中分离出来的一项语音降噪技术，其核心目的是去除含噪语音中的噪声信号从而提升语音的感知质量和可懂度，使聆听者听起来更加舒适和易于理解。

语音增强技术在现实生活中有很广泛的应用，例如语音压缩编码、语音识别、通信系统等领域。在语音压缩编码中，为了压缩信号传输带宽和提高信号传输速率，要求传输的信号尽可能是纯净的，因此需要在编码处理前进行语音增强；在语音识别系统中，语音增强技术可以提高语音信号的质量，提升信噪比，从而降低语音识别系统的错词率；在通信系统中，语音增强技术可以提高通话质量和可懂度。

由于篇幅有限，下面将着重介绍 SEGAN[1] 的训练、测试方法以及网络结构等内容，其他的关于语音质量评价等内容可由读者后续完成。

本节使用的 SEGAN 的开源代码链接为 https://github.com/santi-pdp/segan_pytorch。segan_pytorch 的基本框架相对简单，我们在此进行简要介绍。其主目录下包括 3 个重要的文件夹，ckpt_segan＋、segan、utils，其中ckpt_segan＋主要保存 SEGAN 的训练配置参数和预训练模型参数；segan 文件夹中主要包括 datasets、models 两个子文件夹和 utils. py，其中 utils. py 对 PESQ、SNR、WSS 等语音质量评价指标进行了 Python 实现；datasets 文件夹中主要实现音频数据处理和构建 PyTorch 中 Dataset 类，models 文件夹实现了 GAN 模型；utils 文件夹中包含 STOI 语音质量评价指标的 matlab 实现。主目录下的 run_segan＋_train. sh 为 SEGAN 的训练启动脚本，run_wsegan＋_train. sh 为 WSEGAN 的训练启动脚本，run_segan＋_clean. sh 为 SEGAN 的测试启动脚本。主目录下的 train. py 为模型的训练代码，clean. py 为模型的测试代码，eval_noisy_performance. py 为评价指标的调用程序。

12. 1. 2　SEGAN 模型

我们首先对 SEGAN 模型细节和相应的 PyTorch 代码进行介绍。SEGAN 由生成器和判别器两个神经网络构成，生成器以含噪的语音作为输入并输出降噪后的语音，而判别器同时接收降噪后的语音和纯净的语音作为输入。在对抗训练的过程中，判别器用于区分降噪语音和纯净语音之间的差异，生成器的训练目标则是不断缩小该差异，使降噪后的语音不断趋于纯净的语音。

1. 输入数据预处理

在进行语音增强之前，每一段语音信号均首先被切割为多个切片。在 segan_pytorch 中，每个切片长度为 16 384，每个切片的移动幅度为 0.5。例如对一段时长为 2 s、采样率为 16 kHz 的音频信号，共计有 32 000 个采样点，则第一个切片所包含的采样点的索引为 $[1, 16\,384]$，第二个切片为 $[8193, 24\,576]$，第三个切片为 $[16\,385, 32\,770]$，但是第三个切片的采样点索引已经超过了 32 000，为使其切片包含整个语音信息，我们将其调整为 $[15\,617, 32\,000]$。segan/datasets/se_dataset. py 中的 slice_signal()函数实现了上述切片过程，其中 signal 为输入信号，windows_sizes 为每个切片包含的采样点数目，stride 为每次移动的幅度（其数值范围为 0~1），代码如下所示：

```
def slice_signal(signal, window_sizes, stride=0.5):
    assert signal.ndim == 1, signal.ndim        ## 确保语音信号的维度为 1
    n_samples = signal.shape[0]                  ## 语音信号的总样本点数目
    slices = []
    for window_size in window_sizes:
        offset = int(window_size * stride)       ## offset 为每次切割移动的个数
        slices.append([])
        for beg_i in range(n_samples + offset, offset):
            end_i = beg_i + offset
            if end_i > n_samples:                ## 检测切片的采样点索引是否超出语音信号
                beg_i = n_samples - offset
                end_i = n_samples
            slice_ = signal[beg_i:end_i]
            assert slice_.shape[0] == window_size, slice_.shape[0]
            slices[-1].append(slice_)
```

```
        slices[-1] = np.array(slices[-1], dtype=np.int32)
    return slices
```

切割完成的语音信号需要进行预加重。由于人类的发声系统会对高频段语音信号影响较大而对低频段语音信号影响较小，故使用预加重来消除这种影响，以提高高频分量，其本质是一个高通滤波器 $H(z)=1-\alpha z^{-1}$。预加重操作对语音信号处理的方式为 $y(n)=x(n)-\alpha x(n-1)$，其中 α 的取值范围为 0.9 至 1。segan/datasets/se_dataset.py 中的 pre_emphasize()函数对其进行了实现，其中 x 为输入信号，代码如下所示：

```
def pre_emphasize(x, coef=0.95):              ## coef 为 α 参数值
    if coef <= 0:
        return x
    x0 = np.reshape(x[0], (1,))
    diff = x[1:] - coef * x[:- 1]
    concat = np.concatenate((x0, diff), axis=0)
    return concat
```

语音信号经过预加重后需要进行中心化操作，其规则为 $\dfrac{2}{65\ 535}(x-32\ 767)+1$。segan/datasets/se_dataset.py 中的 normalize_wave_minmax()函数对其进行了实现。在 SE-GAN 中，可以先进行中心化操作再进行预加重，也可以先预加重再进行中心化操作，具体顺序由训练参数 preemph_norm 决定。

2. 生成器

SEGAN 的生成器的主体结构为编码器-解码器结构，如图 12-1 所示。首先编码器对

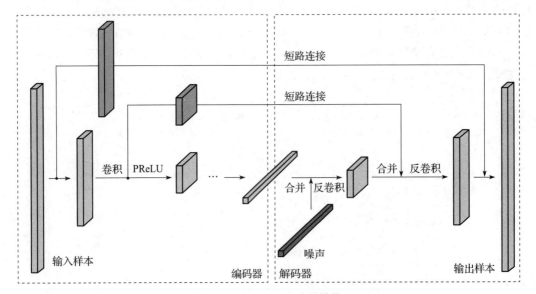

图 12-1　SEGAN 生成器结构

输入的语音信号进行多层压缩使其变成低维度的编码表示，然后解码器对编码表示进行解码，最终得到降噪后的语音信号。编码器和解码器为对称结构，故其特征图的维度是对称的。SEGAN 在特征图的对应位置添加了短路连接，以此提升生成器的降噪效果。

我们使用 segan_pytorch 的默认配置来进行讲解。对于生成器中的编码器部分，其核心为一维卷积神经网络。在每层卷积网络中，将步幅 stride 设置为 4，即特征图每经过一次卷积，其尺寸缩小为原来的 1/4，卷积核的个数分别为 64、128、256、512 和 1024。故对于一个维度为 $1 \times 16\,384$ 的切片样本来说，它在每个卷积层的特征图维度分别为 64×4096、128×1028、256×256、512×64、1024×16，另外每层经过卷积操作后需再经过 PReLU 激活函数。此外，segan_pytorch 允许在卷积操作层和激活函数之间添加正则化层，例如批正则化。segan/models/modules.py 对卷积层进行了实现。它将卷积层设计为一个类 GConv1DBlock()，在类中调用 nn.Conv1d() 实现了卷积运算。其中，ninp 为输入特征图的通道数，fmaps 为卷积核的个数（输出特征图的通道数），kwidth 为卷积核的尺寸，stride 为卷积步幅，norm_type 用于控制是否添加正则化层及其类别，act 为激活函数，代码如下所示：

```python
class GConv1DBlock(nn.Module):
    def __init__(self, ninp, fmaps,
                 kwidth, stride=1,
                 bias=True, norm_type=None):
        super().__init__()
        self.conv = nn.Conv1d(ninp, fmaps, kwidth, stride=stride, bias=bias)  ## 1维卷积层
        self.norm = build_norm_layer(norm_type, self.conv, fmaps)             ## 正则化层
        self.act = nn.PReLU(fmaps, init=0)                    ## 激活函数维 PReLU
        self.kwidth = kwidth
        self.stride = stride

    def forward_norm(self, x, norm_layer):                    ## 正则化层
        if norm_layer is not None:
            return norm_layer(x)
        else:
            return x

    def forward(self, x, ret_linear=False):                   ## 前向传播函数
        if self.stride > 1:                                   ## 补 0 使卷积操作可正确运行
            P = (self.kwidth // 2 - 1,
                 self.kwidth // 2)
        else:
            P = (self.kwidth // 2,
                 self.kwidth // 2)
        x_p = F.pad(x, P, mode='reflect')
        a = self.conv(x_p)
        a = self.forward_norm(a, self.norm)
        h = self.act(a)
        if ret_linear:
```

```
        return h, a
    else:
        return h
```

对于生成器中的解码器部分，其核心为反卷积神经网络。与卷积运算不同，反卷积运算通常用于增加特征图的尺寸。在每个反卷积层中，将步幅 stride 设置为 4，即特征图每经过一次反卷积，其尺寸扩大为原来的 4 倍，卷积核的个数分别为 512、256、128、64 和 1。解码时，对于 1024×16 的编码表示，它需要与另一维度也为 1024×16 的噪声合并，从而得到 2048×16 的特征图，该特征图经过第一层反卷积后维度扩张成 512×64。这个 512×64 的特征图在经过第二层反卷积前，需要与来自短路连接中的、维度同样为 512×64 的特征进行合并，得到新的 1024×64 的特征图，然后再对其进行反卷积。依次进行合并、反卷积的操作，使特征图的特征尺寸不断增加，通道数不断减少。在我们的例子中，反卷积层的输出维度依次为 512×64、256×256、128×1028、64×4096 和 1×16 384，最终得到降噪后的样本。类似地，每层经过反卷积操作后需再经过批正则化层和 PReLU 激活函数，是否使用正则化层可通过设置 norm_type 参数决定；使用的激活函数的类型也可为其他类型，具体由 act 参数决定。segan/models/modules.py 中使用类 GDeconv1DBlock()实现了反卷积层，类中使用 nn.ConvTranspose1d()实现了反卷积操作，类中的 ninp、fmaps、kwidth、norm_type 等参数与 GConv1DBlock()类一致，其代码如下所示：

```
class GDeconv1DBlock(nn.Module):

    def __init__(self, ninp, fmaps,
                 kwidth, stride=4,
                 bias=True,
                 norm_type=None,
                 act=None):
        super().__init__()
        pad = max(0, (stride - kwidth)//-2)              ## 补 0 使反卷积操作可正确运行
        self.deconv = nn.ConvTranspose1d(ninp, fmaps,
                                         kwidth,
                                         stride=stride,
                                         padding=pad)    ## 反卷积操作
        self.norm = build_norm_layer(norm_type, self.deconv,
                                     fmaps)               ## 正则化层
        if act is not None:
            self.act = getattr(nn, act)()
        else:
            self.act = nn.PReLU(fmaps, init=0)            ## 默认使用 PReLU 激活函数
        self.kwidth = kwidth
        self.stride = stride

    def forward_norm(self, x, norm_layer):
        if norm_layer is not None:
```

```
            return norm_layer(x)
        else:
            return x

    def forward(self, x):
        h = self.deconv(x)
        if self.kwidth %2 != 0:
            h = h[:, :, :-1]
        h = self.forward_norm(h, self.norm)
        h = self.act(h)
        return h
```

生成器中的短路连接将编码器和解码器对应的部分进行连接。对于编码中经过卷积操作但还未经过 PReLU 激活函数操作的特征图，通过短路连接将其抽取出来，并与解码器中维度尺寸一样的特征图进行合并拼接操作。合并操作在通道维度上进行合并拼接，将特征图的通道数扩大了一倍。除此之外，短路连接中也可以设置其他的层，例如卷积操作。segan/models/modules.py 在短路连接中设置了 alpha、constant 和 conv 3 种模式，由参数 skip_type 决定。其中 alpha 和 constant 模式为特征图中的每一个通道配置了特定的参数，例如经过编码器的第一次卷积后得到特征图维度为 64×4096，则表示在短路连接上设置了 64 个参数，并将参数与特征图按通道相乘。两种模式的不同之处在于 alpha 模式下的参数是可学习的，是由训练得到的(其参数初始化方式由 skip_init 决定)，而 constant 模式下的参数是预先设定的。在 conv 模式中，短路连接中设置了一维卷积操作层，其中默认卷积核尺寸为 11，步幅为 1，并保证输入和输出特征图的维度一致。segan/models/generator.py 中使用类 GSkip() 对短路连接进行了实现，代码如下所示：

```
class GSkip(nn.Module):
    def __init__(self, skip_type, size, skip_init, skip_dropout=0,
                merge_mode='sum', kwidth=11, bias=True):
        ## 当短路连接模式为 alpha 时，需要设置 skip_init
        super().__init__()
        self.merge_mode = merge_mode
        if skip_type == 'alpha' or skip_type == 'constant':
            if skip_init == 'zero':                              ## 全 0 初始化参数
                alpha_ = torch.zeros(size)
            elif skip_init == 'randn':                           ## 随机初始化参数
                alpha_ = torch.randn(size)
            elif skip_init == 'one':                             ## 全 1 初始化参数
                alpha_ = torch.ones(size)
            else:
                raise TypeError('Unrecognized alpha init scheme: ',
                            skip_init)
            if skip_type == 'alpha':
                self.skip_k = nn.Parameter(alpha_.view(1, -1, 1))  ## 设置为可学习参数
            else:
                ## constant 模式设置为不可学习参数
```

```
                    self.skip_k = nn.Parameter(alpha_.view(1, -1, 1))
                    self.skip_k.requires_grad = False
            elif skip_type == 'conv':
                if kwidth > 1:
                    pad = kwidth // 2
                else:
                    pad = 0
                self.skip_k = nn.Conv1d(size, size, kwidth, stride=1,
                                        padding=pad, bias=bias)
            else:
                raise TypeError('Unrecognized GSkip scheme: ', skip_type)
            self.skip_type = skip_type
            if skip_dropout > 0:                            ## 设置使用 dropout 层
                self.skip_dropout = nn.Dropout(skip_dropout)

        def __repr__(self):
            if self.skip_type == 'alpha':
                return self._get_name() + '(Alpha(1))'
            elif self.skip_type == 'constant':
                return self._get_name() + '(Constant(1))'
            else:
                return super().__repr__()

        def forward(self, hj, hi):
            if self.skip_type == 'conv':
                sk_h = self.skip_k(hj)
            else:
                skip_k = self.skip_k.repeat(hj.size(0), 1, hj.size(2))
                sk_h = skip_k * hj
            if hasattr(self, 'skip_dropout'):
                sk_h = self.skip_dropout(sk_h)
            if self.merge_mode == 'sum':
                return sk_h + hi
            elif self.merge_mode == 'concat':
                return torch.cat((hi, sk_h), dim=1)
            else:
                raise TypeError('Unrecognized skip merge mode: ', self.merge_mode)
```

在 segan/models/generator.py 中，Generator()类对 SEGAN 中的生成器进行了实现，其细节已在上文描述，此处不再进行展示。

3. 判别器

在 segan/models/discriminator.py 中，Discriminator()类实现了判别器。判别器的输入与生成器有比较大的差异，生成器的输入是含噪的语音样本切片，而在判别器中，真实样本由干净语音切片与含噪语音切片拼接合并而成，虚假样本由生成器降噪后的样本与含噪语音切片拼接合并而成，这些拼接操作均在通道维度进行，故判别器输入样本的通道数均为 2。

判别器的网络结构与生成器的编码器基本相同，主要也是由卷积操作构成，如图 12-2 所示。默认设置中，判别器设计了 4 个卷积层，每层均为一维卷积操作，卷积核尺寸为 31，步幅为 4，卷积核的个数依次为 64、128、256、512、1024。对于一个维度为 $2\times16\,384$ 的样本，其在每层特征图的维度分别为 64×4096、128×1028、256×256、512×64、1024×16。然后经过一个全连接层和 PReLU 层将特征图维度降低至 256，再经过一个全连接层和 PReLU 层降低至 128，最后使用一个全连接层输出一个标量。另外，在每个卷积层进行卷积运算前，判别器还使用了相位移动操作，即随机地将样本切片按时间顺序左移或右移几个位置。

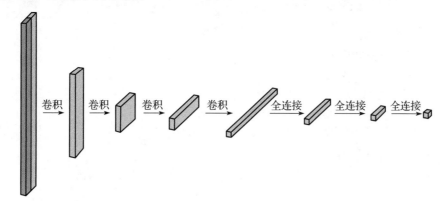

图 12-2　SEGAN 判别器结构

12.1.3　SEGAN 训练和测试

在介绍了 SEGAN 的网络结构后，本节将介绍其训练过程，包括数据集，模型的训练以及测试等内容。

1. 数据集准备

我们使用来自 Edinburgh DataShare 的公开语音数据集，该数据集包括 30 个说话人，其中训练集包括 28 个，测试集包括 2 个。在训练集中，10 种不同类型的噪声以 4 种不同程度的信噪比(15、10、5、0 dB)被添加到纯净的语音上，从而构成含噪语音，每个说话人在每种噪声情况下大约包含 10 条语句。在测试集中，5 种不同类型的噪声以另外 4 种不同程度的信噪比(17.5、12.5、7.5、2.5 dB)被添加到纯净的测试集语音上，每个说话人在每种噪声情况下大约包含 20 条语句。

读者可以使用如下脚本文件对其中的音频数据进行下载。

```
# !/bin/bash
datadir=data
datasets="clean_trainset_56spk_wav noisy_trainset_56spk_wav clean_testset_wav
    noisy_testset_wav"

# 创建文件夹
```

```
mkdir -p $ datadir
pushd $ datadir

for dset in $ datasets; do
    if [ ! -d $ {dset}_16kHz ]; then
        if [ ! -f $ {dset}.zip ]; then
            echo 'DOWNLOADING $ dset'
            wget http://datashare.is.ed.ac.uk/bitstream/handle/10283/2791/$ {dset}.zip
        fi
        if [ ! -d $ {dset} ]; then
            echo 'INFLATING $ {dset}...'
            unzip -q $ {dset}.zip -d $ dset                         ## 解码.zip 文件
        fi
        if [ ! -d $ {dset}_16kHz ]; then
            echo 'CONVERTING WAVS TO 16K...'
            mkdir -p $ {dset}_16kHz
            pushd $ {dset}/$ {dset}
            ls * .wav > ../../$ {dset}.flist
            ls * .wav | while read name; do
                sox $ name -r 16k ../../$ {dset}_16kHz/$ name## 将音频的采样率转换为 16kHz
                echo $ name
            done
            popd
        fi
    fi
done

popd

# 保留文件记录名称
cp $ datadir/clean_trainset_56spk_wav.flist $ datadir/train_wav.txt
cp $ datadir/clean_testset_wav.flist $ datadir/test_wav.txt
```

2. 训练 SEGAN

　　SEGAN 的训练算法由 train. py 完成。segan_pytorch 在 main 函数里进行诸多设置，如 GPU 或者 CPU 的选择、随机种子设置、损失函数的选择等。选择不同的损失函数将会调用不同的模型，SEGAN 默认选择的是最小二乘损失函数，而 WSEGAN 默认选择 Wasserstein 距离作为损失函数，此外生成器还额外添加了生成器降噪语音和纯净语音之间的距离作为正则项，其中距离的类型（例如 L1）由参数 reg_loss 决定，正则项的权重由参数 l1_weight 决定。SEGAN 和 WSEGAN 分别在 segan/models/model. py 中的 SEGAN() 和 WSEGAN() 类中进行了实现，其训练方式在各自类下的 train() 方法中实现。优化器在 segan/models/model 的 build_optimizers 方法实现，可设置为 rmsprop 或 adam。其他训练细节与一般的 GAN 基本相同，读者可自行查看代码。需要说明的是，生成器输出的样本并不是最终的语音样切片，需要去加重（预加重的反操作），然后拼接成完整的语音样本点数据。

训练 SEGAN 时，可直接启动主目录下的 run_segan＋_train. sh 或者 run_wsegan_train. sh 来启动训练。启动前请注意设置合适的参数，例如 ckpt 保存目录 save_path、训练集的纯净语音目录 clean_trainset、含噪语音目录 noisy_trainset、测试集的纯净语音目录 clean_valset、测试集的含噪语音目录 noisy_valset 等参数。其他关于训练的参数，例如 batch_size、epoch 也需要读者根据自身情况进行合理设置。

3. 测试 SEGAN

我们可以使用自己训练的模型也可以使用已经训练完成的预训练模型进行测试。启动 SEGAN 测试的脚本为 run_segan＋_clean. sh(这里主要调用的是主程序 clean. py)，同时需要将权值参数 segan＋_generator. ckpt 和参数配置文件 train. opts 放置在 ckpt＋_segan＋目录下，或者将 run_segan＋_clean. sh 的 g_pretrained_skpt 参数设置成相应的目录。另外，test_files_path 参数为测试的含噪数据集的目录，save_path 为输出语音的目录。预训练模型的下载地址为 http://veu. talp. cat/seganp/release_weights/segan＋_generator. ckpt。

由于我们无法直接展示语音降噪后的结果，读者可在 http://veu. talp. cat/seganp/进行相应的更直观的体验。相比传统的维纳滤波器，SEGAN 的效果有了明显的提升，但面对噪声非常严重的情况时，SEGAN 仍然无法较好消除噪声，这也表明语音降噪的问题还需要进行更多的研究。

12. 2　基于 GAN 的语音转换

在这一节中，我们将基于 CycleGAN 完成一个语音风格转换的项目，具体包括数据的处理、语音合成工具的使用、生成器和判别器的设计等内容。

12. 2. 1　项目简介

语音转换作为智能语音信息处理的一个分支，获得了学术界和工业界各方面的广泛重视，它在我们的日常生活也有非常多的应用。例如，在文本语音转换系统(Text to Speech)中，可在 TTS 系统输出语音后添加语音转化系统，从而可以在语音中添加个性化的信息；游戏或者动漫也可以通过语音转换技术增加配音的丰富性，从而取得更好的配音效果；此外，语音转换在感情生成、辅助歌曲学习、保密通信等方面也具有非常大的价值。

一条语音通常包含语义和个性特征两方面的信息，其中语义信息表示语音所描述的内容，而个性特征代表了说话人的频率和音色特点，本项目的语音风格转换就是要在保持语义信息不变的前提下转换语音的个性特征。对于一条来自说话人 A 的语音，我们可以通过语音风格转换技术将其变成一条仿佛来自说话人 B 口吻的语音，并且保证语音描述的内容基本不变。

本节使用的开源代码链接为 https://github. com/jackaduma/CycleGAN-VC2。

CycleGAN-VC2 的代码结构相对明晰简单，我们在此只进行简要介绍。其主目录下包括 4 个文件夹，其中 data 文件夹主要用于保存训练的语音文件；converted_sound 主要用于保存语音转换的测试结果；cache 主要用于保存训练数据集的部分特征参数，例如基频的均值方差等；model_checkpoint 主要用于保存训练权重。主目录下包括多个 Python 文件，其中 preprocess_training.py 用于对训练数据集进行预处理；preprocess.py 实现了多个预处理功能函数；trainingDataset.py 使用 PyTorch 框架构建了 dataset；model_tf.py 实现了 CycleGAN 神经网络模型；train.py 是主训练函数，在训练模型时直接启动它即可。此外，由于开源代码中并未专门给出用于模型测试的 Python 代码，因此笔者进行了额外的补充。

12.2.2　WORLD 语音合成工具

WORLD 是由日本学者 Morise 在 2016 年提出的一种基于声码器的语音分析、修改与合成工具，它在运行速度和合成质量上都具有优异的表现并且完全免费。WORLD 将语音信号提取出基音频率 f_0、频谱参数 sp 以及非周期性参数 ap 3 种特征，再利用这 3 种特征合成语音，如图 12-3 所示。

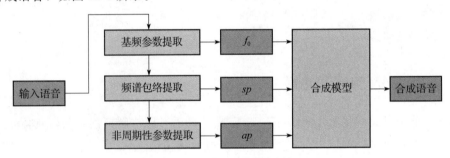

图 12-3　WORLD 模型框架

基音频率 f_0：当物体由于振动发声时，声音可分解为许多正弦波，故所有的自然声音基本都是由许多频率不同的正弦波组成的，其中频率最低的正弦波即基音，其对应的频率为基频，而其他频率较高的正弦波则为泛音。WORLD 使用 DIO 算法对基音频率 f_0 进行快速估计。

频谱参数 sp：频谱是人的语音特征的重要反映，它是一种对声道参数特征的描述。频谱信号决定了各个音素，比如，元音是由频谱中的前 3 个共振峰决定的，由于人的声道频谱不同，对元音的音色也不同。对于多频语音信号，将其按照频率大小排序并将顶端连接即可得到平滑的频谱包络线，而频谱包络线包含了语义信息和个性信息。WORLD 使用 CheapTrick 算法对频谱包括进行精确估计。

非周期性参数 ap：混合激励和非周期性通常用于合成自然语音。而 WORLD 采用一种基于 PLATINUM 的方法，根据之前计算的基频和频谱包络信息来计算非周期性参数。

需要说明的是，一般情况下基频 f_0、频谱参数 sp 以及非周期性参数 ap 特征的维度比较高，可达 1000 多维，对于神经网络的训练是一个比较大的挑战，故我们在实践中通常会对其进行降维操作。

12.2.3　CycleGAN-VC2 模型

我们首先对 CycleGAN-VC2[2] 模型细节和相应的 PyTorch 代码实现进行介绍。

1. 数据预处理

在进行语音合成前，需要对语音信号进行预处理。我们首先需要在当前的 PyTorch 环境中安装导入 pyworld 库，从而使用 WORLD 进行语音信号的特征提取和合成。对于源域和目标域的每个语音样本，依次提取基频 f_0、频谱参数 sp 以及非周期性参数 ap 3 个特征，这分别由 harvest()、cheaptrick() 和 d4c() 函数实现。preprocess.py 中的 world_decompose() 函数对该过程进行了实现，代码如下所示。其中 wav 为输入语音信号，fs 为采样率 16 000。

```
def world_decompose(wav, fs, frame_period=5.0):
    wav = wav.astype(np.float64)
    ## 提取基频 f₀
    f0, timeaxis = pyworld.harvest(
        wav, fs, frame_period=frame_period, f0_floor=71.0, f0_ceil=800.0)
    ## 提取频谱参数 sp
    sp = pyworld.cheaptrick(wav, f0, timeaxis, fs)
    ## 提取非周期性参数 ap
    ap = pyworld.d4c(wav, f0, timeaxis, fs)
    return f0, timeaxis, sp, ap
```

接下来，继续使用 WORLD 对频谱参数 sp 进行降维，CycleGAN-VC2 默认将其维度降为 36。preprocess.py 中的 world_encode_spectral_envelop() 函数对该过程进行了实现，代码如下所示。其中，fs 为采样率，dim 为降维后的频谱参数 sp 的维度。

```
def world_encode_spectral_envelop(sp, fs, dim):
    ## 使用 pyworld 的 code_spectral_envelop 函数对 sp 进行降维编码
    coded_sp = pyworld.code_spectral_envelop(sp, fs, dim)
    return coded_sp
```

对于源域和目标域的基频参数 f_0，分别对其进行对数操作并求解均值和标准差。preprocess.py 中的 logf0_statistics() 函数对该过程进行了实现，代码如下所示。

```
def logf0_statistics(f0s):
    ## 使用掩膜对数可忽略无效或者不正确的数值
    log_f0s_concatenated = np.ma.log(np.concatenate(f0s))
    log_f0s_mean = log_f0s_concatenated.mean()        ## 均值计算
    log_f0s_std = log_f0s_concatenated.std()          ## 标准差计算
    return log_f0s_mean, log_f0s_std
```

对于降维后的频谱特征，我们需要进一步对其进行归一化操作。对于频谱特征的每一个维度（默认共 36 维），我们依次计算其均值和标准差，然后将频谱特征减去均值再除标准差，最终得到归一化的特征，这部分特征也正是神经网络的输入，即 CycleGAN 学习的是源域和目标域的频谱特征的映射关系。preprocess. py 中的 coded_sps_normaliza-tion_fit_transform（）函数对上述操作进行了实现，代码如下所示。

```python
def coded_sps_normalization_fit_transform(coded_sps):
    coded_sps_concatenated = np.concatenate(coded_sps, axis=1)
    ## 计算频谱特征的均值
    coded_sps_mean = np.mean(coded_sps_concatenated, axis=1, keepdims=True)
    ## 计算频谱特征的标准差
    coded_sps_std = np.std(coded_sps_concatenated, axis=1, keepdims=True)
    coded_sps_normalized = list()
    for coded_sp in coded_sps:
        coded_sps_normalized.append(
            (coded_sp - coded_sps_mean) / coded_sps_std)        ## 归一化操作
    return coded_sps_normalized, coded_sps_mean, coded_sps_std
```

在预处理的最后部分，我们需要将一些提取到的参数保存到 cache 文件夹中。Cy-cleGAN-VC2 默认将目标域和源域的基频的均值与方差存储在 cache/logf0s_normaliza-tion. npz 中，将目标域和源域的频谱特征的均值与方差存储在 cache/mcep_normaliza-tion. npz 中，将归一化的源域频谱特征存储在 cache/coded_sps_A_norm. pickle 中，将归一化的目标域频谱特征存储在 cache/coded_sps_B_norm. pickle 中。这里的前两项用于测试时的语音合成，后两项用于 CycleGAN 的训练。

2. dataset 的构建

CycleGAN-VC2 在 trainingDataset. py 文件中构建了一个训练数据集 trainingDataset（）类，由于该类中的_getitem_（）方法略微烦琐，我们在此简单介绍下。在每次选取第 index 个训练样本时，我们先将源域和目标域的样本顺序打乱，然后对源域和目标域的每一个频谱特征随机选择连续的 128 帧，暂时抛弃其他帧，从而使每个样本仅由 36×128 的张量表示，最后在新的源域和目标域中分别选择第 index 个张量即可。需要注意的是，在每次根据索引获取训练样本时，上述的打乱、随机选帧、选择训练样本的过程总是要重复一次。_getitem_（）方法的代码如下所示：

```python
def __getitem__(self, index):
    dataset_A = self.datasetA
    dataset_B = self.datasetB
    n_frames = self.n_frames                                ## 连续帧的长度
    self.length = min(len(dataset_A), len(dataset_B))
    num_samples = min(len(dataset_A), len(dataset_B))       ## 取最小长度保证对齐
    train_data_A_idx = np.arange(len(dataset_A))
    train_data_B_idx = np.arange(len(dataset_B))
    np.random.shuffle(train_data_A_idx)
    np.random.shuffle(train_data_B_idx)
    train_data_A_idx_subset = train_data_A_idx[:num_samples] ## 随机打乱源域样本
```

```
train_data_B_idx_subset = train_data_B_idx[:num_samples]  ## 随机打乱目标域样本
train_data_A = list()
train_data_B = list()

for idx_A, idx_B in zip(train_data_A_idx_subset, train_data_B_idx_subset):
    data_A = dataset_A[idx_A]
    frames_A_total = data_A.shape[1]
    assert frames_A_total >= n_frames
    ## 随机选择目标域样本的帧数起始点
    start_A = np.random.randint(frames_A_total - n_frames + 1)
    end_A = start_A + n_frames
    train_data_A.append(data_A[:, start_A:end_A])         ## 构建新的源域样本

    data_B = dataset_B[idx_B]
    frames_B_total = data_B.shape[1]
    assert frames_B_total >= n_frames
    ## 随机选择目标域样本的帧数起始点
    start_B = np.random.randint(frames_B_total - n_frames + 1)
    end_B = start_B + n_frames
    train_data_B.append(data_B[:, start_B:end_B])         ## 构建新的目标域样本

train_data_A = np.array(train_data_A)
train_data_B = np.array(train_data_B)
return train_data_A[index], train_data_B[index]          ## 根据索引返回样本
```

3. 生成器

生成器是语音转换的核心网络，它的主要功能是实现源域和目标域之间样本的映射。根据上文所述，生成器的输入和输出样本均为 36×128 的频谱特征。CycleGAN 中有两个生成器，为了便于区分，我们使用 A 表示源域，使用 B 表示目标域，其中 G_{A2B} 接受源域样本作为输入并输出目标域样本，而 G_{B2A} 接收目标域样本作为输入并输出源域样本。这两个生成器具有完全相同的网络结构，均由 model_tf.py 中的 Generator() 类实例化生成。

生成器主要的处理操作为卷积操作，下面我们将对生成器的结构进行详细介绍。生成器的网络结构如图 12-4 所示，主要流程为降维→转为 1D 特征→残差层→转回 2D 特征→升维。

在 CycleGAN-VC2 的默认配置中，样本首先经过门控卷积层，其中第一个卷积操作用于二维卷积，第二个卷积操作和 sigmoid 激活函数将结果限定在 0 至 1 的范围内用于门控，随后需要将卷积和门控结果对应位置相乘，此时样本维度变为 128×36×128，其中这两个卷积操作的卷积核个数均为 128。接下来，需要连续进行两次下采样操作。下采样操作依然使用类似的门控机制，但其在二维卷积操作后添加了实例正则化(IN)。与批正则化不同，实例正则化没有建立实例之间的联系，而是保持每个样本实例之间的独立性。实践表明，实力正则化在生成模型尤其是风格迁移等任务中具有非常好的效果。model_tf.py 中的 downSample_Generator() 类对下采样网络进行了实现，实现维度降低的主要方

式是将卷积操作的步长设置为 2，但将卷积个数设置为 256，故样本的维度下采样后降低为 $256\times9\times32$，代码如下所示。

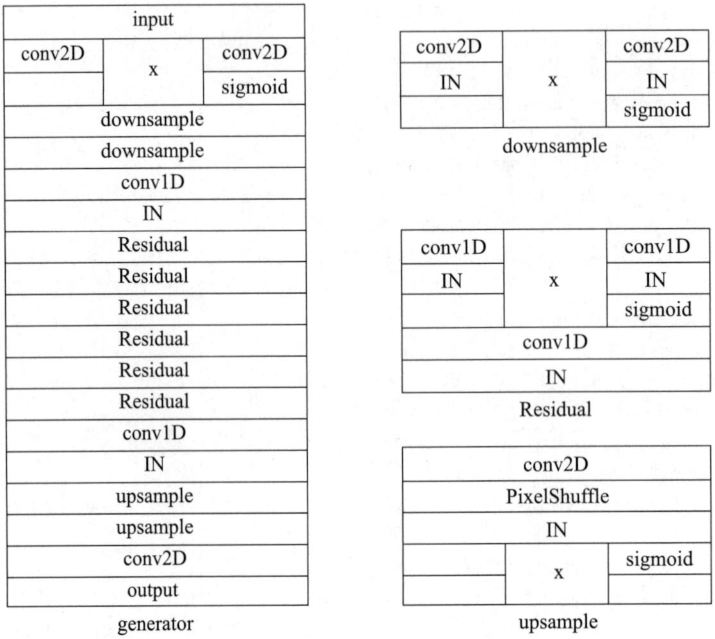

input		
conv2D	x	conv2D
		sigmoid
downsample		
downsample		
conv1D		
IN		
Residual		
Residual		
Residual		
Residual		
Residual		
Residual		
conv1D		
IN		
upsample		
upsample		
conv2D		
output		

generator

conv2D		conv2D
IN	x	IN
		sigmoid

downsample

conv1D		conv1D
IN	x	IN
		sigmoid
conv1D		
IN		

Residual

conv2D		
PixelShuffle		
IN		
	x	sigmoid

upsample

图 12-4　CycleGAN-VC2 生成器结构

```python
class downSample_Generator(nn.Module):
    def __init__(self, in_channels, out_channels, kernel_size, stride, padding):
        super(downSample_Generator, self).__init__()
        ## 卷积运算
        self.convLayer = nn.Sequential(nn.Conv2d(in_channels=in_channels,
                                                 out_channels=out_channels,
                                                 kernel_size=kernel_size,
                                                 stride=stride,
                                                 padding=padding),
                                       nn.InstanceNorm2d(num_features=out_channels,
                                                         affine=True))
        ## 门控卷积运算
        self.convLayer_gates = nn.Sequential(nn.Conv2d(in_channels=in_channels,
                                                       out_channels=out_channels,
                                                       kernel_size=kernel_size,
                                                       stride=stride,
                                                       padding=padding),
                                             nn.InstanceNorm2d(num_features=out_channels,
                                                               affine=True))

    def forward(self, input):
        return self.convLayer(input) * torch.sigmoid(self.convLayer_gates(input))
```

另外，门控机制由类 GLU()实现，代码如下：

```
class GLU(nn.Module):
    def __init__(self):
        super(GLU, self).__init__()

    def forward(self, input):
        return input * torch.sigmoid(input)
```

接着，CycleGAN-VC2 将样本转换为一维数据并使用一维卷积操作来处理，这是因为一维卷积更容易捕捉整体的动态变化，而二维卷积更适用于保持原始结构，故此时样本维度转换为 2304×32。然后使用一个一维卷积网络和批正则化层将其维度降为 256×32。生成器在这里连续使用了 6 个残差层。残差层中使用了门控机制，但是均为一维卷积操作，实例正则化也为一维。相比下采样层，残差层在门控机制后又额外添加了一个一维卷积层和实例正则化层，并且保持样本的维度不变。model_tf.py 中的 ResidualLayer()类实现了残差层，其结构基本类似，此处不再展示代码。

经过残差层后，生成器开始将样本恢复成原始输入的维度。首先使用一维卷积和 reshape 将样本转换为 $256 \times 9 \times 32$，然后对应使用上采样操作。在上采样层中先进行二维卷积操作，注意此操作保持样本特征的长度、宽度维度不变，但两次上采样的卷积核分别为 1024 和 512。接下来使用 PyTorch 自带的 nn.PixelShuffle()函数扩大特征图的尺寸，其中 upscale_factor 为上采样因子，默认设置为 2，注意这个函数将长度和宽度维度提升 2 倍，但将通道缩减为原来的 $1/4$，最后使用了实例正则化层以及门控机制。Generator()类的 upSample()方法对上采样过程进行了实现，代码如下所示：

```
def upSample(self, in_channels, out_channels, kernel_size, stride, padding):
    self.convLayer = nn.Sequential(nn.Conv2d(in_channels=in_channels,
                                             out_channels=out_channels,
                                             kernel_size=kernel_size,
                                             stride=stride,
                                             padding=padding),
                                  nn.PixelShuffle(upscale_factor=2),    ## 上采样函数
                                  nn.InstanceNorm2d(
                                      num_features=out_channels // 4,
                                      affine=True),                     ## 实例正则化
                                                                        函数
                                  GLU())                               ## 门控机制层
```

完成上采样后样本尺寸为 $128 \times 36 \times 128$，再经过一个二维卷积神经网络将其特征维度调整为 $1 \times 1 \times 36 \times 128$，最后进行维度调整得到一个 36×128 的输出样本。

4. 判别器

判别器的主要任务是辨别样本是属于目标域还是源域。CycleGAN 中有两个判别器，D_A 用于判定输入目标是否属于源域，而 D_B 用于判定输入目标是否属于目标域，并且这

两个判别器也具有完全相同的网络结构。model_tf.py 中的 Discriminator() 类对判别器进行了代码实现。

判别器接收的输入为 36×128 的频谱特征张量，但其输出为一个尺寸更小的张量，故判别器主要是由下采样层构成的，其网络结构如图 12-5 所示。在 CycleGAN-VC2 的默认配置中，样本首先经过二维卷积层将通道数提升至 128，即样本的维度为 $128 \times 36 \times 128$。在经过门控操作后，样本维度仍然保持不变。接着样本连续进行三次下采样操作，其中下采样层由二维卷积层—实例正则化层—门控层构成，卷积核的个数依次为 256、512 和 1024，卷积步长均为 2×2。样本的维度由卷积层控制，所以在经过每个下采样层后，样本的维度分别为 $256 \times 18 \times 64$，$512 \times 9 \times 32$ 和 $1024 \times 5 \times 16$。最后经过的二维卷积层的卷积核个数为 1，即通道数为 1，样本的宽度和高度保持不变，其后的 sigmoid 函数将其映射到 0 至 1 的区间内，故判别器输出的结果为 5×16 的张量。需要说明的是，常见的判别器通常最后一层为全连接层并最终输出 1 个标量值，而这里的判别器最后为卷积和 sigmoid 层并输出 80 个数值，其中每个数值都表明了样本中每一个块的真实程度，实践表明这样的结构比标准的判别器结构表现更好。

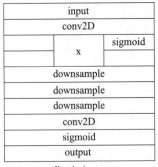
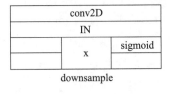

图 12-5   CycleGAN-VC2 判别器结构

12.2.4   CycleGAN-VC2 训练

在训练 CycleGAN-VC2 前，为了使读者对 CycleGAN 有更深刻的理解，我们将对损失函数进行比较详细的介绍。CycleGAN-VC2 中有 2 个判别器和 2 个生成器，它们的网络结构相同，功能对称。生成器的损失函数由三部分构成。

1）G_{A2B} 期望输出的目标域样本足够真实，以便能够欺骗源域判别器 D_A，而 G_{B2A} 也期望输出的目标域样本足够真实，以便能够欺骗目标域判别器 D_B，故此处应像传统的 GAN 一样设置对抗损失：

$$\min \mathbb{E}_{x \sim A}\left[D_B(G_{A2B}(x))-1\right]^2 + \mathbb{E}_{x \sim B}\left[D_A(G_{B2A}(\boldsymbol{x}))-1\right]^2 \tag{12.1}$$

需要说明的是，由于判别器输出的是非标量值，而 PyTorch 只可以对标量值进行反向求导，故实际代码还应包括均值函数，这一点在公式中并未体现。

2）CycleGAN-VC2 为了保持语义一致设计了循环一致损失函数，即源域输入样本依次经过 G_{A2B} 和 G_{B2A} 后输出的样本应当与原输入样本一样，目标域输入样本依次经过 G_{B2A} 和 G_{A2B} 后输出的样本应当与原输入样本一样，其表达式为：

$$\min \mathbb{E}_{x \sim A}\big[\|G_{B2A}(G_{A2B}(x))-x\|_1\big]+\mathbb{E}_{x \sim B}\big[\|G_{A2B}(G_{B2A}(x))-x\|_1\big] \qquad (12.2)$$

3）在 CycleGAN-VC2 中，恒等映射损失函数可限制模型对样本的改动过大，使输出结果更加稳定，即源域输入样本经过 G_{B2A} 后输出的样本应当与原输入样本一样，而目标域输入样本依次经过 G_{A2B} 后输出的样本应当与原输入样本一样，其表达式为：

$$\min \mathbb{E}_{x \sim A}\big[\|G_{B2A}(x)-x\|_1\big]+\mathbb{E}_{x \sim B}\big[\|G_{A2B}(x)-x\|_1\big] \qquad (12.3)$$

CycleGAN-VC2 的生成器的损失函数包括上述三部分，并且每部分的权重均为 1。其计算过程的代码如下所示：

```
fake_B = self.generator_A2B(real_A)
cycle_A = self.generator_B2A(fake_B)
fake_A = self.generator_B2A(real_B)
cycle_B = self.generator_A2B(fake_A)
identity_A = self.generator_B2A(real_A)
identity_B = self.generator_A2B(real_B)
d_fake_A = self.discriminator_A(fake_A)
d_fake_B = self.discriminator_B(fake_B)
## 循环一致损失
cycleLoss = torch.mean(torch.abs(real_A - cycle_A)) +
    torch.mean(torch.abs(real_B - cycle_B))
## 恒等映射损失
identiyLoss = torch.mean(torch.abs(real_A - identity_A)) +
    torch.mean(torch.abs(real_B - identity_B))
## 对抗损失
generator_loss_A2B = torch.mean((1 - d_fake_B) ** 2)
generator_loss_B2A = torch.mean((1 - d_fake_A) ** 2)

## 总损失函数
generator_loss = generator_loss_A2B + generator_loss_B2A + \
        cycle_loss_lambda * cycleLoss + identity_loss_lambda * identiyLoss
```

CycleGAN-VC2 的判别器的损失函数也包括三部分。

1）对于真实的源域样本，D_A 应当使其输出的标量接近数值 1，同样，对于真实的目标域样本，D_B 应当使其输出的标量接近数值 1，即

$$\min \mathbb{E}_{x \sim A}\big[D_A(x)-1\big]^2+\mathbb{E}_{x \sim B}\big[D_B(x)-1\big]^2 \qquad (12.4)$$

2）对于由生成器 G_{A2B} 转换得到的样本，D_B 应将其视为虚假的样本，故应使其输出的标量接近 0；同样，对于生成器 G_{B2A} 转换得到的样本，D_A 应将其视为虚假的样本，故应使其输出的标量接近 0，则目标函数为

$$\min \mathbb{E}_{x \sim A}\big[D_B(G_{A2B}(x))\big]^2+\mathbb{E}_{x \sim B}\big[D_A(G_{B2A}(x))\big]^2 \qquad (12.5)$$

3）对于经过 G_{A2B} 和 G_{B2A} 后循环得到的样本，D_A 应将其视为虚假的样本，同样，对

于经过 G_{B2A} 和 G_{A2B} 后循环得到的样本，D_B 应将其视为虚假的样本，则目标函数为

$$\min\mathbb{E}_{x\sim A}\left[D_A(G_{B2A}(G_{A2B}(\boldsymbol{x})))\right]^2+\mathbb{E}_{x\sim B}\left[D_B(G_{A2B}(G_{B2A}(\boldsymbol{x})))\right]^2 \qquad (12.6)$$

对于这三部分损失函数，CycleGAN-VC2 分别给予了 1、0.5 和 0.5 的权重比例，其计算过程的代码如下所示：

```
d_real_A = self.discriminator_A(real_A)
d_real_B = self.discriminator_B(real_B)
generated_A = self.generator_B2A(real_B)
d_fake_A = self.discriminator_A(generated_A)
cycled_B = self.generator_A2B(generated_A)
d_cycled_B = self.discriminator_B(cycled_B)
generated_B = self.generator_A2B(real_A)
d_fake_B = self.discriminator_B(generated_B)
cycled_A = self.generator_B2A(generated_B)
d_cycled_A = self.discriminator_A(cycled_A)

d_loss_A_real = torch.mean((1 - d_real_A) ** 2)          ## D_A 的真实样本损失
d_loss_A_fake = torch.mean((0 - d_fake_A) ** 2)          ## D_A 的虚假样本损失
d_loss_A = (d_loss_A_real + d_loss_A_fake) / 2.0

d_loss_B_real = torch.mean((1 - d_real_B) ** 2)          ## D_B 的真实样本损失
d_loss_B_fake = torch.mean((0 - d_fake_B) ** 2)          ## D_B 的虚假样本损失
d_loss_B = (d_loss_B_real + d_loss_B_fake) / 2.0

d_loss_A_cycled = torch.mean((0 - d_cycled_A) ** 2)      ## D_A 的循环样本损失
d_loss_B_cycled = torch.mean((0 - d_cycled_B) ** 2)      ## D_B 的循环样本损失
d_loss_A_2nd = (d_loss_A_real + d_loss_A_cycled) / 2.0
d_loss_B_2nd = (d_loss_B_real + d_loss_B_cycled) / 2.0
# 总损失函数
d_loss = (d_loss_A + d_loss_B) / 2.0 + (d_loss_A_2nd + d_loss_B_2nd) / 2.0
```

CycleGAN-VC2 对判别器和生成器均使用了 Adam 优化算法，生成器的学习速率为 0.0002，判别器的学习速率为 0.0001，β 参数分别为 0.5 和 0.999。

在对 CycleGAN-VC2 进行训练前，我们需要先运行 preprocess.py 文件进行数据预处理。

```
python preprocess_training.py -- train_A_dir ./data/S0913/ -- train_B_dir
    ./data/gaoxiaosong/ -- cache_folder ./cache/
## 或者在程序内设置参数并添加如下命令行
python preprocess_training.py
```

之后再运行 train.py 即可开始模型的训练。

```
Python train.py -- logf0s_normalization ./cache/logf0s_normalization.npz
    -- mcep_normalization ./cache/mcep_normalization.npz
    -- coded_sps_A_norm ./cache/coded_sps_A_norm.pickle
    -- coded_sps_B_norm ./cache/coded_sps_B_norm.pickle
    -- model_checkpoint ./model_checkpoint/
    -- resume_training_at ./model_checkpoint/_CycleGAN_CheckPoint
```

```
-- validation_A_dir ./data/S0913/
-- output_A_dir ./converted_sound/S0913
-- validation_B_dir ./data/gaoxiaosong/
-- output_B_dir ./converted_sound/gaoxiaosong/
## 或者在程序内设置参数并添加如下命令行
python train.py
```

12.2.5　CycleGAN-VC2 测试

完成模型训练后可以开始进行模型的测试，可以使用自己训练的模型，其权值保存在主目录的 model_checkpoint 文件夹内，也可以使用网络上提供的训练完成的模型，其链接为 https://drive. google. com/file/d/1iamizL98NWIPw4pw0nF-7b6eoBJrxEfj/view? usp＝sharing。CycleGAN-VC2 每进行 200 轮训练，便会进行一次模型的测试，读者对其进行复制并做简单的路径修改即可构建测试模型。

在进行模型测试时，例如对于源域的语音信号，先使用 WORLD 工具提取基频 f_0、频谱参数 sp 以及非周期性参数 ap 3 个参数特征。对于基频 f_0，将其转换至目标域：

$$f_{tar} = (f_0 - m_{src}) \frac{s_{tar}}{s_{src}} + m_{tar} \tag{12.7}$$

preprocess. py 中的 pitch_conversion() 函数对其进行了实现。然后使用 WORLD 将频谱参数 sp 编码成 36 维的特征向量，这里再次调用 world_encode_spectral_envelop() 函数。根据预处理得到的源域特征向量的均值和方差参数，对编码特征向量进行归一化，并将其作为 G_{A2B} 的输入样本。对于生成器 G_{A2B} 输出的编码样本，根据目标域特征向量的均值和方差参数进行逆归一化操作，并使用 WORLD 进行解码操作从而得到频谱参数 sp。preprocess. py 中的 world_decode_spectral_envelop() 函数对解码操作进行了实现，代码如下：

```
def world_decode_spectral_envelop(coded_sp, fs):
    fftlen = pyworld.get_cheaptrick_fft_size(fs)
    decoded_sp = pyworld.decode_spectral_envelope(coded_sp, fs, fftlen)
    return decoded_sp
```

第三个参数非周期性参数 ap 保持不变，最后使用 WORLD 的 synthesize 工具完成目标域语音的合成。从目标域到源域的转换过程与上述操作顺序一致，读者可自行尝试。最后，在 http://www. kecl. ntt. co. jp/people/kaneko. takuhiro/projects/cyclegan-vc2/index. html 里，读者可查看语音风格转换的实际效果。

12.3　基于 GAN 的语音生成

在这一节中，我们将使用 GAN 完成一个语音生成项目。我们将体会 GAN 将噪声转换为清晰语音的强大生成能力，并学习 WaveGAN 的模型细节以及使用方法。

12.3.1　项目简介

与一般的由文本序列产生语音信号序列的语音合成任务（TTS）不同，语音生成任务接收随机噪声作为输入，并产生逼真的语音信号。语音生成任务是对 GAN 生成能力的直接检测，它表明 GAN 不仅可以生成图像、视频等数据，也可以对语音等一维时序数据进行建模。

本节将对 WaveGAN[3] 的网络结构、训练和测试方法等内容进行详细讲解，读者可根据讲解内容自行实现。

我们使用的 WaveGAN 的开源代码链接为 https://github.com/mazzzystar/WaveG-AN-pytorch。代码中包括多个文件夹和 Python 程序文件，我们将分别进行简要介绍。sc09 文件为我们运行程序使用的训练数据集，该数据集中的样本为不同说话人录制的 0～9 英文语音信号。sc09 的下载链接为 http://deepyeti.ucsd.edu/cdonahue/sc09.tar.gz。sc09 文件包含 train、test 和 valid 3 个数据集，其中 train 子文件包括 18 620 条语音，test 包含 2552 条语音，valid 包括 2494 条语音。需要说明的是，对于语音生成任务而言，并没有训练集、测试集和验证集的区分，我们都将其看作训练样本。对于任意一条样本的文件名，例如 Eight_00b01445_nohash_0.wav，Eight 表示该样本是英文 eight 的声音，00b01445 表示不同说话人的代号，最后的 0 表示重复该条语音的次数。除了 sc09 数据集，我们也可以使用 paino 数据集，其样本为不同的乐器音效，下载链接为 http://deepyeti.ucsd.edu/cdonahue/mancini_piano.tar.gz，读者可自行尝试；output 文件夹为模型的最终输出样本、相关设置参数、模型权重参数等内容，文件名称为训练的时间；imgs 文件包括网络结构图 archi.png 和损失函数曲线 loss_curve.png。

config.py 对 epoch、batch_size 等参数进行了设置；logger.py 对日志进行设置，用于对训练过程的损失函数值等内容进行记录，并将日志内容保存在主目录下的 model.log 文件中；utils.py 中集成了各种训练模型需要使用的函数，例如样本读取、惩罚项梯度计算、绘图等函数，具体在使用时详细讲解；wavegan.py 使用 torch 实现了生成器和判别器；train.py 是模型的训练核心代码，包括搭建模型、调度训练数据、生成样本等功能，需要我们重点讲解。

12.3.2　WaveGAN 模型

WaveGAN 由生成器和判别器两个模型组成，其中生成器以随机噪声为输入，并输出生成的语音样本，判别器接收生成的语音样本或训练集的语音样本并进行真假判断。本项目处理的是短时长的语音信号，可将全部的语音信号完全转化为固定长度的样本进行处理。通过训练，我们可以使生成器生成的语音样本在听觉上更加逼真。

1. 数据预处理

我们首先对数据预处理部分的代码进行讲解。对于每个语音样本，首先将其采样率调整为 16 kHz，然后设置长度为 16 384 的窗口，若样本的长度小于窗口长度，则在样本两端对称地进行补 0 使其长度达到 16 384；若样本长度超过 16 384，则在样本中随机选取一段连续的长度为 16 384 的语音信号作为样本。此外，WaveGAN 还进行了归一化操作，使样本的值域控制在[−1,1]内。utils.py 中的 sample_generator()函数对数据的预处理进行了实现。在函数的最后部分，通过 while 不断地进行循环并在每个循环内使用 yield 抛出样本，代码如下所示：

```python
def sample_generator(filepath, window_length=16384, fs=16000):
    try:
        audio_data, _ = librosa.load(filepath, sr=fs)
        # 归一化操作
        max_mag = np.max(np.abs(audio_data))
        if max_mag > 1:
            audio_data /= max_mag
    except Exception as e:
        LOGGER.error("Could not load {}: {}".format(filepath, str(e)))
        raise StopIteration
    audio_len = len(audio_data)
    if audio_len < window_length:
        pad_length = window_length - audio_len
        left_pad = pad_length // 2
        right_pad = pad_length - left_pad
        audio_data = np.pad(audio_data, (left_pad, right_pad), mode='constant')    ## 对称补零
        audio_len = len(audio_data)

    while True:
        if audio_len == window_length:
            sample = audio_data                                ## 直接作为样本
        else:                                                  ## 随机选取一段信号作为样本
            start_idx = np.random.randint(0, (audio_len - window_length) // 2)
            end_idx = start_idx + window_length
            sample = audio_data[start_idx:end_idx]
        sample = sample.astype('float32')
        assert not np.any(np.isnan(sample))
        yield {'X': sample}                                    ## 与 next 配合作为数据读取器
```

2. 生成器

生成器主要负责将噪声映射为语音样本，其噪声的取值范围为[−1,1]，是维度为 100 的均匀分布噪声。由于输出样本的维度为 16 384，故需要经过多层反卷积（转置卷积）提升维度，生成器的网络结构如图 12-6 所示。

100 维的噪声经过第一层的全连接网络得到通道数为 1024、长度为 16 的张量。在接下来的 5 层反卷积中，通道数依次缩减为 512、256、128、64 和 1，序列长度依次上升为 64、256、1024、4096 和 16 384，最后经过 tanh 激活函数输出 16 384 维的样本。对于其中的反卷积网络和全连接层，WaveGAN 默认使用 kaiming_normal 进行权重初始化。在

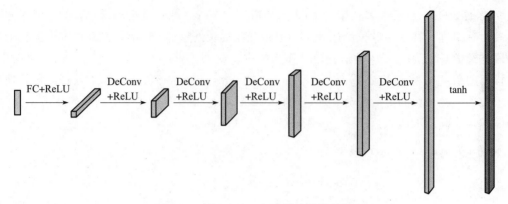

图 12-6　WaveGAN 生成器的网络结构

wavegan.py 中，类 WaveGANGenerator()对生成器进行了实现，其中的 model_size 用于控制模型的尺寸，默认为 64，读者也可根据需求自行选择；num_channels 为输出样本的通道数，通常设置为 1；latent_dim 为输入噪声的维度，默认为 100。代码如下所示（我们对不必要的部分进行了省略，可能与 GitHub 源码有所出入）：

```python
class WaveGANGenerator(nn.Module):
    def __init__(self, model_size=64, ngpus=1, num_channels=1,
                    latent_dim=100, post_proc_filt_len=512,
                    verbose=False, upsample=True):
        super(WaveGANGenerator, self).__init__()
        self.ngpus = ngpus
        self.model_size = model_size
        self.num_channels = num_channels
        self.latent_di = latent_dim
        self.post_proc_filt_len = post_proc_filt_len
        self.verbose = verbose
        self.fc1 = nn.Linear(latent_dim, 256 * model_size)
        stride = 4
        if upsample:
            stride = 1
            upsample = 4
        self.deconv_1 = Transpose1dLayer(16*model_size, 8*model_size, 25, stride,
            upsample =upsample)
        self.deconv_2 = Transpose1dLayer(8*model_size, 4*model_size, 25, stride,
            upsample =upsample)
        self.deconv_3 = Transpose1dLayer(4*model_size, 2*model_size, 25, stride,
            upsample =upsample)
        self.deconv_4 = Transpose1dLayer(2*model_size, model_size, 25, stride,
            upsample =upsample)
        self.deconv_5 = Transpose1dLayer(model_size, num_channels, 25, stride,
            upsample=upsample)

        # 权重初始化
```

```
        for m in self.modules():
            if isinstance(m, nn.ConvTranspose1d) or isinstance(m, nn.Linear):
                nn.init.kaiming_normal(m.weight.data)

    def forward(self, x):
        x = self.fc1(x).view(- 1, 16 * self.model_size, 16)
        x = F.relu(x)
        x = F.relu(self.deconv_1(x))
        x = F.relu(self.deconv_2(x))
        x = F.relu(self.deconv_3(x))
        x = F.relu(self.deconv_4(x))
        output = F.tanh(self.deconv_5(x))
        return output
```

在反卷积层中，首先使用上采样操作将特征图的最后一个维度提升 4 倍，再根据卷积核的尺寸在特征图的两边对称补 0，最后使用一维卷积操作，其中默认卷积核的尺寸为 25，步长为 1，同样在 wavegan. py 中，类 Transpose1dLayer()对反卷积功能进行了实现，代码如下所示：

```
class Transpose1dLayer(nn.Module):
    def __init__(self, in_channels, out_channels, kernel_size, stride, padding=11,
        upsample=None, output_padding=1):
        super(Transpose1dLayer, self).__init__()
        self.upsample = upsample

        self.upsample_layer = torch.nn.Upsample(scale_factor=upsample) # 上采样
        reflection_pad = kernel_size // 2
        self.reflection_pad = nn.ConstantPad1d(reflection_pad, value=0) # 两边补 0
        self.conv1d = torch.nn.Conv1d(in_channels, out_channels, kernel_size, stride)
        self.Conv1dTrans = nn.ConvTranspose1d(in_channels, out_channels, kernel_size,
            stride, padding, output_padding)

    def forward(self, x):
        if self.upsample:
            return self.conv1d(self.reflection_pad(self.upsample_layer(x)))
        else:
            return self.Conv1dTrans(x)
```

3. 判别器

判别器的主要结构是 5 层一维卷积神经网络和 1 层全连接神经网络，它负责区分样本的真假，结构如图 12-7 所示。WaveGAN 使用 WGAN 中的损失函数，故判别器应当对生成的样本输出尽可能低的数值，对来自训练集的样本输出尽可能高的数值。

对于一个 18 364 的输入样本，经过 5 层一维卷积后，其通道数分别为 64、128、256、512 和 1024，而序列长度依次降低为 4096、1024、256、64 和 16，最后将卷积后的张量拉直为一维向量并经过全连接网络输出最后的标量值。与生成器类似，对于其中的反卷积网络和全连接层，WaveGAN 默认也使用 kaiming_normal 进行权重初始化。在每层经

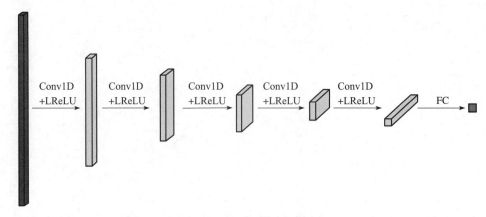

图 12-7   判别器的网络结构

过一维卷积操作后，还会经过 LeakyReLU 激活函数和相移层，这主要是为了优化判别器的训练，其中的相移层对样本进行了移位操作，最后一维（表示序列长度的维度）随机地向左或向右移动，并对空置出来的位置进行镜像填充，如图 12-8 所示。

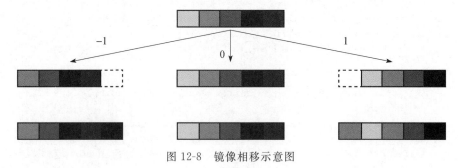

图 12-8   镜像相移示意图

相移层由 PhaseShuffle() 类实现，移动幅度由 shift_factor 参数决定，代码如下所示：

```
class PhaseShuffle(nn.Module):
    def __init__(self, shift_factor):
        super(PhaseShuffle, self).__init__()
        self.shift_factor = shift_factor                ## 随机移位的幅度

    def forward(self, x):
        if self.shift_factor == 0:
            return x
        # 在移位幅度内对每个样本随机产生移位
        k_list = torch.Tensor(x.shape[0]).random_(0, 2 * self.shift_factor + 1)
            - self.shift_factor
        k_list = k_list.numpy().astype(int)

        k_map = {}
        for idx, k in enumerate(k_list):
```

```
        k = int(k)
        if k not in k_map:
            k_map[k] = []
        k_map[k].append(idx)
    x_shuffle = x.clone()
    for k, idxs in k_map.items():
        if k > 0:
            x_shuffle[idxs] = F.pad(x[idxs][..., :-k], (k, 0), mode='reflect')
        else:
            x_shuffle[idxs] = F.pad(x[idxs][..., -k:], (0, -k), mode='reflect')
    assert x_shuffle.shape == x.shape, "{}, {}".format(x_shuffle.shape, x.shape)
    return x_shuffle
```

判别器的整个网络相对容易，在 wavegan.py 中，使用类 WaveGANDiscriminator()
对其进行了实现，其中 model_size 为网络的规模尺寸；num_channels 为样本通道数，默
认为 1；alpha 为 LeakyReLU 激活函数负半轴的斜率，默认为 0.2。核心代码如下所示：

```
class WaveGANDiscriminator(nn.Module):
    def __init__(self, model_size=64, ngpus=1, num_channels=1, shift_factor=2,
                 alpha=0.2, verbose=False):
        super(WaveGANDiscriminator, self).__init__()
        self.model_size = model_size          # d
        self.ngpus = ngpus
        self.num_channels = num_channels      # c
        self.shift_factor = shift_factor      # n
        self.alpha = alpha
        self.verbose = verbose
        # 卷积层
        self.conv1 = nn.Conv1d(num_channels, model_size, 25, stride=4, padding=11)
        self.conv2 = nn.Conv1d(model_size, 2 * model_size, 25, stride=4, padding=11)
        self.conv3 = nn.Conv1d(2 * model_size, 4 * model_size, 25, stride=4, padding=11)
        self.conv4 = nn.Conv1d(4 * model_size, 8 * model_size, 25, stride=4, padding=11)
        self.conv5 = nn.Conv1d(8 * model_size, 16 * model_size, 25, stride=4, padding=11)
        # 相移层
        self.ps1 = PhaseShuffle(shift_factor)
        self.ps2 = PhaseShuffle(shift_factor)
        self.ps3 = PhaseShuffle(shift_factor)
        self.ps4 = PhaseShuffle(shift_factor)

        self.fc1 = nn.Linear(256 * model_size, 1)
        # 权重初始化
        for m in self.modules():
            if isinstance(m, nn.Conv1d) or isinstance(m, nn.Linear):
                nn.init.kaiming_normal(m.weight.data)

    def forward(self, x):
        x = F.leaky_relu(self.conv1(x), negative_slope=self.alpha)
        x = self.ps1(x)
        x = F.leaky_relu(self.conv2(x), negative_slope=self.alpha)
```

```
x = self.ps2(x)
x = F.leaky_relu(self.conv3(x), negative_slope=self.alpha)
x = self.ps3(x)
x = F.leaky_relu(self.conv4(x), negative_slope=self.alpha)
x = self.ps4(x)
x = F.leaky_relu(self.conv5(x), negative_slope=self.alpha)
x = x.view(- 1, 256 * self.model_size)
return self.fc1(x)
```

在训练判别器时，我们使用了 WGAN-GP 的损失函数，故需要在梯度惩罚正则项中求解判别器输出对输入的梯度。首先使用线性插值的方法，利用真实样本和虚假样本来构建惩罚样本，使用 PyTorch 中的 autograd 自动求导功能进行导数求解，这里需要将 retain_graph 参数设置为 True 从而将梯度惩罚的计算图保留下来，也需要将 only_inputs 设置为 True 从而保证只是输出 outputs 对输入 inputs 的求导。此外，梯度的维度应与惩罚样本的维度完全一致，故 grad_outputs 参数中应有一个与惩罚样本维度一致的全 1 张量来接收计算结果。utils.py 中的 calc_gradient_penalty() 函数对梯度惩罚正则项进行了实现，其中 net_dis 为判别器，labda 为正则项权重，代码如下所示：

```
def calc_gradient_penalty(net_dis, real_data, fake_data, batch_size, lmbda, use_cuda=False):
    # 初始化插值参数
    alpha = torch.rand(batch_size, 1, 1)
    alpha = alpha.expand(real_data.size())
    alpha = alpha.cuda() if use_cuda else alpha

    # 构造惩罚样本.
    interpolates = alpha * real_data + (1 - alpha) * fake_data
    if use_cuda:
        interpolates = interpolates.cuda()
    interpolates = autograd.Variable(interpolates, requires_grad=True)

    disc_interpolates = net_dis(interpolates)

    # 计算输出对输入的梯度
    gradients = autograd.grad(outputs=disc_interpolates, inputs=interpolates,
                    grad_outputs=torch.ones(disc_interpolates.size()).cuda()
                        if use_cuda else torch.ones(disc_interpolates.size()),
                        create_graph=True, retain_graph=True, only_inputs=True)[0]
    gradients = gradients.view(gradients.size(0), - 1)

    # 计算正则项
    gradient_penalty = lmbda * ((gradients.norm(2, dim=1) - 1) ** 2).mean()
    return gradient_penalty
```

12.3.3　WaveGAN 训练和测试

将对应的数据集放置在主目录下，在 config.py 中设置合适的参数，便可以直接运行

train. py 开始训练了。截至笔者写作至此时，该项目还未实现对多卡训练的支持，读者可自行补充完成该部分。

```
$ python train.py
```

在训练判别器时，先使用训练集的数据完成一次训练，再使用验证集的样本完成一次训练，而生成器每轮只训练一次。WaveGAN 使用了 Adam 优化算法，其学习速率为 0.0001，β_1 为 0.5，β_2 为 0.9。

相关的输出结果可在 output 文件夹中查看。生成的语音样本无法进行可视化展示，读者需完成训练后自行生成样本。此外，对于 sc09 数据集的生成效果，读者可在 https://soundcloud.com/mazzzystar/sets/dcgan-sc09 进行对比查看。对于 paino 数据集的生成结果，读者可在 https://soundcloud.com/mazzzystar/sets/wavegan-piano 进行查看。

如果使用训练完成的模型进行模型测试，直接使用 load_state_dict() 函数即可，其中 filepath 为模型权值路径，代码如下：

```
def load_wavegan_generator(filepath, model_size=64, ngpus=1, num_channels=1,
                latent_dim=100, post_proc_filt_len=512, ** kwargs):
    model = WaveGANGenerator(model_size=model_size, ngpus=ngpus,
                num_channels=num_channels, latent_dim=latent_dim,
                post_proc_filt_len=post_proc_filt_len)
    model.load_state_dict(torch.load(filepath))
    return model


def load_wavegan_discriminator(filepath, model_size=64, ngpus=1, num_channels=1,
                shift_factor=2, alpha=0.2, ** kwargs):
    model = WaveGANDiscriminator(model_size=model_size, ngpus=ngpus,
                num_channels=num_channels,
                shift_factor=shift_factor, alpha=alpha)
    model.load_state_dict(torch.load(filepath))
    return model
```

参考文献

[1] PASCUAL S, BONAFONTE A, SERRA J. SEGAN：Speech enhancement generative adversarial network [J]. arXiv preprint arXiv：1703.09452, 2017.

[2] KANEKO T, KAMEOKA H, TANAKA K, et al. Cyclegan-vc2：Improved cyclegan-based non-parallel voice conversion [C]//ICASSP 2019-2019 IEEE International Conference on Acoustics, Speech and Signal Processing (ICASSP). IEEE, 2019：6820-6824.

[3] DONAHUE C, MCAULEY J, PUCKETTE M. Synthesizing audio with generative adversarial networks [J]. arXiv preprint arXiv：1802.04208, 2018, 1.

推荐阅读

推荐阅读

推荐阅读

基于深度学习的自然语言处理

作者: Karthiek Reddy Bokka 等 ISBN: 978-7-111-65357-8 定价: 79.00元

面向自然语言处理的深度学习: 用Python创建神经网络

作者: Palash Goyal ISBN: 978-7-111-61719-8 定价: 69.00元

Java自然语言处理（原书第2版）

作者: Richard M Reese 等 ISBN: 978-7-111-65787-3 定价: 79.00元

TensorFlow自然语言处理

作者: Thushan Ganegedara ISBN: 978-7-111-62914-6 定价: 99.00元